U0908500

中国光纤通信年鉴

YEAR BOOK OF CHINA OPTICAL FIBER COMMUNICATION

·2018年版·

主　编　韩馥儿

副主编　胡卫生
陈　伟
戚　卫
苏海芳
黄小明
陈　伟

上海科学技术文献出版社
Shanghai Scientific and Technological Literature Press

图书在版编目（CIP）数据

中国光纤通信年鉴：2018年版 / 韩馥儿主编. -- 上海：上海科学技术文献出版社，2018.12
ISBN 978-7-5439-7775-4

Ⅰ.①中… Ⅱ.①韩… Ⅲ.①光纤通信-中国-2018-年鉴 Ⅳ.①TN929.11-54

中国版本图书馆CIP数据核字(2018)第244625号

责任编辑：于学松
美术编辑：臧　标

中国光纤通信年鉴
2018年版
ZHONGGUO GUANGXIAN TONGXIN NIANJIAN
2018 NIANBAN
*
上海科学技术文献出版社出版发行
（上海市长乐路746号 邮政编码 200040）
全 国 新 华 书 店 经 销
上海华教印务有限公司印刷
*
开本889×1194 1/16 插页64 印张9.25 字数680 000
2018 年 12 月第1版 2018 年 12 月第1次印刷
ISBN 978-7-5439-7775-4
定价：298.00元
http://www.sstlp.com

高级顾问介绍

邬贺铨，光纤传送网与宽带信息网著名专家。教授、中国工程院院士、中国工程院秘书长。曾任中国工程院副院长、信息产业部电信科学技术研究院副院长兼总工程师、大唐电信集团副总裁。现兼任国家863计划监督委员会副主任、国家973计划专家顾问组成员、国家信息化专家组咨询委员会委员、中国通信学会理事长。多年连续参加ITU-T网络标准研究组会议，参与了国家重要领域技术政策研究和国家中长期科技发展规划纲要的起草，多次参与了国家通信发展的决策。

2006年起担任《光纤通信信息集锦》和《中国光纤通信年鉴》高级顾问、编委会名誉主任。

褚君浩，半导体物理和器件著名专家。中国科学院学部主席团成员。中国科学院院士。现任中国科学院上海技术物理研究所研究员、科技委副主任，华东师范大学信息科学技术学院院长。长期从事红外光电子材料和器件的研究，开展了用于红外探测器的窄禁带半导体碲镉汞（HgCdTe）和铁电薄膜的材料物理和器件研究。提出了HgCdTe的禁带宽度等关系式，被国际上称为CXT公式。

2006年起担任《光纤通信信息集锦》和《中国光纤通信年鉴》高级顾问。

黄宏嘉，国际著名微波与光纤专家。教授、中国科学院资深院士，1989年应聘美国麻省理工学院科学院院士。我国微波光纤领域的重要奠基人，曾荣获国家重大科技贡献奖。在微波理论方面发展了耦合波理论，领导研究组于1980年在我国首次研制成功单模光纤。是我国单模光纤技术的开拓者，为我国微波技术及光纤技术的应用与发展作出了重要贡献。现任上海大学名誉校长。

2006年起担任《光纤通信信息集锦》和《中国光纤通信年鉴》高级顾问。

高级顾问介绍

赵梓森，光纤通信著名专家。教授、中国工程院院士。我国光纤通信技术的主要奠基人和公认的开拓者，被誉为“中国光纤之父”。1997年被IEEE电机电子工程师协会选为Fellow会士荣誉称号。曾任邮电部武汉邮电科学研究院副院长兼总工程师，现任高级技术顾问、国家光纤通信技术工程研究中心技术委员会主任、中国通信学会会士、信息产业部科技委常委、湖北省科协副主席、武汉—中国光谷首席科学家。

2006年起担任《光纤通信信息集锦》和《中国光纤通信年鉴》高级顾问。

李乐民，通信技术著名专家。教授、中国工程院院士。现任成都电子科技大学信息与通信工程博士后流动站导师、宽带光纤传输与通信系统技术国家重点实验室学术委员会主任、塑料光纤国家工程实验室技术委员会主任。从事通信技术领域科研教学50余年。发表论文200余篇，专著4部。为多项工程研制了数字传输关键设备。近期研究有通信网性能优化、光交换网、IP网和光网结合、无线网中的资源管理等。

2006年起担任《光纤通信信息集锦》和《中国光纤通信年鉴》高级顾问。

干福熹，光学材料、非晶态物理学家。研究员、中国科学院院士。曾任中科院上海光学精密机械研究所所长，现任该所研究员，复旦大学教授。对光学玻璃材料、材料光谱和非晶态物理有研究，是我国激光技术的开拓者之一。首先在国内研制成功激光钕玻璃材料，并领导了我国激光玻璃的扩大试制工作。著有《光学玻璃》《无机玻璃物理性质计算和成分设计》等。中国辞典《大辞海》的副主编。

2006年起担任《光纤通信信息集锦》和《中国光纤通信年鉴》高级顾问。

高级顾问介绍

王立军， 激光与光电子技术专家。中国科学院院士，长春光学精密机械与物理研究所研究员。长期从事高功率半导体激光技术等领域的基础与应用研究。2004年在国际上首次研制出瓦级垂直腔面发射激光器，并陆续取得了一些国际同期最好成果。在国内率先研制出无铝量子阱长寿命边发射激光器。提出了多种半导体激光合束结构及方法，研制出高光束质量高功率密度半导体激光系列光源，在多领域获得重要应用。

2016年6月起担任《中国光纤通信年鉴》高级顾问。

王启明， 光电子学著名专家。中科院院士。现任中国科学院半导体研究所研究员，曾任所长。参与筹建中国半导体测试基地，建立了一系列材料测试系统。致力于半导体光电子学研究，在中国首先研制成连续激射的室温半导体激光器。并研制成量子阱激光器、调制器和光双稳激光器及开关器件，对发展光信息处理、光开关、光交换技术以及新一代光电子器件作出了贡献。目前主要从事半导体光电子器件物理、光子集成及其在光网络通信中的应用，尤其关注Si基光子器件和Si基光电子集成的发展。

2006年起担任《光纤通信信息集锦》和《中国光纤通信年鉴》高级顾问。

徐至展， 著名物理学家。中国科学院院士，第三世界科学院院士。中科院上海光学精密机械研究所研究员，曾任该所所长，现任该所学术委员会主任。主要研究领域为激光物理和强光光学，特别是在激光核聚变、强激光与物质相互作用、高功率激光和X射线激光等方面作出杰出贡献。在开拓与发展新型超短超强激光及强场超快物理等方面取得重大创新成果。

2006年起担任《光纤通信信息集锦》和《中国光纤通信年鉴》高级顾问。

高级顾问介绍

侯洵，光电子著名专家。中国科学院院士。现任中科院西安光学精密机械研究所研究员，曾任该所所长。是瞬态光学和光电子学领域的杰出代表。他从事光电发射材料及快速光电器件研究40多年，先后作为主要参加者、学术带头人和主持人研制出一系列电光与光电子类高速摄影机，成功用于中国首次核试验、地下核试验以及激光核聚变研究。

2006年起担任《光纤通信信息集锦》和《中国光纤通信年鉴》高级顾问。

简水生，光纤通信和电磁兼容著名专家。教授、中国科学院院士。现任北京交通大学光波技术研究所所长。首创了对称电缆消除螺旋效应的屏蔽理论。主持研制了异型钢丝超强型、蜂窝型等一系列束管式新型通信光缆。研制成功3万至30万像素的石英传像光纤、平滑低色散光纤、宽带光纤光栅色散补偿器等光电子产品。目前正在从事的国家重大课题有：利用漏泄波导综合光缆和光纤陀螺实现高速铁路列车实时追踪系统的研究、OTDM光孤子通信关键技术的研究、光纤光栅色散补偿的研究。

2006年起担任《光纤通信信息集锦》和《中国光纤通信年鉴》高级顾问。

毛谦，光纤通信著名专家。原武汉邮电科学研究院副院长兼总工程师、教授级高级工程师、博导，现任武汉邮电科学研究院高级顾问、兼任国际电联ITU-TSG15中国专家组成员、信息产业部通信科技委委员、中国通信学会会士、中国通信学会常务理事/光通信委员会主任/学术委员会副主任、中国通信标准化协会专家咨询委员会委员/技术管理委员会委员/传送网与接入网技术工作委员会主席。

2006年起担任《光纤通信信息集锦》和《中国光纤通信年鉴》高级顾问。

高级顾问介绍

余少华，著名的光纤通信技术专家。中国工程院院士，现任中国信息通信科技集团有限公司总工程师，教授级高工，博士生导师，长期从事通信网络和光纤通信技术研究，负责并完成了973、863、下一代互联网等10多项国家重要项目，国际电信联盟（ITU-T）第15研究组（光和其他传送网络）副主席（2004～现在），国家863计划信息领域网络与通信主题专家（2012～2014），国家973项目“超高速超大容量超长距离光传输基础研究”首席科学家，中国通信学会光通信委员会主任委员，光纤通信技术和网络国家重点实验室主任，光纤接入产业联盟秘书长，《光通信研究》杂志主编。

2013年起担任《光纤通信信息集锦》《中国光纤通信年鉴》高级顾问。

王建宇，光电技术专家。中国科学院院士，现任中国科学院上海分院院长。主要从事空间光电技术和系统的研究，主持国际首颗量子科学实验卫星系统的设计和研制，解决了星地量子科学实验中光束对准、偏振保持和单光子探测等多项核心技术难题；提出了超光谱成像与激光遥感相结合的探测新方法；主持研制了多种超光谱遥感系统；提出了空间远距离激光高灵敏度单元和阵列探测方法，实现了我国激光遥感的首次空间应用。

2018年6月起 担任《中国光纤通信年鉴》高级顾问。

赵卫，现任中科院西安光机所所长，研究员，博士生导师。中国光学学会光纤与集成光学专业委员会主任。主要从事高功率激光技术、超快激光技术和超快光电子学等领域的研究，负责并承担了国家“863”计划、国家重点、重大自然科学基金、中科院重点及创新等课题多项，取得了多项具有重要科学价值的研究成果。曾先后获得中国科学院科技进步一、二、三等奖各1项，首批“新世纪百千万人才工程”国家级人选。在国内外学术刊物上发表学术论文100多篇，申请国家发明专利数十项，合著《非线性光学》研究生教材1部。

2016年起担任《光纤通信信息集锦》和《中国光纤通信年鉴》高级顾问。

历届报告会掠影

2009年11月为庆祝新中国成立60周年大会，由井冈山市人民政府和亨通集团承办在革命圣地井冈山举行中国光纤通信发展报告会暨《中国光纤通信年鉴》2009年版首发仪式，参会有专家、学者、领导等200余位，工业和信息化部特为大会发来贺信。

中国工程院副院长邬贺铨教授
在《年鉴》首发仪式上致辞

《年鉴》编委会韩馥儿主任在主持会议

历届报告会掠影

2010年12月11～13日在上海举办“2010′海峡两岸光通信论坛暨《光纤通信信息集锦》2010年版首发仪式和国际光纤通信发展报告会”，与会嘉宾近250人。邬贺铨、黄宏嘉、简水生、李乐民、厉鼎毅、干福熹、徐至展、赵梓森、褚君浩等9位两院院士光临并作报告。图为美国 CoAdna Photonics, Inc. Jim Yuan 董事长、博士在报告会上作精彩报告。

Firecomms公司首席科学家约翰·兰博金博士在报告会上作精彩报告（图左为约翰·兰博金博士）

承办单位长飞光纤光缆有限公司举办招待晚宴——“长飞之夜”

历届报告会掠影

2011′海峡两岸光通信论坛暨《中国光纤通信年鉴》2011年版首发仪式和中国光纤通信发展报告会于2011年11月12～13日在苏州工业园区隆重举行。出席大会的来宾、学者计250余人。大会主题：以海峡两岸光通信产业自主创新成就为主线、加强海峡两岸光通信产业界交流与合作、铸就中华民族光通信产业辉煌的明天。图为出席大会院士、领导、专家、企业家合影。

苏州工业园区领导致辞

2011’海峡两岸光通信论坛主会场

历届报告会掠影

2012′国际光纤通信论坛于2012年8月10日上午在内蒙古呼和浩特市隆重举行，出席本届论坛的专家、学者计有350余人。论坛主题：宽带战略，迎接光纤通信发展第二春。论坛开幕式由中共呼和浩特市委副书记、市长秦义主持。论坛吸引包括新华社、人民日报、中央电视台、内蒙古电视台、呼和浩特电视台等中央、自治区、呼和浩特市三级28家媒体的广泛关注。

中共内蒙古自治区党委常委、呼和浩特市委那仁孟和书记在开幕式上致欢迎词

中国工程院院士、中国工程院邬贺铨秘书长在论坛作精彩的特邀报告

历届报告会掠影

中共内蒙古自治区党委、呼和浩特市委那仁孟和书记代表时任中共内蒙古自治区党委书记胡春华同志亲切会见出席论坛的两院院士：邬贺铨、干福熹、赵梓森、侯洵、李乐民、褚君浩。

通信产业报社辛鹏骏总编在论坛访谈间
采访中国工程院赵梓森院士

通信产业报社辛鹏骏总编和特约记者李殊敏
在论坛访谈间采访
2012′国际光纤通信论坛韩馥儿秘书长

历届报告会掠影

2013′光纤通信发展报告会暨《光纤通信信息集锦》2013年版首发和颁奖仪式于2013年11月28日上午在广州市隆重举行，出席大会的来宾、学者计有250余人。大会主题："宽带中国"战略的光网络机遇。

左三：刘颂豪院士；左五：邬贺铨院士；左六：干福熹院士；左七：赵梓森院士；左八：孙玉院士；左九：李乐民院士；左十：简水生院士；右二：褚君浩院士

大会执行主席中国科学院干福熹院士致开幕词

历届报告会掠影

中国光学学会纤维光学与集成光学专业委员会副主任
时任吉林大学电子科学与工程学院副院长张大明教授主持开幕式

中国工程院秘书长邬贺铨院士（左一）向获奖作者隆重颁奖

历届报告会掠影

2014′国际光纤通信论坛暨《光纤通信信息集锦》2014年版首发和颁奖仪式于2014年12月5～7日上午在重庆市隆重举行，论坛主题：发展光纤通信，建设网络强国。出席本届论坛的专家、学者计有200余位。

全国人大常委会委员、重庆市人大常委会杜黎明副主任和与会院士、专家及论坛秘书长韩馥儿研究员亲切合影。（左起：褚君浩院士、侯洵院士、潘君骅院士、干福熹院士、杜黎明副主任、李乐民院士、孙玉院士、赵梓森院士、韩馥儿研究员）

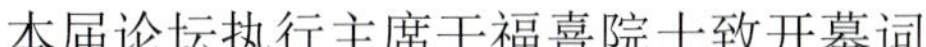
本届论坛执行主席干福熹院士致开幕词

《光纤通信信息集锦·2014版》首发和颁奖仪式

历届报告会掠影

中国工程院赵梓森院士作精彩报告

中国通信学会光通信委员会主任、
时任武汉邮科院副院长余少华教授作精彩报告

本届论坛承办单位重庆世纪之光科技实业有限公司、
《光纤通信信息集锦》理事长杨学忠董事长和与会代表合影留念

历届报告会掠影

为纪念光纤通信发明50年，2016年6月17～19日“光纤通信50年高峰论坛”在河南鹤壁举行，出席论坛大会的两院院士、领导、专家、学者共计250余名。

“光纤通信50年高峰论坛”院士、专家、领导开幕式进场

王立军院士在开幕式上致辞

河南省政府王梦飞秘书长致欢迎词

河南鹤壁市委范修芳书记致欢迎词

院士、专家、领导参观承办单位
河南仕佳光子科技股份有限公司

历届报告会掠影

颁奖仪式

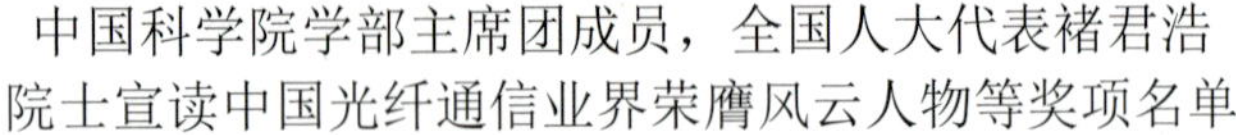
中国科学院学部主席团成员，全国人大代表褚君浩院士宣读中国光纤通信业界荣膺风云人物等奖项名单

褚君浩院士向荣膺杰出科学家奖的赵梓森院士颁奖

侯洵院士向荣膺杰出科学家奖的王启明院士颁奖

褚君浩院士、侯洵院士与获奖专家、企业家、学者合影留念

李乐民院士为《中国光纤通信年鉴·2015年版》获奖作者颁奖，并合影留念

历届报告会掠影

企业家论坛

"烽火"李诗愈总经理演讲

"长飞"张穆副总裁演讲

"亨通集团"钱建林执行总裁演讲

"富通集团"肖玮执行总裁演讲

"华为"张德江总工演讲

"中兴"王会涛总监演讲

历届报告会掠影

特约演讲嘉宾、主持嘉宾

中科院上海分院
王建宇党组书记，副院长演讲

中国通信学会光通信委员会
毛谦名誉主任演讲

中科院半导体所学术委员会
黄永箴副主任演讲

山东大学信息学院黄卫平院长演讲

吉林大学张大明副院长
“企业家论坛”主持嘉宾

上海交大胡卫生教授“闭幕式”主持嘉宾

《中国光纤通信年鉴》编委会名单

高级顾问　邬贺铨　中国工程院院士　中国工程院秘书长　教授

褚君浩　中国科学院院士　中国科学院学部主席团成员　华东师范大学信息学院院长

黄宏嘉　中国科学院院士　上海大学名誉校长　教授

赵梓森　中国工程院院士　武汉邮电科学研究院高级技术顾问　教授

王启明　中国科学院院士　中国科学院半导体研究所研究员　厦门大学教授

王立军　中国科学院院士　中国科学院长春光学精密机械与物理研究所研究员

徐至展　中国科学院院士　中国科学院上海光学精密机械研究所学术委员会主任　研究员

简水生　中国科学院院士　北京交通大学　教授

李乐民　中国工程院院士　电子科技大学　教授

干福熹　中国科学院院士　中国科学院上海光学精密机械研究所研究员　复旦大学教授

侯　洵　中国科学院院士　中国科学院西安光学精密机械研究所研究员

余少华　中国工程院院士　中国通信学会光通信委员会主任　中国信息通信科技集团总工程师

王建宇　中国科学院院士　中国科学院上海分院院长　研究员

唐雄燕　中国联通网络技术研究院首席专家　教授级高工　博士

毛　谦　中国通信学会光通信委员会名誉主任　原武汉邮电科学研究院总工　教授级高工

赵　卫　中国光学学会集成光学与纤维光学专业委员会主任　西安光机所所长　研究员

于荣金　中国光学学会纤维光学与集成光学专业委员会名誉主任　燕山大学教授　博士生导师

名誉主任　邬贺铨　中国工程院院士　中国工程院秘书长　教授

主　　任　韩馥儿　上海图书馆上海科学技术情报研究所　研究员

副 主 任　张雁翔　长飞光纤光缆股份有限公司高级顾问

史惠萍　江苏亨通光电股份有限公司总工程师　教授级高工　博士

杨建义　浙江大学信息与电子工程学院常务副院长　教授　博士生导师

张大明　吉林大学吉林市研究院院长　教授　博士生导师

兰小波　长飞光纤光缆股份有限公司战略中心总经理

周钦敏　长飞光纤光缆股份有限公司市场部经理　高级工程师

张立永　富通集团技术研究院副院长　教授级高工　博士

何珍宝　长飞光纤光缆股份有限公司教授级高工　博士

李俊杰　中国电信北京研究院光通信研究中心主任　博士　教授级高工

高军诗　中国移动规划设计院有线所所长　教授级高工

贺永涛　中国联通中讯设计院国际传输总监

周震华　江苏法尔胜光通信科技有限公司总经理

罗文勇　锐光信通科技有限公司总经理　教授级高工

相正键　烽火海洋网络设备有限公司生产制造部总经理

方　胜　重庆世纪之光科技实业有限公司副总经理　博士

孙继光　上海网讯新材料股份有限公司总工程师

王寿泰　上海交通大学教授

林振荣　上海电缆研究所　高级工程师

委　　员　迟　楠　复旦大学信息学院通信科学与工程系主任　教授　博士生导师

贺志学　光纤通信技术和网络国家重点实验室光系统研究室副主任　博士

王亚辉　世纪之光新材料研究开发有限公司总经理　高级工程师

杜柏林　上海市通信学会光通信专业委员会原主任　教授

应志忠　浙江汉维通信器材有限公司总工程师

安俊明　中科院半导体研究所　研究员　博士生导师

薛梦驰　亨通通信产业集团技术中心主任　教授级高工

叶振华　中天科技集团首席品牌官　企策部部长

王　震　中天科技光纤有限公司工艺总监

杨向荣　长飞光纤光缆（上海）有限公司技术总监　高级工程师

成步文　中国科学院半导体研究所　研究员

施社平　中兴通信股份有限公司　高工　北邮兼职教授

序

习近平总书记在中国科学院第十九次院士大会、中国工程院第十四次院士大会开幕会上发表重要讲话强调：瞄准世界科技前沿引领科技发展方向，抢占先机迎难而上建设世界科技强国。

2018年4月26日上午，习近平总书记来到武汉烽火科技集团有限公司，察看企业自主创新、产品展示，了解企业实施转型升级、优化调整产业结构等情况。他对企业员工说，现在核心技术、关键技术、国之重器必须立足于自己。过去我们勒紧裤腰带，咬紧牙关，还创造了两弹一星。因为我们发挥了另外一个优势，制度优势，集中力量办大事。社会主义一方有难八方支援，下一步科技的攻关要摒弃幻想，靠我们自己。

超高速超大容量超长距离（三超）光传输技术是国际光通信基础研究的前沿技术，国家科技部启动973项目“超高速超大容量超长距离光传输基础研究”，由武汉邮电科学院（现改制为烽火科技集团）牵头承担，华中科技大学、复旦大学、北京邮电大学、西安电子科技大学联合攻关。

该项目于2014年取得重要成果，在国内首次在一根普通单模光纤上实现传输总容量达到100.23Tb/s的超大容量超密集波分复用80公里光传输系统实验，相当于12.01亿对人在一根光纤上同时通话。该成果入选为2014年两院院士评选中国十大科技进展新闻。

在国家973“三超”项目的牵引和集团的持续投入下，砥砺奋进一年一个脚印夯实我国在“三超”光通信传输领域的话语权，连续5年（2014～2018年）保持我国三超光通信基础研究居国际第一梯队水平，为我国三超研究的跨越式发展提供了核心技术和平台支撑。

“芯片”是国之重器，硅光技术是制作高端芯片的核心技术，国家工信部为引领我国硅光芯片核心技术产业化商用，主导成立国家信息光电子创新中心，及时推动国家信息光电子创新中心、光迅科技公司、光纤通信技术和网络国家重点实验室、中国信息通信科技集团四家联合攻关，据中国信息通信科技集团报道，业已研制成功的“100G硅光收发芯片”正式投产使用，实现100G/200G全集成硅基相干光收发集成芯片和器件的量产，并通过了用户现网测试，性能稳定可靠。

江苏亨通光电股份有限公司公告，该公司与英国洛克利硅光子公司合作的100G硅光模块项目完成了100G硅光芯片的首件试制和可靠性测试，硅光芯片的性能和可靠性均能够满足光模块要求，达到硅光模块量产条件。

浙江大学、华中科技大学、北京大学、上海交大等高校对硅光芯片研究都取得了较大进展和成果，同时还积极开展国际合作。其中浙江大学为推动我国硅光技术发展，与日本NEC、新加坡IME和比利时IMEC等保持密切合作，已具备拥有协调全球硅光芯片制备的能力。

以上表明我国已经具备了硅光产品商用化设计的条件和基础，可以预见未来几年硅光技术在光通信系统中的大规模部署和应用，推动我国自主硅光芯片技术向超高速超大容量超长距离、高集成度、高性能、低功耗、高可靠的方向发展。

光纤光缆产业链的核心技术是光纤预制棒，我国“长飞”“烽火”“亨通”“富通”“中天”等企业通过消化、吸收、创新，自主掌握光纤预制棒制造的核心技术和核心知识产权，使我国光纤预制棒、光纤、光缆的整体技术和产业化处于全球同行业第一梯队的水平，“长飞”“烽火”“亨通”“富通”“中天”已发展成为我国产能最大的五大制造商。其中“长飞”成为我国唯一一家掌握了光纤预制棒三大制造工艺（PCVD、VAD、OVD）技术的规模化生产。并实现了光纤预制棒、光纤、光缆的核心装备自主开发、制造和销售，而在长飞潜江科技园的建设中，以“循环经济”理念建立光纤预制棒、光纤光缆主要化工原材料的产业基地，为行业树立了新标杆。2013年7月21日习总书记来到“长飞”视察并走进生产车间察看生产环节和流程。2018年4月26日习总书记专程来到东湖高新区视察企业创新发展情况，期间听取了长飞公司的汇报，察看了“长飞”最新自主研发的国际先进水平的光纤预制棒、光纤等产品实物。

海底光缆是国际信息化发展的主要载体，承载了互联网、语音、跨国公司专线等90%以上的国际通信业务。当前海洋通信领域由欧洲、美国、日本的企业主导，垄断了全球80%的海缆市场建设，处于绝对垄断地位。当下中国海底光缆制造企业已经开始奋起直追，但由于UJ认证十分苛刻，目前中国企业通过该认证的只有“中天”“亨通”“烽火”3家，而且海光缆、海光纤是通信光纤光缆业技术水平最高的，亦是产业链皇冠上的明珠产品。至今，我国已经先后参与了近20个国际海底光缆的建设与投资。这些系统通达世界30多个国家和地区，线路的制造均为国外海缆公司提供，仅少量线路受损维修更换的海底光缆由国内提供。所以，中国海底光缆的发展仍是任重道远。烽火科技集团为摘取这颗璀璨的明珠，拿下这个最高端产品，已在珠海打造亚洲最大的海底光缆产业基地，2020年将实现全产业链产出销售额预计达到30亿元，5年后有望达到100亿元。

“海洋强国”+“网络强国”+“一带一路”是国家意志，亦是中国光纤通信业界的战略责任。习总书记先后视察长飞公司、烽火科技集团，充分显示了党和国家对中国光纤通信技术创新的高度重视。愿我国光纤通信业界的同仁们，把握国际光纤通信技术和产业发展的趋势，为做大做强我国光纤通信产业贡献我们的智慧和才干！

中国工程院院士、中国工程院秘书长
《中国光纤通信年鉴》编委会名誉主任

2018年10月

前　言

《中国光纤通信年鉴》是一本汇集我国信息通信业界著名专家、学者、企业家撰稿的科技文献力作。《年鉴》编辑出版宗旨：

1．记载我国光纤通信业界当年度发生的重磅大事和取得的重大成就；重要和重大科学技术成果、核心技术、核心知识产权（包括专利、标准、商标）、创新产品等具有史册意义的成就。

2．报道世界光纤通信发展前沿技术，为引领我国光纤通信核心技术和核心知识产权发展起到前瞻性的实际指导作用。

3．为我国光纤通信业界构建一个学术交流和创新合作的平台。

以《中国光纤通信年鉴》为依托，由《年鉴》编委会、中国通信学会光通信委员会、中国光学学会纤维光学与集成光学专业委员会三家联合主办，先后在井冈山、苏州、上海、广州、呼和浩特、重庆、河南鹤壁等地举办了八届国际、国内光通信论坛大会。

为高水准编辑出版好《中国光纤通信年鉴》2018年版，编委会分别于3月7日在“亨通”、6月9日在“长飞”举办二次筹备会。“亨通”会议主要商讨《年鉴》2018年版登载主要内容，确定重点组稿方向和重磅大事记版面。“长飞”会议主要是交流组稿的稿件主要内容，同时确定重磅大事记版面主要内容。

为提高《年鉴》在中国光纤通信业界的公信力和《年鉴》品牌的影响力，经编委会认真研究举办由协会、学会、高校、科研院所、企业界、新闻媒体等单位领导、专家共同参与的审定会和优秀文章、优秀版面评选会，特邀请我国著名光电子学专家、中国科学院侯洵院士主持，会议在“富通集团”支持下于8月19日在杭州富阳举行，经会议审定的中国光纤通信业界2018年版重磅大事共有7件，见“一、中国光纤通信业界2017～2018年重磅大事记篇”。

《中国光纤通信年鉴》2018年版的编辑出版是在业界同仁的大力支持下共同完成的，在此谨向为本书作出贡献的“江苏亨通光电股份有限公司”“长飞光纤光缆股份有限公司”“富通集团有限公司”以及两院院士、专家、学者、企业家等致以衷心的感谢和崇高的敬意！

因时间仓促，水平有限，不足之处敬请批评指正。

《中国光纤通信年鉴》编委会

2018年10月

目　录

光器件

光网络

光纤传感器

Contents

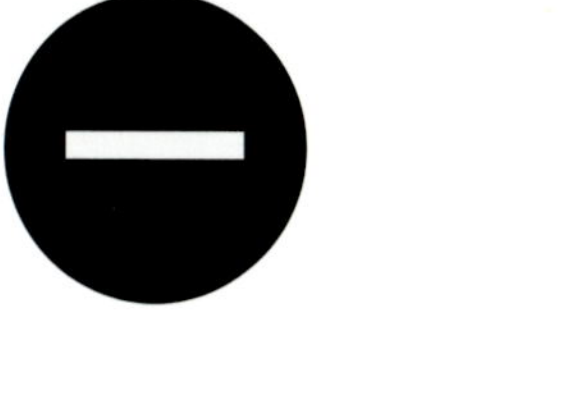

中国光纤通信业界
2017～2018年重磅大事记篇

1. 烽火科技集团砥砺奋进，持续五年保持我国三超光通信基础研究居国际第一梯队水平
2. 我国正式投产100G硅光收发芯片
3. 再登高峰 志在折桂：烽火科技集团在珠海打造亚洲最大的海底光缆产业基地
4. “长飞”砥砺奋进30年，实现从行业追随者向行业引领者的伟大跨越
5. 《大国重器》——2018年3月3日CCTV-2央视财经频道播出第二季第六集，重磅推出亨通集团在海洋、通信、智能制造等方面的科技成就，展现其作为中国光纤光缆领域规模最大的系统集成商及网络服务商的风采
6. 世界海洋日的礼赞，中天科技集团薛济萍董事长入选“2017年度十大海洋人物”
7. 富通集团不忘初心，创新前行

烽火科技集团砥砺奋进，持续5年保持我国三超光通信基础研究居国际第一梯队水平

为了应对互联网流量激增给信息通信网络带来巨大挑战，国家科技部启动国家973项目“超高速超大容量超长距离光传输基础研究2010-2014”，项目由武汉邮电科学研究院·烽火科技集团牵头承担，组织华中科技大学、复旦大学、北京邮电大学、西安电子科技大学联合攻关，在项目的牵引和集团的持续投入下，砥砺奋进，一年一个脚印夯实我国在该领域的话语权，取得了与中国探月工程三期再入返回飞行试验一同入选由两院院士评选的“中国十大科技进展新闻”的100.3Tb/s超大容量普通标准单模光纤传输实验等系列成果，为我国三超光通信基础研究的跨越式发展提供了核心技术和平台支撑。2015年国家973项目验收被科技部获评为“优秀”。

100Tb/s超大容量80km标准单模光纤光传输系统

在国内首次在一根普通单模光纤上实现传输总容量达到100.23Tb/s的超大容量超密集波分复用80公里光传输系统实验（相当于12.01亿对人在一根光纤上同时通话。对于我们日常应用而言，相当于在80公里的空间距离上，仅用1秒钟的时间，就可传输4000部25G大小、分辨率为1080P的蓝光超清电影），实现了我国光传输系统实验在容量这一重要技术指标上的突破。**该成果入选为2014年两院院士评选中国十大科技进展新闻。**

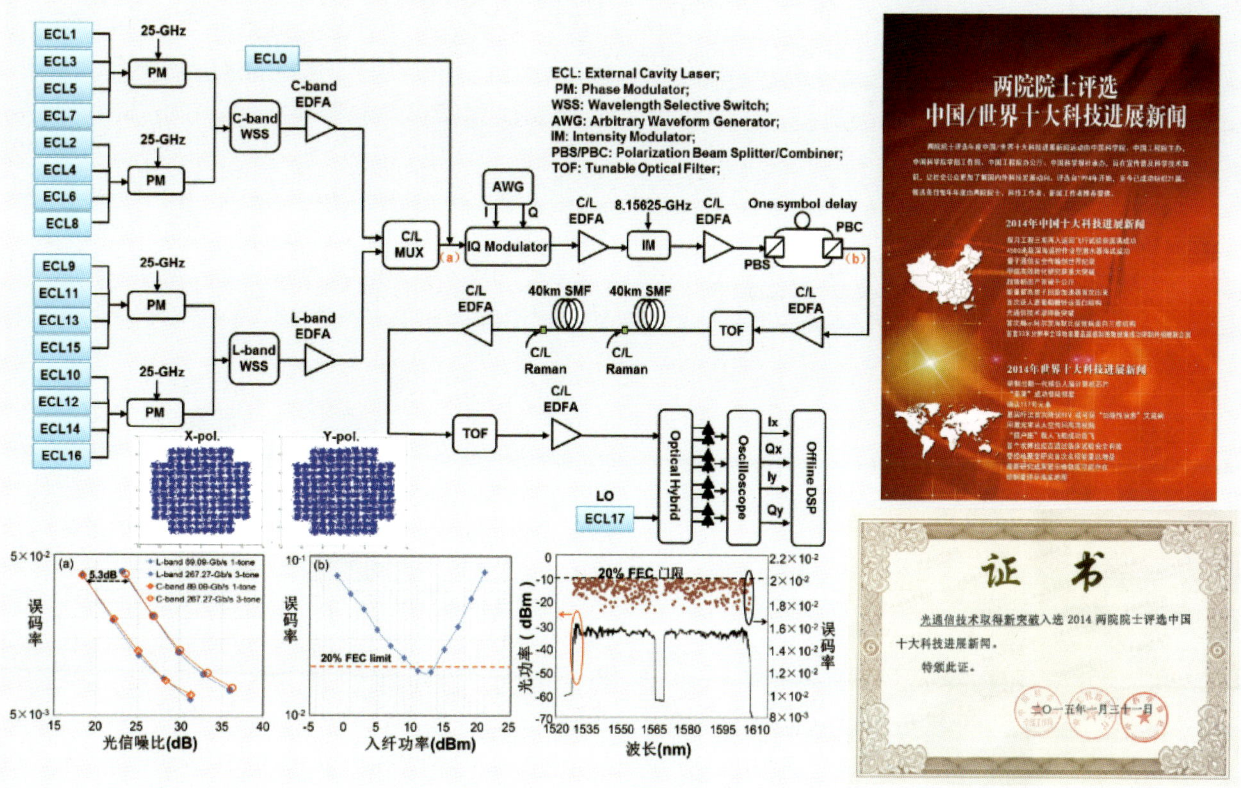

2015年成果——200Tb/s超大容量少模光纤光传输系统实验

2015年在国内首次实现了200Tb/s超大容量波分复用与模分复用的光传输系统实验，相当于24.02亿对人在一根光纤上同时通话，这是在2014年两院院士评选的中国十大科技进展新闻的研究基础上容量指标又一重要突破。该系统实验是实验室与烽火通信、光迅科技联合开展的，采用具有自主知识产权的PCVD方法设计和制备了支持3个模式传输的少模光纤作为光纤链路，采用了DFT-S OFDM 32QAM调制方式结合6×6多进多出（MIMO）数字信号处理算法，有效克服了3个模式及两个偏振间的串扰影响，对各模式间的信号进行了恢复。

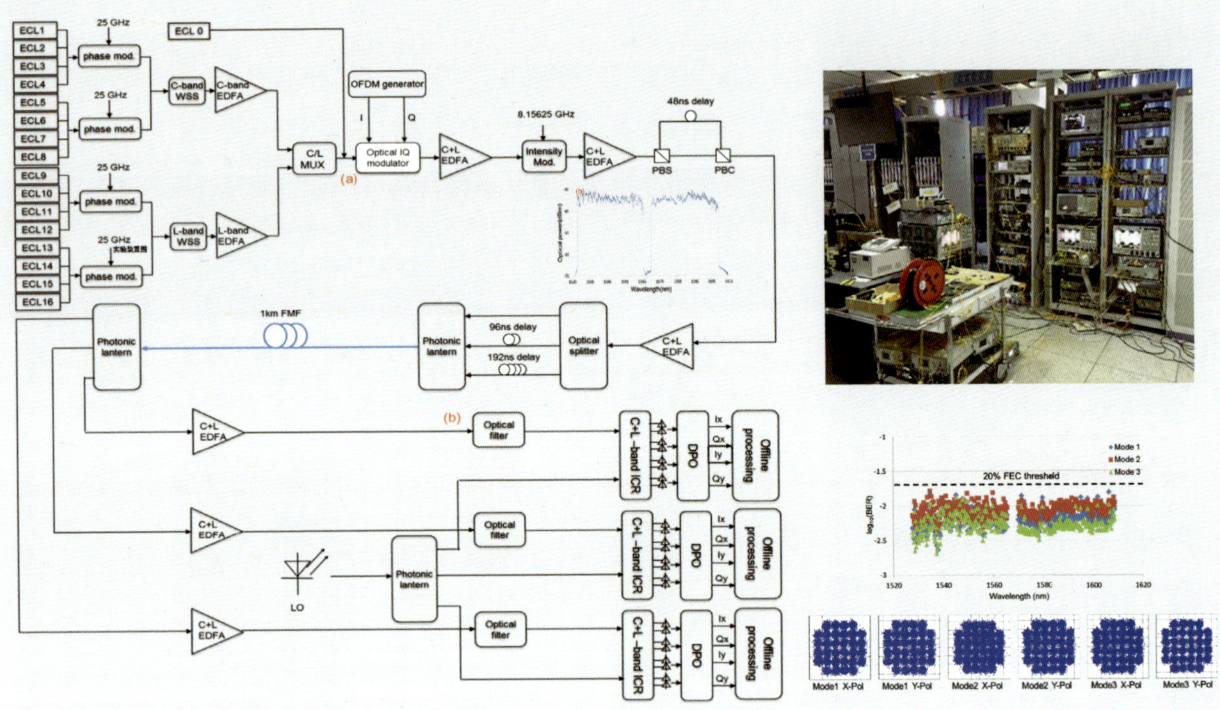

关键指标

- DWDM信道个数：375个
- DWDM信道带宽：25GHz
- 信道净速率：178Gbit
- 信道净速率：178Gbit模式总数：3个
- 总系统净容量：200Tb/s
- 谱效率：21.3 b/s/Hz

关键技术

- 超密集波分复用技术
- 高谱效率调制技术
- 模式复用/解复用技术
- 多载波产生技术
- 少模光纤制备技术
- 6×6MIMO 数字信号处理技术

2016年成果——560Tb/s 超大容量单模七芯光纤传输系统实验

2016年在国内首次实现560Tb/s超大容量波分复用及空分复用的光传输系统实验，传输容量是日常用标准单模光纤传输系统最大容量的5倍，可以实现一根光纤上67.5亿对人(135亿人)同时通话，标志着我国在“超大容量、超长距离、超高速率”光通信系统研究领域迈向了新的台阶。本次实验采用具有烽火科技自主知识产权的单模七芯光纤为传输介质。通过工艺及技术上的突破，解决了多芯光纤间串扰难题，隔离度达到-70dB，结合高阶调制技术、数字信号处理算法等技术，实现了大容量光信号的无误码传输，为应对即将出现的单模光纤光通信系统容量危机提供了有效的解决途径。

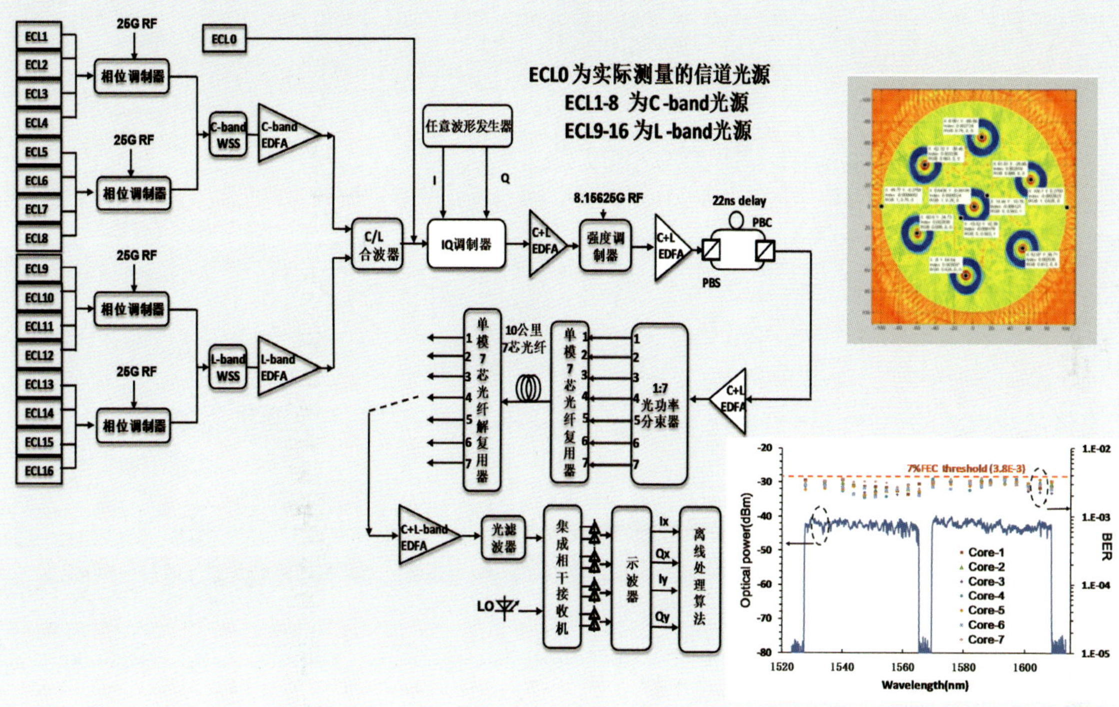

关键指标

- DWDM信道个数：375个
- DWDM信道带宽：25GHz
- 信道净速率：214.1Gbit/s
- 信道净速率：178Gbit模式总数：7个
- 总系统净容量：562.02Tb/s
- 谱效率：59.95b/s/Hz

关键技术

- 超密集波分复用技术
- 高谱效率调制技术
- 空分复用/解复用技术
- 多载波产生技术
- 多芯光纤制备技术
- 数字信号处理技术

2017年成果——40×10Gbit/s超密集波分复用实时相干PON光接入系统实验

2017年在国际上首次实现了40×10Gbit/s超密集波分复用实时相干PON 40km单模光纤光接入系统场地实验，传输链路为上海交通大学闵行校区和七宝校区之间实际铺设的光缆线路，总长度为40km。该实验保证光接入系统每个用户享有10Gbit/s的带宽、提升了系统探测灵敏度、增大了系统功率预算、延长了传输距离，为满足宽带大容量光接入的重大需求提供有效解决途径。

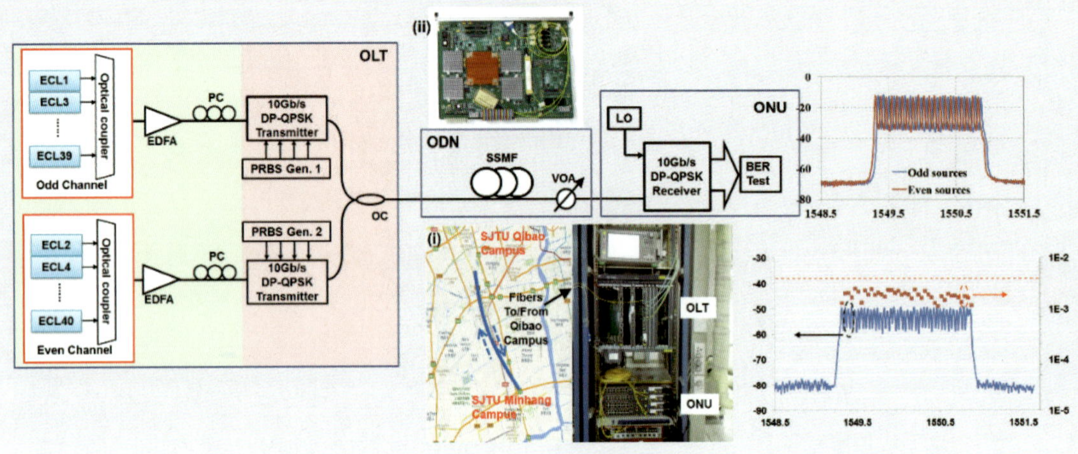

2018年成果——1000×10Gbit/s超密集波分复用实时相干PON光接入系统实验

基于自主研制的10G实时相干收发模块，2018年在国际上首次实现了1000×10Gbit/s超密集波分复用实时相干PON上下行40公里标准单模光纤中实时传输光接入系统实验，实验在上下行单纤双向模式下实现了下行1000路10G信道和上行200路10G信道的实时传输线路，功率预算大于28dB。该系统实验为解决大容量超密度光接入网络发展的难题、缩小与发达国家的技术差距提供了关键技术支撑，为满足宽带大容量光接入的重大需求提供有效解决途径。

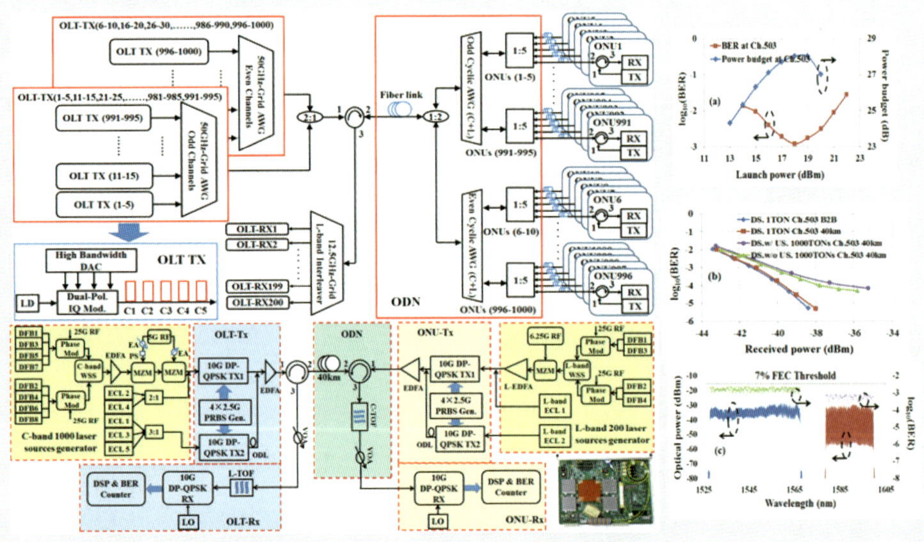

我国正式投产100G硅光收发芯片

日前，由国家信息光电子创新中心、光迅科技公司、光纤通信技术和网络国家重点实验室、中国信息通信科技集团联合研制成功的“100G硅光收发芯片”正式投产使用。实现100G/200G全集成硅基相干光收发集成芯片和器件的量产，并通过了用户现网测试，性能稳定可靠。该系列产品支持100~200Gb/s高速光信号传输，具备超小型、高性能、低成本、通用化等优点，可广泛应用于传输网和数据中心光传输设备。

该款商用化硅光芯片在一个不到30平方毫米的硅芯片上集成了包括光发送、调制、接收等近60个有源和无源光元件，是目前国际上已报道的集成度最高的商用硅光子集成芯片之一。该芯片完成封装后，其硅光器件产品的尺寸仅为312平方毫米，面积为传统器件的三分之一，可以全面满足CFP/CFP2（外形封装可插拔）相干光模块的需求。

此次工信部主导成立国家信息光电子创新中心，及时推动四家单位通力合作实现了100G硅光芯片的产业化商用，不仅展现出硅光技术优势，也表明我国已经具备了硅光产品商用化设计的条件和基础。

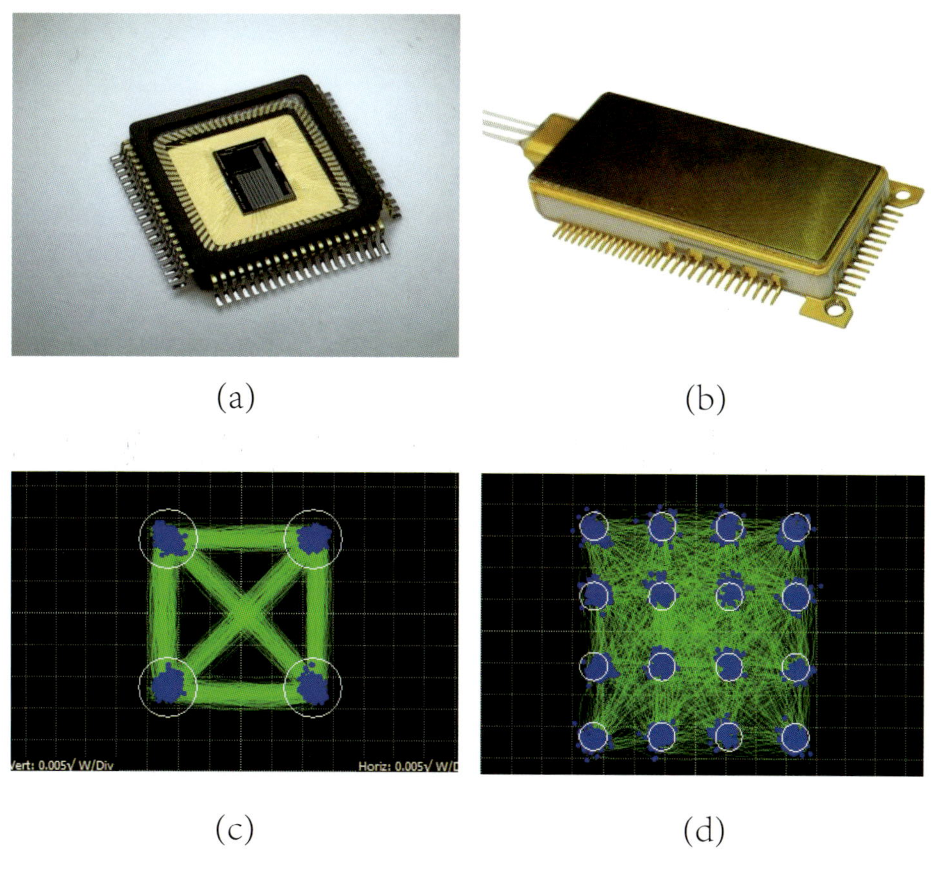

(a) (b)

(c) (d)

图：商用100G/200G硅基相干光收发(a)芯片和(b)器件；
实测硅光器件的(c) 128Gb/s PDM-QPSK和
(d) 256Gb/s PDM-16QAM光星座图

再登高峰，志在折桂
烽火科技集团在珠海打造亚洲最大的海底光缆产业基地

——科技攻关要摒弃幻想靠自己

2018年4月26日上午，习近平总书记来到武汉烽火科技集团有限公司，察看企业自主创新、产品展示，了解企业实施转型升级、优化调整产业结构等情况。他对企业员工说，现在核心技术、关键技术、国之重器必须立足于自己。过去我们勒紧裤腰带，咬紧牙关，还创造了两弹一星。因为我们发挥了另外一个优势，制度优势，集中力量办大事。社会主义一方有难八方支援，下一步科技的攻关要摒弃幻想，靠我们自己。（央视新闻）

"海洋强国"+"网络强国"+"一带一路"是国家意志，亦是中国光纤通信业界的战略责任。我国是世界海洋大国，有300多万平方公里的海域和18000公里长的海岸线，沿海分布着6000多个岛屿，沿海城市发展，大陆架的油气开发，岛屿供电、海底资源开发、海底科学观测和海上风电开发等急需海缆，国内海底光缆市场潜力巨大。

再从全球市场来看，全球海底光缆升级将来临，19世纪90年代期间全球海底光缆建设总量近40万千米，海底光缆设计寿命25年，目前已逐步面临更换。

随着光纤通信技术的迅速发展，全球范围内海底光缆建设又将迎来新一轮建设高潮。但是海光缆、海光纤是通信光纤光缆业技术水平最高的，亦是产业链中的明珠产品。此前，我国的长途海底光缆，尤其是国际通信用的，基本上都是靠进口。烽火科技集团为摘取这颗璀璨的明珠，拿下这个最高端产品，已在珠海打造亚洲最大的海底光缆产业基地，2020年将实现全产业链产出销售额预计达到30亿元，5年后有望达到100亿元。

烽火科技集团是国务院国资委直属的大型央企，是中国光通信的发源地，是国内唯一拥有光通信系统、光纤光缆、光器件三大战略核心技术的企业，为我国的光通信与信息安全做出了重大贡献。

烽火获得UJ认证，标志中国企业将要突破国际海缆市场垄断的格局

海底光缆是国际信息化发展的主要载体，承载了互联网、语音、跨国公司专线等90%以上的国际通信业务。当前海洋通信领域由欧洲、美国、日本的企业主导，垄断了全球80%的海缆市场建设，处于绝对垄断地位。当下中国海底光缆企业已经开始奋起直追，但由于UJ认证十分苛刻，目前中国企业通过该认证的只有3家，且中国企业目前占据全球海底光缆市场份额不到10%。2018年5月，烽火自主研发设计的两种海底光缆缆型（有中继轻型海底光缆“LW-R”和有中继单层铠装海底光缆“SA-R”）顺利通过国际环球接头联盟(UJC)颁发的UJ（即Universal Joint，万用接头）认证，取得其中关键性的3张证书，这标志着烽火获得了进入国际海缆市场的通行证。

UJ Consortium

Universal Joint
Qualification Test
Certificate 200/711

This Certificate confirms
Universal Joint (UJ) Qualification of :

FiberHome FHOC-R LW
to
FiberHome FHOC-R LW

to a cable NTTS of 56kN,
to a design depth of 5,000metres

Certified on behalf of the UJ Consortium by
Global Marine Systems Ltd.

UJ Consortium

Universal Joint
Qualification Test
Certificate 200/713

This Certificate confirms
Universal Joint (UJ) Qualification of :

FiberHome FHOC-R LW
to
FiberHome FHOC-R SA

to a cable tension of 56kN,
to a design depth of 2,000metres

Certified on behalf of the UJ Consortium by
Global Marine Systems Ltd.

UJ Consortium

Universal Joint
Qualification Test
Certificate 200/716

This Certificate confirms
Universal Joint (UJ) Qualification of :

FiberHome FHOC-R SA
to
FiberHome FHOC-R SA

to a cable NTTS of 200kN,
to a design depth of 2,000metres

Certified on behalf of the UJ Consortium by
Global Marine Systems Ltd.

(图1:烽火海缆UJ证书)

UJ Consortium

Universal Joint
Qualification Test
Certificate 200/465
This Certificate confirms
Universal Joint (UJ) Qualification of :

ZTT SOFC S17 LW
to
ZTT SOFC S17 LW

to a maximal operational Tension of 55kN

Applicant: Jiangsu Zhongtian Technology Co.,Ltd
Manufacturer: Zhongtian Technology Submarine Cable Co.,Ltd

Certified on behalf of the UJ Consortium by
Global Marine Systems Ltd.

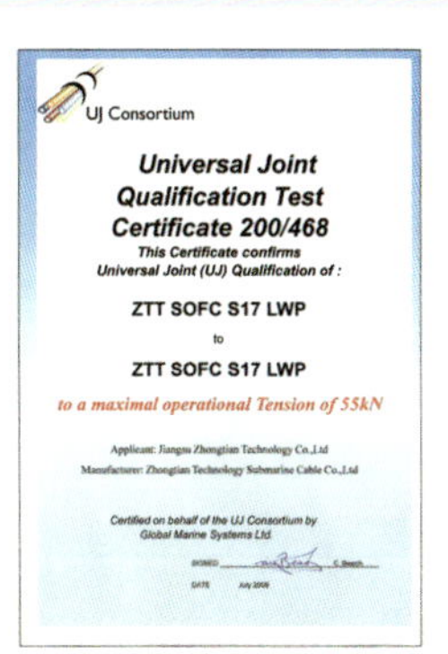
UJ Consortium

Universal Joint
Qualification Test
Certificate 200/468
This Certificate confirms
Universal Joint (UJ) Qualification of :

ZTT SOFC S17 LWP
to
ZTT SOFC S17 LWP

to a maximal operational Tension of 55kN

Applicant: Jiangsu Zhongtian Technology Co.,Ltd
Manufacturer: Zhongtian Technology Submarine Cable Co.,Ltd

Certified on behalf of the UJ Consortium by
Global Marine Systems Ltd.

UJ Consortium

Universal Joint
Qualification Test
Certificate 200/470
This Certificate confirms
Universal Joint (UJ) Qualification of :

ZTT SOFC S17 SA
to
ZTT SOFC S17 SA

to a maximal operational Tension of 172kN

Applicant: Jiangsu Zhongtian Technology Co.,Ltd
Manufacturer: Zhongtian Technology Submarine Cable Co.,Ltd

Certified on behalf of the UJ Consortium by
Global Marine Systems Ltd.

(图2:中天海缆UJ证书)

UJ Consortium

Universal Joint
Qualification Test
Certificate 200/612

This Certificate confirms
Universal Joint (UJ) Qualification of :

Hengtong HORC-1 LW
to
Hengtong HORC-1 LW

to a cable NTTS of 50kN,
to a design depth of 8000metres

Certified on behalf of the UJ Consortium by
Global Marine Systems Ltd.

UJ Consortium

Universal Joint
Qualification Test
Certificate 200/618

This Certificate confirms
Universal Joint (UJ) Qualification of :

Hengtong HORC-1 LWP
to
Hengtong HORC-1 SA

to a cable NTTS of 50kN,
to a design depth of 2000metres

Certified on behalf of the UJ Consortium by
Global Marine Systems Ltd.

UJ Consortium

Universal Quick Joint
Qualification Test
Certificate 200/574

This Certificate confirms
Universal Quick Joint (UQJ) Qualification of :

Hengtong HOUC-1 SAL
to
Hengtong HOUC-1 SA

to a cable NTTS of 100kN,
to a design depth of 2000metres

Certified on behalf of the UJ Consortium by
Global Marine Systems Ltd.

(图3:亨通海缆UJ证书)

十分苛刻的UJ认证

一个完整的跨洋海底光缆传输系统长度可达上千公里到万余公里，单靠同一家海底光缆制造厂，在短期内独立生产完成不现实，也不可取。同时现有的海底光缆通信线路纵横交错，分布广阔，日常维护、故障修复是十分复杂和费时的活动。因此海缆通信系统建设和维护需要不同生产厂家、施工方共同参与。面对不同海缆厂家生产的众多型号产品、繁杂的接续工艺和不同国家的海缆维护人员，为确保能够有效合理地完成接续和施工，海缆产品需要在同一个标准体系下进行。这个标准体系就是是环球接头联盟（UJC），该联盟仅有的的四个成员分别来自法国、英国、日本和美国。海底光缆要进入国际市场，必须跨过这一道门槛，烽火海底光缆UJ认证在英国GMSL进行，整个UJ认证从前期沟通、样品缆结构设计与生产测试、送样到UJ认证完成，至少需要3年时间。UJ认证样品缆在认证过程中需经历30多个试验项目，之所以这样做，是因为在25年的寿命期内，须确保海缆及其接头盒、中继器能够自始至终保持稳定、优良的工作状态。经过反复测试、重重考验，证明烽火的海底光缆生产工艺和质量已达到国际先进水平。

此前，“中天科技”深海光缆于2009年通过UJ认证，“亨通”深海光缆于2013年通过UJ证书。“中天科技”“亨通”“烽火”取得UJ认证，标志着中国海底光缆制造企业开始群体向国际海缆巨头发起冲击，有望打破国际巨头的垄断，走向深海铺遍全球。

2018年全球海缆系统分布图

当前，全球分布着约285条海缆系统，总长达90万公里，可绕地球22圈。全世界超过90%的跨国数据传输，都由海底光缆承担。

烽火开拓国际海光缆市场恰逢其时

珠海高栏港厂房

早期，美国、欧洲、日本因经济发达，且数据量足以支持投资收益经济回报，所以这些国家大力开拓海缆市场。随着中国经济的崛起，如今中国有技术和能力铺设海底线路，且经济总量也足以支撑产业，因此烽火此时迈向深海恰逢其时。具有三大优势：

- 从质量等级上看，通俗地讲，产品可分为民品、工业品、军品、宇航品等几个级别。烽火经过多年研发，将原有民用级的海洋通信产品提升到军品及以上级别，大大提高产品可靠性和系统稳定性。
- 开发具备完全自主知识产权的核心产品，将为海洋通信系统提供从产品（海底光缆、中继器、传输设备、馈电以及海缆附件）到服务（海洋系统设计、安装施工、调试开通、维护、增值服务），最终为客户提供海洋网络系统的全面解决方案。
- 在珠海投产建成了拥有亚洲最大、最长、最豪华的海缆生产厂房，总长度超过300米，宽度120米，可以做到海缆制造‘不回头’，因此虽然发展晚，但是起点高，具有后发优势。2020年将要实现全链产出，年销售额预计达到30亿元，5年后有望达到100亿元。

系列产品（海底光缆）

HOC-LW-R

FHOC-LWP-R

FHOC-SA-R

FHOC-DA-R

习近平总书记视察长飞

2013年7月21日，习近平总书记来到长飞公司视察并走进生产车间，视察生产环节和流程，同工人、技术人员和管理人员交谈，勉励长飞公司要提高产品科技含量和市场占有率，不断增强国际竞争力。习总书记充分肯定了长飞引进—消化—吸收—创新的发展模式，对企业自主掌握核心技术、积极推进国际化，取得全球领先地位表示赞赏；勉励长飞要再接再励，在自主创新方面更上一层楼，在国际市场取得更大的成就，实现远大的发展目标。经过五年的发展，长飞用实际行动向习总书记交上了一份不错的答卷：2014年以来，营业收入年同比增长均保持在15%以上，利润持续保持10%以上的增长，2017年全年收入超过100亿，始终保持快速稳健发展势头。

2018年4月26日上午，习近平总书记在湖北视察之行中，专程来到东湖高新区视察企业创新发展情况，其间听取了长飞公司的汇报，查看了长飞最新自主研发的国际先进水平的光纤预制棒、光纤等产品实物。

“我记得长飞，这个光纤预制棒我看过，我还参观过你们的拉丝塔。”

“您眼前的这根光纤预制棒，比起 5 年前的那一根，有了更大提升，长 3 米，直径 220 毫米，全球直径最大，单根就可以拉丝 8500 公里，代表了我们工艺和技术的最高水平。”

时隔5年，总书记对长飞公司依然印象深刻。长飞公司执行董事兼总裁庄丹向总书记汇报了长飞公司近年来发展情况，整个过程中，总书记仔细聆听，频频点头，尤其对涉及企业自主创新的内容，给予最多关注。

2018年4月28日晚，长飞公司集中收看了中央电视台《新闻联播》栏目报道《习近平在湖北考察时强调，坚持创新发展理念打好“三大攻坚战” 奋力谱写新时代湖北发展新篇章》，当新闻里再次播到总书记的教诲时，大家依然难掩激动的心情，长飞公司执行董事兼总裁庄丹表示，长飞公司要牢记习总书记嘱托，未来将进一步地在过去已有的创新的基础上，实现从部分的引领走向全面的引领。

工信部部长苗圩视察长飞公司

2018 年 4 月 26 日，工业与信息化部部长、党组书记、国家制造强国建设领导小组副组长苗圩视察长飞，对长飞公司在世界光通信领域取得的骄人成绩及在光纤光缆制造方面的强大实力和创新力表示高度赞赏和充分肯定。长飞公司董事长马杰出席接待，并向苗部长汇报了长飞公司近年来的发展情况。

在长飞公司展厅，马董事长向苗部长汇报了长飞公司近年来的发展情况，他表示，长飞公司始终坚持“引进 – 消化 – 吸收 – 创新”的发展模式，将自主创新、掌握核心技术当做企业发展的基石，从设备创新和工艺创新、产品创新和标准引领等方面深度践行国家创新驱动发展战略，实现了关键生产设备和原材料全部自主化，全面落实了习总书记 2013 年 7 月视察武汉时的指示：“自力更生任何时候都不能少，我们自己的饭碗主要要装自己生产的粮食。”

在参观长飞公司光线生产车间时，苗部长一行了解了光纤“精细制造”的整个流程，当他得知长飞公司已掌握所有高端制造设备、运行控制系统、先进制造工艺的自主知识产权时，对长飞给予高度肯定。

王晓东省长视察长飞公司

2018年3月28日，湖北省委副书记、省长王晓东率团调研长飞公司，长飞公行董事兼总裁庄丹、副总裁兼董事会秘书周理晶出席接待，庄丹代表公司向调研团介绍了长飞公司近年来以创新驱动实现跨越发展的历程。

庄丹介绍，坚持自主创新是长飞公司实现跨越式发展的重要因素之一。长飞公司通过技术引进、消化、吸收、再创新，目前掌握了PCVD、VAD、OVD 3 种主流预制棒生产工艺，也实现了预制棒、光纤、光缆核心装备的自主开发、制造和对外销售。目前，长飞公司拥有光纤光缆制备技术国家重点实验室、入选全国首批智能制造试点示范企业、制造业单项冠军示范企业，两次荣获国家科技进步二等奖，技术创新水平引领行业发展。长飞公司实现从“追随者”到“领军者”的完美蜕变的同时，也带动了行业整体技术进步和产业发展。

当了解到长飞公司恰逢今年成立30年、从最初的一家外资企业的制造工厂发展成为掌握行业核心技术、全球市场份额领先的集团型企业，王晓东省长对长飞公司成立30年表示祝贺，对公司30年来不断进取所取得的成绩表示赞赏，并鼓励长飞以创新驱动为指引、继续加大研发力度，以更优异的成绩带动区域经济发展，进一步推进国际化进程，实现公司新的历史突破，推动实体经济健康、高质量发展。

长飞砥砺奋进30年，实现了从行业追随者向行业引领者的伟大跨越

长飞公司以“智慧联接　美好生活”为使命，30年来砥砺奋进，努力生产高品质的光纤预制棒、光纤、光缆产品，致力于成为信息传输与智慧联接领域的领导者，为人类沟通搭建更畅通的桥梁。

通过引进、消化、吸收再创新，自主掌握核心技术和核心知识产权

20世纪80年代中后期，中国通信网络建设逐渐从电缆向光缆过渡，但是光纤光缆基本依赖于进口，虽然国内有10余个单位先后从国外引进光纤预制棒生产设备30多套，光纤拉丝生产线20余条，但由于当时对光纤光缆产业认识不足，最终未能建立起中国民族光纤光缆产业。

1988年5月，中国邮电部、武汉市政府与飞利浦三方合资成立了长飞公司，成套引进了飞利浦的生产设备、工艺技术和管理方式，并获得了飞利浦部分技术授权。

1992年，长飞公司的光纤预制棒和光纤生产线实现了投产，创造了当年投产当年盈利的良好开端。随后通过不断努力，长飞公司逐渐消化吸收了引进的技术并加以创新，从最初的多模光纤产品，到自主开发出G.652单模光纤产品，以及顺应市场的需要相继推出G.653光纤产品和G.655光纤产品等，但是与世界先进水平，无论是生产规模、产品结构与开发能力还是设备制造等都存在相当差距。

面对这样的窘境，21世纪伊始，长飞公司便投入大量资金，开始自主研发设备。经过10年的探索历程，长飞公司终于实现了光纤光缆整套设备的自主研发，自主生产，长飞公司不再受制于人，此后在自主创新的道路上越走越稳，越走越快，逐步从“追随者”变成了“引领者”。

2017年，随着长飞潜江科技园正式投产，长飞公司已成为全球为数不多的掌握光纤预制棒三大制造工艺（PCVD、VAD、OVD）技术并规模化生产的光纤光缆企业，同时也是全球行业内产品最全、产业链最完善的企业之一。

长飞公司已获得三百多项国家授权专利和多项欧洲、美国、日本等国外发明专利及PCT授权，是国家级企业技术中心、创新型企业、全国首批智能制造试点示范企业、全国制造业单项冠军示范企业等，荣获国家科技进步二等奖（2次）、全国质量奖等权威奖项，并成为光纤光缆制备技术国家重点实验室的依托单位以及国际电联ITU-T和国际电工IEC标准制定的重要成员之一。

截至2018年6月底，长飞公司专利申请统计数据如下：

棒纤缆产品、工艺和设备申请总数：691件，含发明申请462件，核心专利及技术为PCVD/VAD/OVD工艺大尺寸预制棒制造方法及设备、大棒高速拉丝及光纤光缆智能制造工艺及设备。此外，长飞申请了200余项国际专利申请，其中PCT途径52项，巴黎公约及其他途径15项，国家阶段专利申请145项。

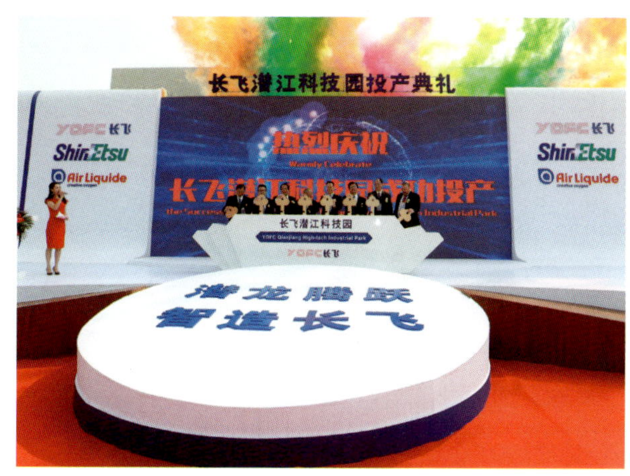

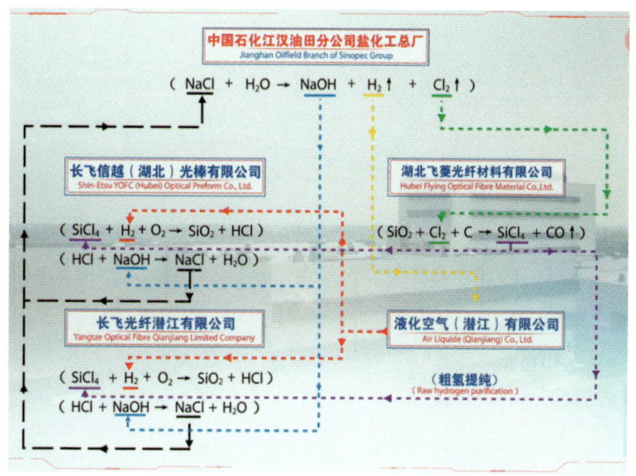

以“循环经济”为理念，发展光纤预制棒生产，为行业树立新标杆

循环经济是以尽可能小的资源消耗和环境成本，获得尽可能大的经济和社会效益，从而使经济系统与自然生态系统的物质循环过程相互和谐，促进资源永续利用。因此，循环经济是对“大量生产、大量消费、大量废弃”的传统经济模式的根本变革。具体到光纤光缆行业来说，虽然光纤光缆不属于污染程度较高的产品，但在其生产制造的过程中，对电、水、气体的消耗很大，而且有工业废水、废气、废渣的排出。过去国内光纤光缆企业建厂也好，扩产也罢，主要是把精力放在如何更快更好地实现产能提升，快速产生经济效益，所以很少关注用循环经济的模式来考虑和运作。2015年6月，长飞公司潜江科技园项目的建设却打破了这个僵局，在业内率先采用“发展循环经济”的理念，建立光纤预制棒及光纤光缆主要化工原材料的产业基地，进一步加强全产业链运营，大力提升长飞公司在核心产品，尤其是光纤预制棒的竞争优势，在中国光纤光缆行业又树立了一个新的标杆。

重磅大事记

大国重器

2018年3月3日CCTV-2 央视财经频道播出《大国重器》第二季第六集，重磅推出亨通集团在海洋、通信、智能制造等方面的科技成就，展现其作为中国光纤光缆领域规模最大的系统集成商及网络服务商的风采！

有机硅环保型大尺寸光纤预制棒技术与产业化

荣获2017年度中国电子学会科学技术一等奖

光纤通信是提升国家综合竞争力、支撑经济社会可持续发展的战略基石，随着光纤宽带网络的快速发展，光纤产业在国家基础设施建设中的重要性日益突出，光纤预制棒是光纤产业的技术核心。我国光纤用量占全球市场57%以上，随着5G、大数据、云计算、物联网以及人工智能技术的到来，光棒需求将成倍增长，市场发展空间广阔，但传统四氯化硅（SiCl4）光棒产业每年会产生大量高污染氯化氢（HCl），不符合《中国制造 2025》、十三五规划绿色发展理念，与习近平总书记建设绿水青山美丽中国的目标相悖。从光棒制造源头上摒弃含氯材料SiCl4的使用，在解决环保问题的同时降低光棒制造成本，是光棒制造行业的发展方向。

按国内年产8000吨光棒计算，传统SiCl4光棒制造行业每年会产生数万吨高污染HCl，即使处理达标，仍有大量HCl排入大气中。目前国内外光棒企业大多采用高投入的过滤、渗透浓缩和蒸发等综合处理工艺，含氯废物处理费用高达数十亿元。传统SiCl4光棒制造技术对环境的影响及高昂的环保处理费用，与光棒产业可持续发展形成了矛盾，转型升级势在必行，打破高污染局面迫在眉睫。

该项目在多项国家项目支持下，历时多年研发出了以无氯有机硅D4（八甲基环四硅氧烷）替代SiCl4为原料的新一代光棒制造技术。主要创新点如下：

- 针对有机硅D4光棒内部易产生微观结构缺陷的科学难题，研究了有机硅D4原料纯化、输送及光棒合成反应机理，发明了D4稳定汽化方法和装置，有效抑制了光棒内部缺陷的产生。
- 针对大尺寸有机硅D4光棒制备过程中光棒易开裂、直径均匀度难控制等技术难题，发明了有机硅D4专用喷灯、沉积装置，光棒尺寸及直径均匀度达到国际领先水平。
- 开发了沉积+烧结共掺杂氟的正压技术和“纯石英芯与碱金属”渗透掺杂技术。实现双包层下陷型光纤折射率剖面，成功地开发出优于ITU-T国际标准的超低损耗G.654.E和低损耗G.657光纤，并实现规模化生产与应用，满足了新型光纤对抗弯曲、超低损耗、大有效面积及超长距离的要求。
- 研制了有机硅D4专用成套装备。自主研发了适用于有机硅D4的全套装备，包括沉积、烧结、抛光、退火等，实现了有机硅D4光棒的产业化，规模全球最大。

重磅大事记

项目建立了有机硅D4光棒自主知识产权体系，获发明专利23项，发表论文19篇，制定国标行标3项。项目成果获2017年中国电子学会科学技术一等奖。由邬贺铨、赵梓森院士等组成的鉴定委员会认为：“该项目取得了有机硅光纤预制棒技术和产业化的突破，项目完成单位成为全球首家采用该技术实现超大规模产业化应用的企业，为中国通信建设作出重大贡献。有机硅工艺生产光纤预制棒项目成果国内首创，国际领先”。

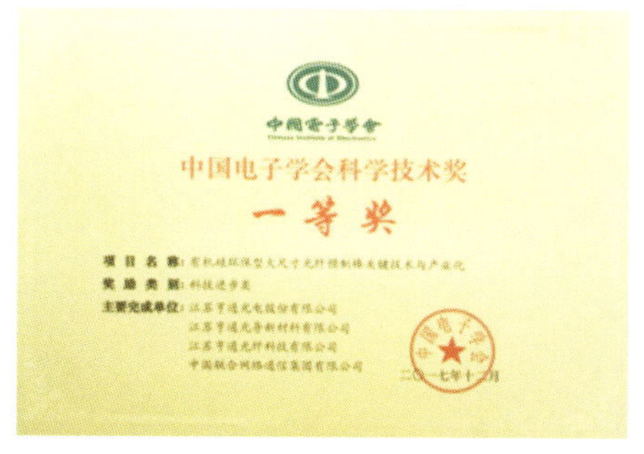

重磅大事记

亨通改写海缆格局新篇章，发力布局智慧海洋

江苏亨通海洋光网系统有限公司（以下简称“亨通海洋”）是江苏亨通光电股份有限公司投资建立的国内规模最大的海底光缆研发生产基地，业务覆盖跨洋通信系统、海底观测网系统、水下特种缆系统、海上油气平台系统及海上新能源系统等系统解决方案。亨通海洋拥有自己独立的港口，可负责进出口。

- 2015年，通过了36项海缆全性能测试，斩获30张UJ＆UQJ证书。
- 2016年，成功交付的马尔代夫项目、科摩罗项目、Belize项目现已投入运行。
- 2017年，通过5000米水深海缆系统国际海试，拿到了国际市场的通行证。

2018年3月，登陆央视大型纪录片《大国重器》。央视镜头以亨通海洋在马尔代夫海域铺设世界最长单根无接头海底高速光缆，单根海缆长度达到了318公里。连接马尔代夫6座主岛，推动马尔代夫由2G时代进入4G时代为切入点，重点介绍了亨通作为亚洲最大的光纤预制棒生产基地、超级海光缆制造工厂，其自主研发的光纤预制棒打破美国康宁、日本住友、欧洲普睿司曼等少数光棒制造巨头的垄断，抢占了行业制高点,支撑起了中国通信行业的“脊梁”。马尔代夫海底光缆项目总长1160公里，连接马尔代夫6个主要岛屿的，主要是解决马尔代夫主要岛屿之间海底光缆系统的连接。

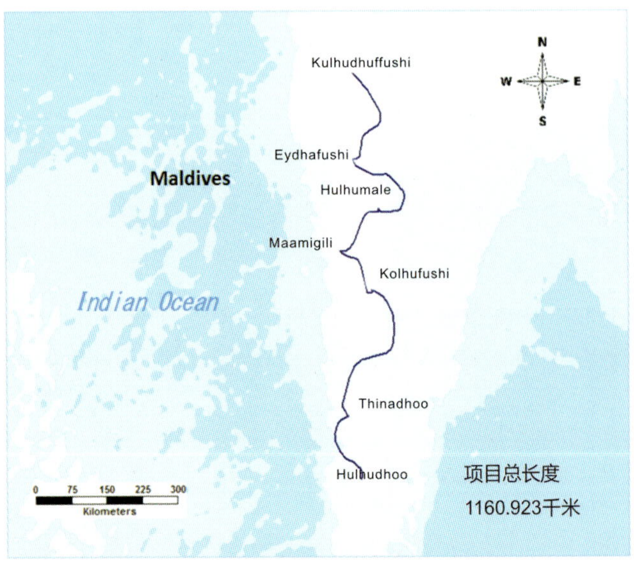

重磅大事记

2017年5月份开展了5000米水深的国际海试。通过30余天连续作业，依托国内外13名业界专家组成的强大技术团队，亨通在5000米、4000米和500米 3个不同水深的四大场景成功完成了海试，这对亨通拥有自主知识产权的海缆产品的性能进行了充分验证，亨通海洋借此也成为了国内目前唯一一家通过5000m国际海试的海缆企业，亨通海洋从此具备了承接上千公里甚至上万公里的全球跨洋海底光缆项目的资格。

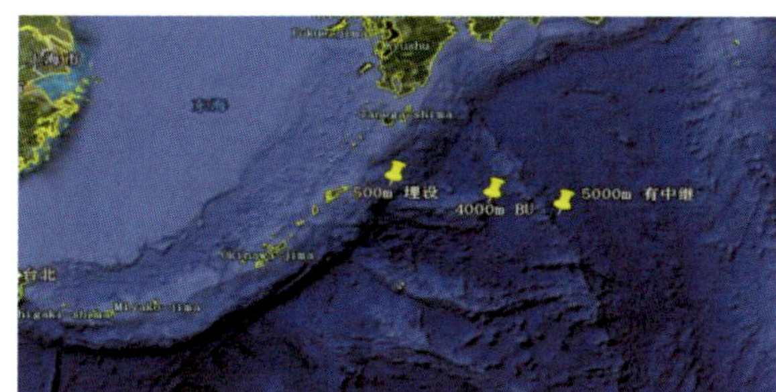

2018年亨通海洋将助力巴布亚新几内亚国家骨干网建设，满足巴新国内高速发展的移动互联网等新业务的发展需求。该项目全长5600km左右，将成为国内首个有中继海缆系统超5600km国际项目，将巴新沿海人口最密集的14个城市相连，同时连接印尼的查亚普拉，从而与全球海缆系统相连。系统设计容量为8Tbps，能满足巴新国内未来10年以上的带宽需求。该条海缆建成之后，将覆盖巴新国内55%以上的人口，同时为今年即将举行的APEC会议作通讯保障。

亨通海洋同时布局智慧海洋，目前已形成多个系统解决方案：智慧江河湖泊水环境感知网、智慧海洋立体观测物联网、智能实时锚系浮标/潜标、海底科研业务网、海底防灾预警网、海底探测警戒网、水下多源多模信息融合大数据系统、大规模海底网远程电力监控与通信管理系统等，助力海洋事业的蓬勃发展。

未来亨通将从海缆、海底观测网、海洋工程等多个领域入手，以创新的技术、过硬的品质及系统解决方案、优质的服务践行“海洋梦”，投身全球海下信息高速公路的建设，助力人类以更加信息化和智能化的方式了解海洋、感知海洋、开发海洋和保护海洋。

重磅大事记 | *Memorabilia*

中天科技的创新被中共中央政治局委员、时任江苏省委书记李强作为中国故事，向世界传播。

时值中天“品牌日”设立两周年之际，中天科技代表民族品牌走进联合国总部，向联合国及国际品牌联盟（IBF）的有关领导汇报企业品牌建设工作，得到了广泛赞誉。

中天科技集团董事长薛济萍入选“2017年度十大海洋人物”，组委会给予崇高评价：他用深海光缆讲好“中国故事”，是中国制造的典范。

中天科技深度融入“一带一路”国家倡议，进一步加快走出去步伐，印尼、摩洛哥、印度二期工厂相继开工建设，香港公司正式运营。

中天印尼工厂开工仪式

中天摩洛哥工厂开工仪式

重磅大事记 | Memorabilia

中天科技荣列“2017中国企业500强”“2017中国上市公司市值500强”，荣获“江苏省质量奖”“中国出口安全示范企业”等称号，全介质自承式光缆（ADSS）荣获全国制造业单项冠军产品称号。

中天科技相继成立海洋工程、海缆工程公司，国内最大海缆敷设工程船 “源威8号”在张家港顺利吉水，海洋装备水平和施工能力迈上新的台阶，为进一步开拓海上风电市场提供强有力支持。

中天科技再度入围“2018年中国电子信息行业百强企业”名单，位列第16名，成为江苏省排名最高的入榜企业。

中天科技再捐600万用于河口镇环保建设，捐款100万救助贫困地区唇腭裂儿童，再在野竹坪希望小学举行助教助学活动。

重磅大事记

■ 王建沂主席在闭幕会上致闭幕词

2017年7月14～15日，浙江省工商业联合会第十一次代表大会在杭州召开。

富通集团董事局主席王建沂光荣当选为第十一届浙江省工商业联合会主席、省商会会长。

■ 第十一届浙江省工商联、省商会领导班子合影

二

国家重点实验室篇

国家重点实验室是我国光纤通信培养人才的摇篮，也是诞生科研成果的基地，是我国开展光纤通信科研的国家主力队。《中国光纤通信年鉴》2018年版详细介绍了“区域光纤通信网与新型光通信系统国家重点实验室”“光纤通信技术和网络国家重点实验室”“集成光电子学国家重点联合实验室”“信息光子学与光通信国家重点实验室”“光纤光缆制备技术国家重点实验室”“塑料光纤制备与应用国家地方联合工程实验室”“光纤传感技术与信息处理教育部重点实验室”“传感技术联合国家实验室”“新型传感器与智能控制教育部山西省重点实验室”等9个国家和教育部以及国家和地方联合重点实验室的最新科研成果。

区域光纤通信网与新型光通信系统国家重点实验室

State Key Laboratory of Advanced Optical Communication Systems & Networks

本实验室成立于1989年6月，是我国第一个光纤通信国家重点实验室，依托于上海交通大学和北京大学两个实验区，致力于光纤通信相关领域的基础研究和应用基础研究，为国家光通信领域的科技发展和基础设施建设提供核心技术支撑和示范性作用，成为国内外光通信及光电子领域的最重要研究机构之一。

近年来，实验室主要开展光网络、光传输、光电子器件、光传感与信号处理四个方向的研究。实验室在光网络、光传输、光传感与信号处理、光电子器件四个研究方向均承担了国家的重要科研项目。2012至2016年度本实验室承担和参加省部级以上科研项目306项，充分发挥了实验室在承担国家重大科技任务方面国家队的能力和作用。实验室获国家自然科学二等奖1项、省部级一等奖1项、二等奖1项。

在光网络方向，本实验室在光通信领域国际标准的制定中持续发出中国的声音。牵头完成了国际互联网任务组（IETF）的光网络国际标准（RFC5814和RFC6777）。实验室主导了我国广电行业标准GY/T265、GY/T297的制定，主导的高性能同轴电缆宽带接入（HINOC）技术进入国际电信联盟（ITU-T），并正式成为国际标准（J.195、J.196），为中国标准国际化起到了示范引领作用。

在光传输方向，实验室在数字和模拟信号光传输方面取得了国际领先的研究成果。在光传感与信号处理方向，实验室重点研究光纤及光子传感的基础理论、器件原理及信号处理方法，相关成果在地磁勘探、暗物质探测、地壳应变探测、高分辨雷达等国家重要工程应用中获得应用推广。在光电子器件方向的硅基光电子领域，本实验室取得了一系列国际领先并填补国内空白的研究成果。

在2012～2016年评估期内，实验室发表SCI论文979篇，绝大部分发表在主流光通信光电子学术期刊上，其中影响因子7以上的论文23篇，包括Nature Photonics 2篇，影响因子3以上的论文338篇。不少论文在本学科里产生了重要的影响。实验室获授权国外专利11项、中国发明专利201项、软件著作权4项。实验室毕业博士生161名、硕士生337名、博士后出站19人。有1人获中国通信学会优秀博士论文、1人获中国电子学会优秀博士论文提名、7人获得上海市优秀博士学位论文奖、2名在读博士生获教育部学术新人奖。

光纤通信技术和网络国家重点实验室是2008年4月国家科技部首批批准筹建的企业国家重点实验室之一，依托单位是拥有中国光通信的发源地，“武汉·中国光谷”的核心企业烽火科技集团·武汉邮电科学研究院，2010年7月正式通过科技部的验收，是目前国际上唯一同时对光通信系统、光纤光缆、光电器件等三大主体技术方向进行系列研究的研究基地，在国家科技发展、国防建设中发挥重要的作用。实验室现有一支以中国工程院院士为首、年龄结构合理、专业搭配得当的172人的科研团队，其中学科带头人和优秀中青年专家32名。实验室成立以来，承担了100余项国家973计划/863计划等科研项目（课题），先后共获得包括国家技术发明二等奖在内的省部级以上科技奖励21项；授权和申请国内发明专利1028件，获得中国专利金奖1项，中国专利优秀奖3项；牵头起草标准91项，其中国际标准5项，国家标准13项，行业标准73项，参与起草标准近200项；发表高水平论文专著200余篇。在2018年科技部组织的2010-2017年实验室评估中光纤通信技术和网络国家重点实验室获评为“优秀”。

1000×10Gbit/s超密集波分复用实时相干PON光接入系统实验

针对目前业界对超密集波分复用相干PON的迫切需求，实验室在国际上首次实现了1000×10Gbit/s超密集波分复用实时相干PON上下行40公里标准单模光纤中实时传输光接入系统实验，实验在上下行单纤双向模式下实现了下行1000路10G信道和上行200路10G信道的实时传输线路，功率预算大于28dB。

该系统实验为解决大容量超密度光接入网络发展的难题，提升我国在下一代无源光网络（NG-PON3）上的国际竞争力，缩小与发达国家的技术差距提供了关键技术支撑，为满足宽带大容量光接入的重大需求提供有效解决途径。

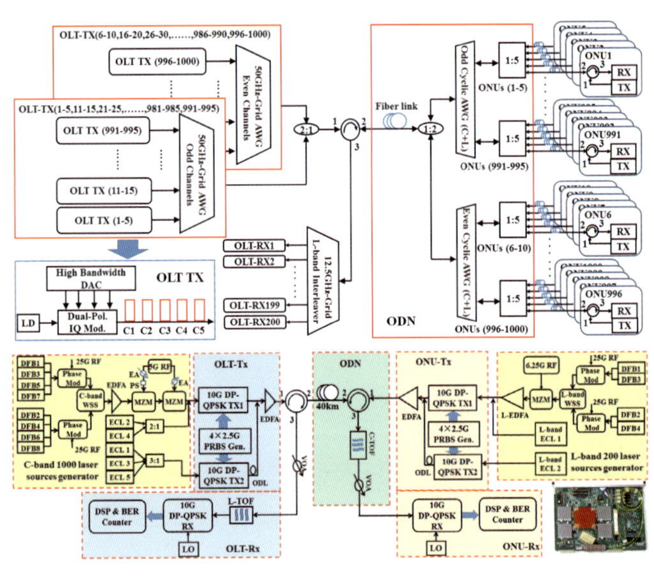

超高带宽硅基调制器芯片

首次提出了基于衬底掏空电极的硅光调制器芯片架构，该架构减小了微波电场与硅衬底的重叠，并通过对微波信号的精确调控，实现50欧姆阻抗匹配和“微波-光波”的群折射率匹配，在降低调制器芯片传输损耗的同时提升了带宽，最终研制出3dB电光带宽大于60GHz的硅光调制器，其调制波特率大于90Gbaud/s，其3dB电光带宽已接近硅光调制器的RC带宽理论极限。

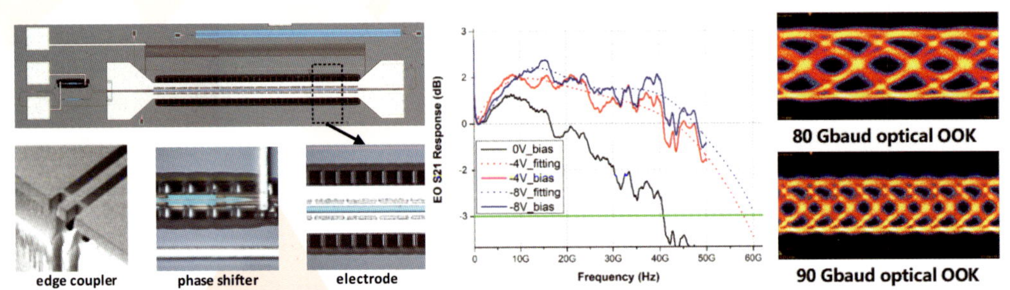

图：（左）超高速硅光调制器芯片和部分功能单元显微镜照片和（中）实测电光频响曲线（右）实测光信号眼图

集成光电子学国家重点联合实验室

State Key Laboratory on Intergeated Optectonics

集成光电子学国家重点联合实验室1987年由清华大学、吉林大学和中国科学院半导体研究所联合倡议并组建，1991年1月通过国家计委和国家科委等有关部门的验收后正式对外开放。2007年评估结束后，清华大学实验区参与组建并加入清华信息科学与技术国家实验室（筹），本实验室开始由吉林大学和中国科学院半导体研究所两个实验区联合运行。

在国家有关部门和依托单位的关心与大力支持下，联合实验室取得了快速发展和长足进步，在历次国家相关部门组织的评估与总结活动中均名列前茅。

实验室的主要研究内容是：重点研究基于半导体光电子材料（GaAs、InP基、GaN基、硅基）、有机光电子材料、光电功能新材料（二维半导体以及蓝宝石、金刚石、石英等光学材料）、微纳光子材料（表面等离激元、光子晶体、光纤光栅等）的新型光电子与光子结构、器件以及集成芯片；研究与上述材料兼容的微纳集成器件制备新工艺；研究上述器件及芯片在光纤通信系统与网络、信息处理和显示中的应用技术。这些研究构成了一个链式整体结构，即以应用为牵引、以集成器件和芯片为目标、以器件物理与材料特性的深入研究为基础的创新研究模式。相应的主要研究方向为：

1. 高速及特殊应用光电子集成器件；
2. 硅基光子学及光子器件集成；
3. 光电器件物理及微纳集成新工艺；
4. 微纳光电子与光电集成芯片；
5. 光电集成新材料和新器件。

实验室现有固定人员72人，含正高级职称59人，副高级职称13人，其中，研究人员69人（40岁以下39人，占56.52%），技术人员2人，管理人员1人。研究人员中，中国科学院院士1人、中组部“千人计划”学者8人（含青年千人4人，外专千人2人）、国家百千万人才工程4人、“万人计划”科技创新领军人才1人、国家杰出青年基金获得者9人、国家优秀青年基金获得者4人、教育部长江学者奖励计划1人，中科院百人计划6人，省部级人才16人。获国家自然科学基金委创新研究群体1个（滚动支持），教育部长江学者创新团队1个，中科院科技创新“交叉与合作团队”1个。“973”和国家重点研发计划首席科学家2人，国家重点研发计划咨询专家组成员2人，国务院学位委员会学科评议组成员1人。

2012～2016年，实验室培养了博士毕业生215人。

信息光子学与光通信国家重点实验室

State Key Laboratory of Information Photonics and Optical Communications

信息光子学与光通信国家实验室是在“光信息科学与技术”学科领域主要从事应用基础研究的科技创新和人才培养基地。依托“电子科学与技术”和“信息与通信工程”两个国家一级重点学科，坚持基础探索和工程技术相辅相成、光子学与光通信“驱”“牵”互动、光通信与光信息处理交叉融合的发展模式，在国内外本领域的科学研究和我国创新人才培养方面发挥重要作用。实验室包括信息光子学基础、光子学材料与器件、光通信系统与光子网络3个研究中心，以及“通信与网络核心技术”国家111基地和中俄联合实验室等国际科研合作基地。

实验室初创于20世纪60 年代，创始人是我国著名微波通信和光通信科学家叶培大院士。实验室主任为国家杰出青年科学基金获得者、IET Fellow任晓敏教授。实验室学术委员会主任为周炳琨院士。实验室名誉主任由诺贝尔物理学奖获得者阿尔费罗夫院士担任。实验室现有固定研究人员103人，其中院士1人（加拿大皇家科学院/工程院院士）、教育部“长江学者奖励计划”特聘教授2人、“万人计划”科技创新领军人才1人、国家杰出青年科学基金获得者4人、国家优秀青年科学基金获得者5人、国家“千人计划”特聘专家1人、新世纪百千万人才工程国家级人选2人、教育部新(跨)世纪优秀人才17人、科技部“中青年科技创新领军人才”1人、“科技北京”百名领军人才1人、IEEE Fellow 1人、IET Fellow 4人。

近5年来，实验室承担了国家级重大（重点）科研项目30余项，发表SCI检索论文1400余篇。代表成果主要有：（1）低维结构光子学及电子态系理论的研究进展与弥聚子论；（2）基于光纤非线性的新型超短脉冲光源及相关基础理论研究；（3）高性能裸眼三维光显示技术的创新与突破；（4）高度线性、精细灵活的智能光载无线系统与应用；（5）高弹性、高精细、高谱效的灵活带宽光网络技术创新。研究成果获得国家级科技奖励2项、省部级和全国性科技学会奖励12项。

历经数十年的建设和发展，实验室“执著出奇，团结致胜”的学术氛围日渐浓厚，“理工互动，理工融合”的特色愈益彰显，已成为有志笃学之士聚集、奋斗和放飞梦想的地方！

YOFC 长飞

光纤光缆制备技术国家重点实验室

State Key Laboratory of Optical Fiber and Cable Manufacture Technology

光纤光缆制备技术国家重点实验室，是国家科技部于2010年12月批准、由湖北省科技厅主管、依托长飞光纤光缆股份有限公司建设的企业国家重点实验室，2013年7月通过了科技部组织的建设验收。

实验室以国家战略需求和光纤光缆行业发展为导向，实行“开放、流动、联合、竞争”的运行机制，以应用基础研究、关键技术研究和共性技术研究为主要研究重点，以解决预制棒、光纤（含特纤）、光缆及其制造设备自制、光纤光缆应用与检测技术问题为主要研究内容，设立了光纤技术、光缆技术、设备技术、光纤应用技术和检测技术的5个研究室或中心。

依托长飞公司建设的光纤光缆制备技术国家重点实验室，在制棒、拉伸、拉丝、成缆、光纤光缆测试、光纤应用以及关键装备技术等方面，拥有齐全、先进的科研平台和系统。

实验室现有固定研究人员110余人，含高级技术职称/博士40位，硕士60余位；实验室建设面积7000平方米；建立健全了预制棒技术、光纤技术（含特纤）、光缆技术、检测技术等多个科研创新平台；实验室检测中心通过了中国合格评定国家认可委员会认可和国际权威机构Telcordia实验室认可，为实验室长期发展、满足国家重大战略需求提供了有力的人才和平台支撑。

实验室以长飞公司研发中心为基础，广大科技人员经过多年努力和传承发展，科研成果显著。获国家重点新产品4项和国家自主新产品1项；截至2017年7月，获国家科技进步奖二等奖2项，中国电子信息科学技术奖一等奖2项，二等奖2项、湖北省科技进步奖一等奖1项、二等奖5项；承担了国家973计划、863计划、科技重大专项、重大科仪专项、科技支撑计划、国际科技合作项目、国家电子发展基金专项等国家级项目/课题20余项；牵头/参与制修订国际标准13项、国家标准7项和行业标准/协会标准60余项；截至2017年7月，已获授权发明专利137项，含16项美国专利等39项海外专利，48项PCT专利和3项巴黎公约专利；发表SCI/EI科技论文120余篇。

实验室建立了良好的运行机制，开放与交流广泛。通过产业联盟、联合实验室、产学研、国际合作项目等方式，分别与华中科技大学、武汉大学、北京邮电大学、上海交通大学，新加坡南洋理工大学、香港理工大学和中国电子科技大学等国内外著名高校建立了广泛合作联系。

长飞公司获批国家重点实验室建设，既是对企业已经取得的技术实力和研发成果的肯定，也是对企业在自主创新能力建设方面进一步提升的推动。长飞公司将进一步大力促进国家重点实验室的建设和发展，落实国家中长期发展规划，服务通信运营商建设需要，围绕“自主创新、差异化、国际化和成本领先”的发展战略，大力发扬自主创新精神，开展产业应用技术和原创性技术研究，支撑光纤通信及网络产业的快速发展。

塑料光纤制备与应用国家地方联合工程实验室

National-Local Joint Engineering Laboratory of Plastic Optical Fiber Preparation and Application

为了将我国塑料光纤通信系统的主要研发单位联合起来，统筹规划、集中力量、合理分工、促进中国塑料光纤产业快速发展，经国家发改委批准，2009年11月成立塑料光纤制备与应用国家地方联合工程实验室。实验室聘请中国工程院院士李乐民教授为实验室技术委员会主任，依托建设与管理单位为四川汇源塑料光纤有限公司。

实验室成立以来，先后成立低损耗塑料光纤研究室、特种塑料光纤研究室、光器件与系统研究室、电力行业应用技术中心、传感与物联网应用技术中心、测试技术与标准研究室等6个技术研发平台，分别覆盖了塑料光纤行业从原材料制备、光纤光缆生产、光器件、光系统应用、检测与标准多个方面，为发展和引领新兴的塑料光纤通信产业链奠定了坚实的技术基础。实验室运行5年来，承担国家、省部级项目共计15项，其中国家863项目5项，国家自然科学基金项目3项，省级项目6项；制订、修订国家标准1项，行业标准3项；授权专利15项，申请专利7项；发表论文89篇，其中SCI、EI论文25篇。

成果1 低损耗塑料光纤产业化

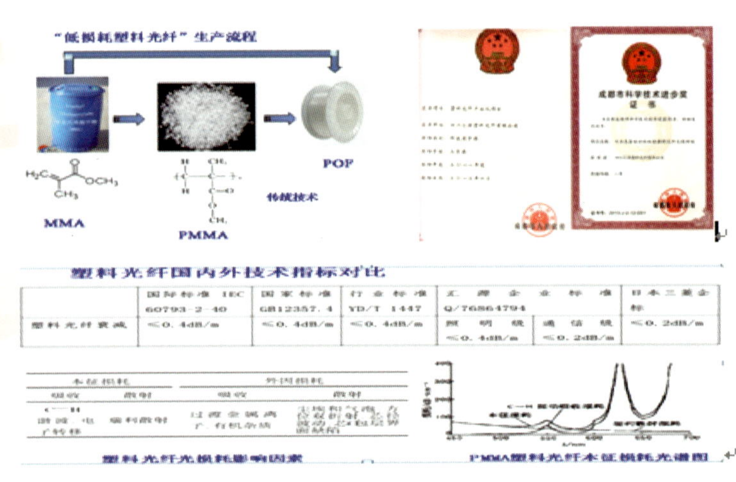

	国际标准 IEC 60793-2-40	国家标准 GB12357.4	行业标准 YD/T 1447	汇源企业标准 Q/76864794		日本三菱企标
塑料光纤衰减	≤0.4dB/m	≤0.4dB/m	≤0.4dB/m	照明级 ≤0.4dB/m	通信级 ≤0.2dB/m	≤0.2dB/m

2016年工程实验室主要完成以下工作：

- 承担国家、省部级项目共计3项，市级项目3项；
- 制订、修订国家标准3项，行业标准3项；授权专利10项，申请专利12项；完成一项成果技术鉴定；
- 发表论文5篇，其中SCI、EI论文1篇。

成果2 微结构光纤研究与应用

成果3 塑料光纤光收发模块研发

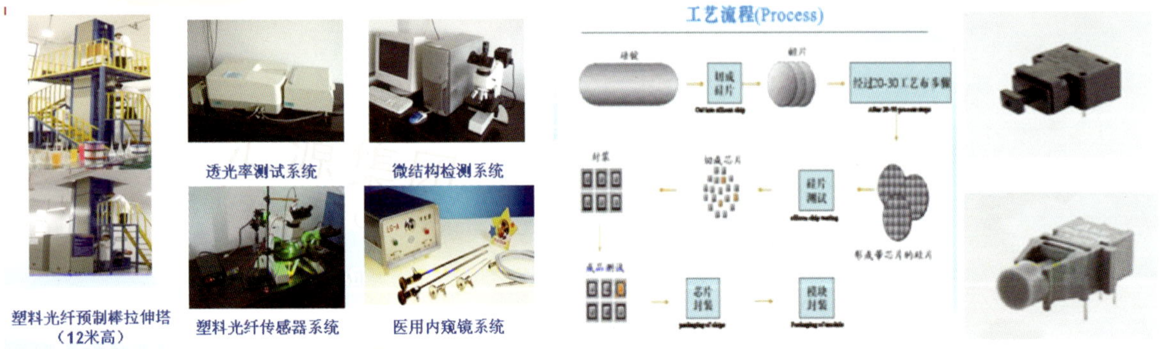

光纤传感与通信教育部重点实验室

Key Laboratory of Optical Fiber Sensing & Communications (Education Ministry of China)

学术委员会

实验室主任：饶云江
IEEE/OSA/SPIE Fellow
长江学者、杰青

姜德生
学术委员会主任
院士

叶声华	学术委员会副主任、院士	李乐民	院士	赵 卫	西安光机所所长
罗先刚	百人计划、973首席、杰青	罗 毅	长江学者、杰青	徐安士	教授
苏显渝	教授	祝宁华	百人计划、杰青	胡卫生	杰青
刘铁根	教授、973首席	童利民	长江学者、杰青	郑建成	千人计划
邱 昆	百千万人才、教授	段发阶	教授		

主要研究方向

光纤干涉微结构传感机理研究、器件实现及应用：采用直接制作光纤F−P干涉微腔的新方法，实现高温光纤应变传感器；首次报道了基于光子晶体光纤的微F−P干涉传感器；研制成功系列光纤F−P微腔传感器。

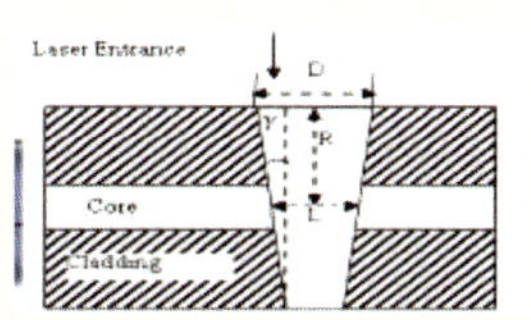

长距离分布式光纤传感：提出基于随机光纤激光器泵浦的长距离光纤传感信号全光分布式放大新方法，两次刷新无中继BOTDA传感距离的世界纪录，并创造了分布式光纤传感距离的最长纪录。

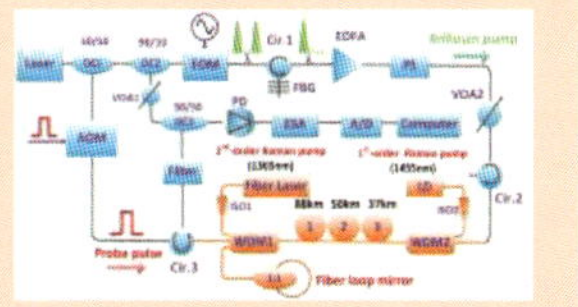

分布式声波检测：国内首次研制出光纤分布式声波传感仪工程样机并应用于石油勘探现场。并于2014年开展国内首次FODAS井下VSP实验，其主要性能指标接近国际同类设备的水平。

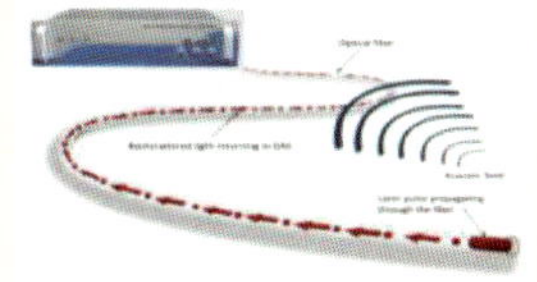

随机光纤激光器：高效率随机光纤激光器的基础研究成果入选2014年全球光学重要进展，相关论文入选ESI高被引论文，并与英国阿斯顿大学光子技术研究所合作，在国际光学顶级期刊AOP上发表长篇综述文章。

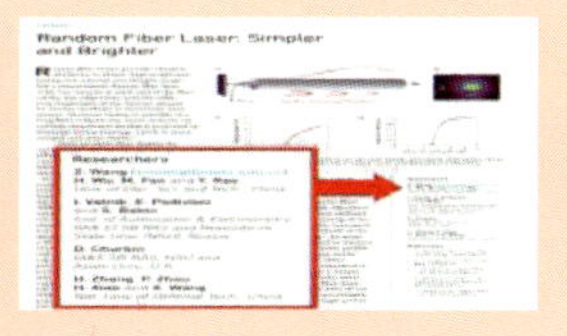

在研重要项目

1. 国家自然科学基金重大项目课题“长距离分布式光纤传感网关键器件与技术研究”。

2. 国际合作重大项目（111计划）。

3. 国家自然科学基金重大科研仪器研制项目“基于新型分布式光纤声波传感器的地震检波仪”。

4. 国家自然科学基金重点项目“新型大功率光纤随机激光器研究”。

5. 科技部国家重大仪器开发专项“XXXXX测量天平”子项目。

6. 国家自然科学基金重大仪器专项课题“极端环境全模式冲击微动损伤测试系统研发及应用”。

2016年建设概况

国家重点项目取得突破：饶云江团队牵头获得国家基金委重点项目，国家基金委重大仪器专项子课题。

国家基金委重大科研仪器项目正式启动：“基于新型的分布式声波传感器的地震检波仪”项目启动会与2016年4月成功召开，项目特聘专家组组长叶声华院士在总结发言中表示，项目组是国内光纤传感领域的顶尖团队，具有很好的研究基础，下一步需要与实际需求紧密结合，有针对性地开展研究工作，提升样机的可靠性和稳定性，本项目的应用前景十分广阔。

国际合作重点项目取得突破：通信网络研究方向，杨鲲教授团队获得国家基金委国际合作重点项目。

引进国家千人取得突破：引进1名青年千人。

国际学会任职取得突破：饶云江当选为IEEE Fellow。

国际影响力不断增强：饶云江被OSA前主席Philip Russel院士提名为OSA Wood奖候选人，又入选Elsevier“全球高校电力电子工程学科高被引学者”。

科学传播影响力取得突破：实验室饶云江教授创办的光子传感领域的学术期刊《Photonic Sensors》荣获“2016中国最具国际影响力学术期刊”。

研究实力不断增强：2016年，发表国际光学领域著名期刊Laser & Photonics Reviews（IF：7.486）1篇，SCI论文38篇，EI收录论文71篇（不与被SCI收录论文重复计算）。2016年实验室获发明专利授权37项（含美国专利1项），申请中国发明专利70项和美国专利1项。

科研项目

2016年共承担各类科研项目77项。其中973课题2项、863课题3项、国家自然科学基金项目34项、国际合作重点项目2项、省部级及其他项目9项、横向合作项目27项。

国家级重大项目

光纤传感与器件研究方向，继2013、2015年分布式光纤传感技术获得基金委重大项目课题、重大仪器专项支持后，2016年新增国家基金委重点项目“新型大功率随机光纤激光器研究”、国家基金委重大仪器专项子课题“极端环境光纤传感系统”（两项批准总经费>400万）。

国际合作重点项目

通信网络研究方向，杨鲲教授团队获得国家基金委国际合作重点项目“通信与计算的协同机理和联合资源分配算法研究”1项（批准经费243万），加强了实验室在通信理论方面的基础和影响。

传感技术联合国家重点实验室

State Key Laboratory of Transducer Technology

学术委员会

实验室主任：李昕欣
杰青
中科院百人计划
九三学社中央委员

吴一戎
学术委员会主任
院士

江　雷：学术委员会副主任、院士
崔大付：学术委员会副主任、中国电子学会高级会员
赵建龙：研究员、上海微系统所副所长
谢志峰：上海矽睿科技有限公司创始人
朱自强：上海师范大学校长、紫江学者
郝一龙：北京大学微电子研究院副院长
蔡新霞：杰青、百千万人才
杨富华：研究员
梅　涛：研究员、中国科学院青年联合会副主席
黄庆安：杰青、长江学者
夏善红：研究员
龚海梅：973首席、百千万人才
刘　明：院士
刘双江：杰青、中科院百人计划
樊春海：杰青、中科院百人计划
樊尚春：教授、IEEE高级会员

实验室简介

传感技术国家联合重点实验室经国家计委批准于1987年成立，1989年通过国家验收，是我国传感技术领域最早建立的国家重点实验室。

实验室的主要研究领域是以微电子技术和微纳加工技术为基础的微纳传感器及微系统。实验室重点研究基于新原理、新材料、新方法、新技术的核心传感技术和高性能传感器，发展集成化、智能化、网络化传感器系统，突破加工、封装与系统集成等关键技术，以满足国防、航天、工业、医疗等领域对传感技术的迫切需求。

实验室建设至今近30年来，先后主持973、863、重大专项、国家自然科学基金重点基金、重大仪器设备专项等多项国家重要科研项目，开展了微纳传感技术和微纳电子机械系统（MEMS/NEMS）加工技术及器件研究，在我国传感技术领域的应用基础研究方面发挥了引领骨干作用。

主要研究方向

➢ 微纳传感器设计与制造技术

实验室在此方向上的主要研究内容包括：各种物理量MEMS传感器（如加速度、角速度等惯性传感器，压力传感器、温度传感器、硅基振荡器、高度计、应变计、麦克风等）、痕量气体传感器、微流量计、无源微能量采集器及光纤MEMS传感器等器件的原理、设计和制造技术研究。

除了传统的电检测MEMS传感器，实验室还研发了多种光纤检测的MEMS传感器，扩大了MEMS传感器的使用范围。

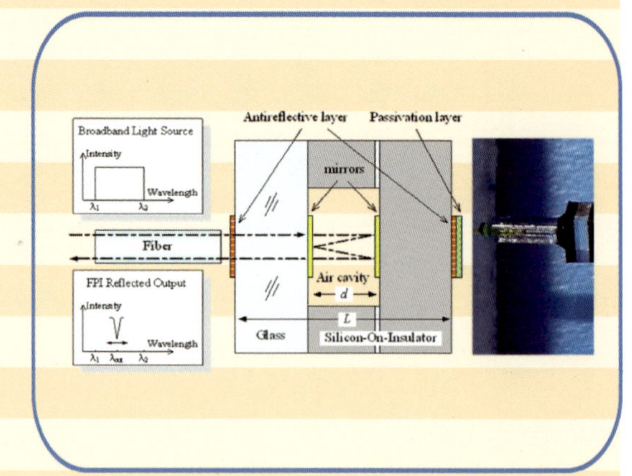

➢ MEMS/NEMS 技术

在国家重点实验室的1600平方米净化实验室中，实验室具备一整套MEMS/NEMS制造设备，可进行体微机械加工、表面微机械加工、准LIGA工艺以及纳米结构制造，形成了自上而下和自下而上相结合的微纳融合一体化集成制造能力。

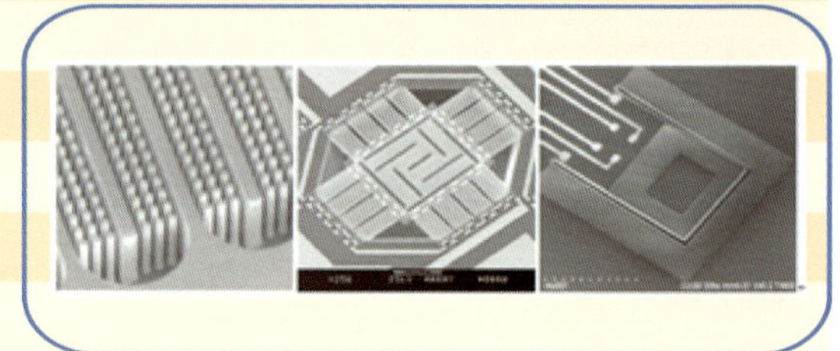

➢ 敏感效应、机制与材料研究

在MEMS与传感器结合的前沿研究方面，实验室利用本领域不同学科交叉创新的特点，在敏感效应、机制和材料的研究方向上也做了重要的部署：提出了“材料基因组”研究新概念；开发了基于具有瞬态溶解和电子功能特性的新型材料制备方法和器件制备工艺；开展对过氧化物、硝酸酯和有机胺等三类化学危险品的检测。

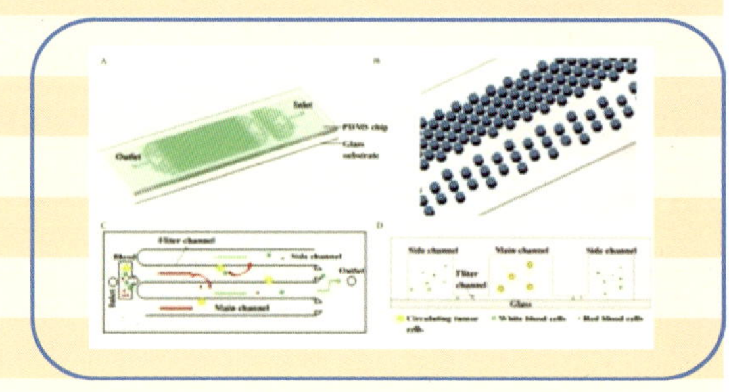

➢ 传感微系统芯片技术

主要从事微流控芯片、纳米生物传感、微纳电化学传感及物联网系统等方面的研究，在用于临床检验、环境监测以及食品安全检测所需微纳传感器新原理、新方法和新技术方面开展了研究，开发出一系列可应用于环境监测、健康监控、疾病监测的传感器系统。

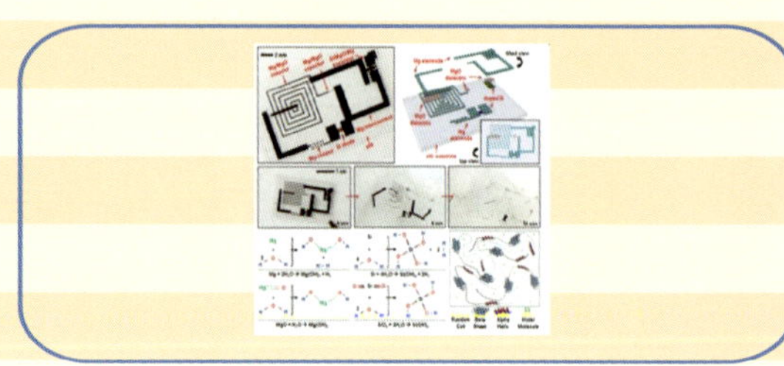

新型传感器与智能控制教育部山西省重点实验室

重点实验室领导

熊诗波教授

马福昌教授

实验室第一届学术委员会主任为熊诗波教授（两次国家科技进步二等奖获得者），实验室主任为太原理工大学马福昌教授（2000年国家技术发明二等奖获得者）。

姜德生教授

王云才教授

实验室第二届学术委员会主任为中国工程院院士、武汉理工大学姜德生教授，实验室主任为太原理工大学王云才教授。

重点实验室介绍

2006年，新型传感器与智能控制重点实验室通过教育部组织的验收，列入教育部重点实验室序列。

2007年，通过山西省科技厅验收，进入山西省重点实验室序列。

2013年，当选首届山西省重点实验室联盟理事长单位，蝉2017年，当选山西省传感器产业联盟首届理事长单位。

2017年，当选山西省传感器产业联盟首届理事长单位。

实验室现有永久成员和聘期内固定成员53人，研究人员100%具有博士学位，80%的成员年龄在38岁以下。其中，国家优秀青年基金获得者2名，山西省青年拔尖人才3名，“青年三晋学者”特聘教授6名，山西省高等学校优秀青年学术带头人15名。

实验室已组成1个科技部重点领域创新团队、4个山西省科技创新重点团队、4个山西省高等学校优秀创新团队和1个山西省研究生教育优秀导师团队。

实验室与多个国家级地区保持密切的学术交流，现拥有10名海外教授受聘山西省“百人计划”特聘专家。

目前实验室建筑总面积6700平方米，仪器设备总值5400余万元。

重点实验室进展

实验室秉持“所有研究在未来　年内可以造福人类”的理念，坚持“面向国家重大需求及区域经济发展”的导向，围绕“保密通信与光电检测、光纤与微纳传感、机电装备安全与智能控制”3个方向开展应用基础研究。其中，“感应式数字水位传感器及其系统”获国家技术发明二等奖、“跳汰机多参数自动寻优模糊控制系统”及“带钢轧机运行安全保障和生产环节智能控制”双获国家科技进步二等奖、“纵切割头掘进机振动特性研究”获国家科技进步三等奖。

5年来，实验室共承担各类项目338项，累计科研经费近亿元，其中包括1项国家863项目、2项国家自然科学基金重点项目、2项国家自然科学基金优青项目、2项“十三五”国家密码发展基金项目、3项基金委重大科学仪器研制项目和　项科技部国际合作项目等。

5年来，培养博士及硕士研究生728名，发表SCI学术论文569篇，授权国际及国内发明专利133件，出版专著14部。

5年来，实验室多项成果已实现应用与转化，12项成果相继获得省部级奖励。

重点实验室近五年代表性奖励

序号	获奖人	奖励名称	奖励类型	合作单位	奖励时间
1	王云才 李 璞 张建国 王安帮 祝世雄 徐红春	高速物理熵源密码发生器	山西省科学技术奖（技术发明类）一等奖	中国电子科技集团第三十研究所 武汉光迅科技股份有限公司	2017
2	王云才 李 璞 张建国 王安帮 祝世雄 徐红春	基于宽带物理熵源的超高速密码产生关键技术	教育部技术发明二等奖	中国电子科技集团第三十研究所 武汉光迅科技股份有限公司	2017
3	李 璞 王云才 王安帮 王文杰 梁丽萍	一种Tbps码率全光真随机数发生器	中国专利奖优秀奖		2017
4	田振东 靳宝全 魏建军 杜亚玲 宋 斌 张宏涛 梁翼龙 李劲松	矿井巷道水监测、预警及自动控制系统研究	山西省科学技术奖（科技进步类）二等奖	山西晋城无烟煤矿业集团有限责任公司 山西晋煤集团赵庄煤业有限责任公司	2016
5	李晓春 于化忠 张校亮 张玲玲 徐鹏涛 王 乐 薛斌军	基于智能手机技术的食品中有害物质快速定量检测系统	全国科技工作者创新创业大赛银奖		2016
6	郭继保 杨 泽 权 龙 李 波 武 兵	系列化无法钢管热连轧机组及生产线	山西省科学技术奖（科技进步类）二等奖	太原通泽重工有限公司	2015
7	王安帮 张明江 王云才 王冰洁 张建忠 李 璞	宽带混沌激光的产生机理	山西省科学技术奖（自然科学类）二等奖		2014
8	袁文斌 权 龙 卢文渊 武利生 时慧彬 李新荣 王永进 任智勇	现代钢坯修磨机修磨理论、关键技术及其集成应用	山西省科学技术奖（科技进步类）二等奖	太原市恒山机电设备有限公司	2014
9	桑胜波 张文栋 李朋伟 胡 杰 李 刚 H.Witte	基于表面应力的PDMS微薄膜细胞检测生物传感器研究	山西省科学技术奖（自然科学类）三等奖		2013
10	权 龙 黄家海 武文斌 熊晓燕 程 珩 李 斌	电液控制阀及系统创新工作原理和可视化仿真分析方法	山西省科学技术奖（自然科学类）二等奖		2013

重点实验室代表性成果应用与推广

面向通信安全，利用宽带混沌熵源，研制出世界上实时速率最快达10Gb/s 的系列随机密码发生器。

面向周界安全监控，利用常规光纤，研发出长距离震动传感器、声音拾音器。

面向建筑及交通设施安全，研发出分布式光纤温度传感器、应变传感器，实现了燃气管网多参量传感预警。

面向煤机装备升级提质，与山西汾西重工合作，共同研发了刮板机用永磁同步变频一体机。

面向冰情与水情检测，研制出冰水情自动检测传感器，参加了第29、30次南极科学考察，安装于南极中山站。

面向山西省传感产业的发展，在省经信委的支持下，牵头并组建了山西省传感器产业联盟。

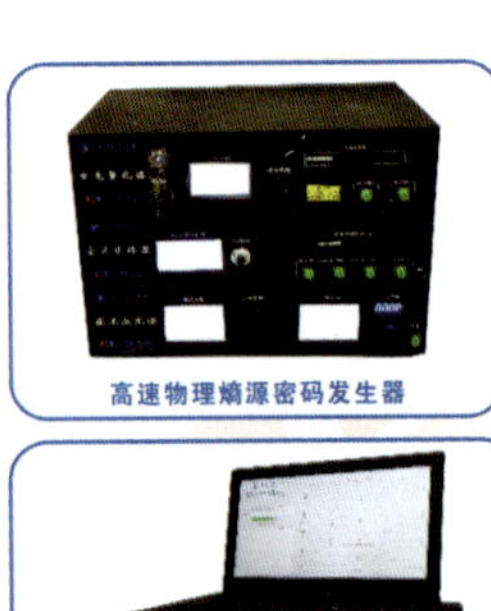

高速物理熵源密码发生器

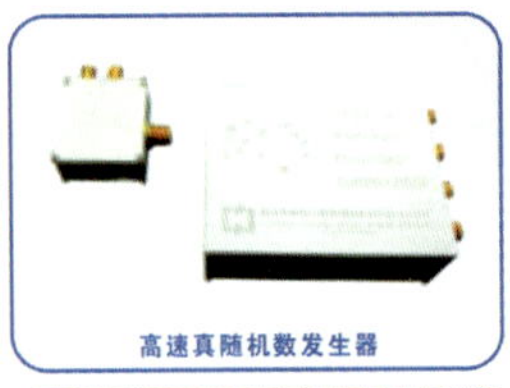

高速真随机数发生器

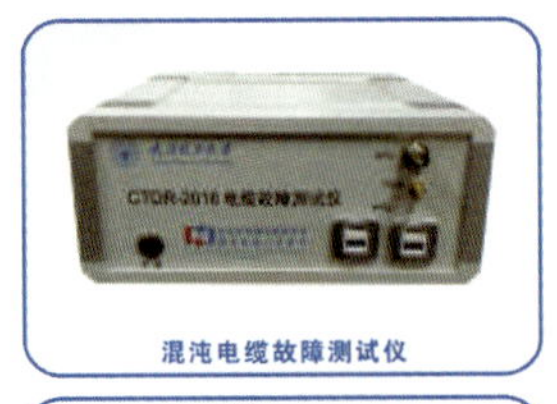

混沌电缆故障测试仪

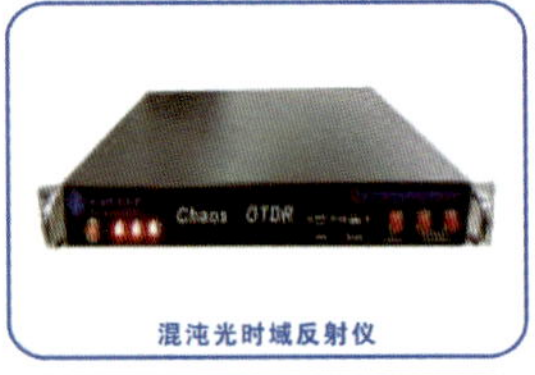

混沌光时域反射仪

分布式光纤测振仪

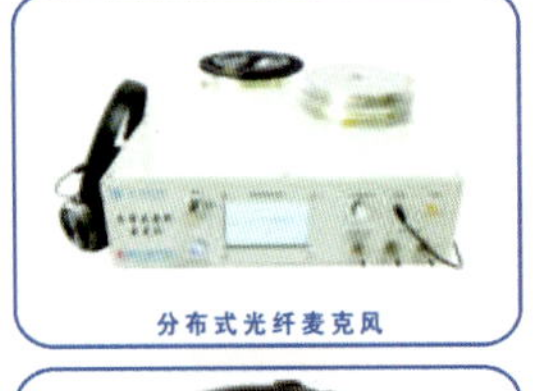

分布式光纤麦克风

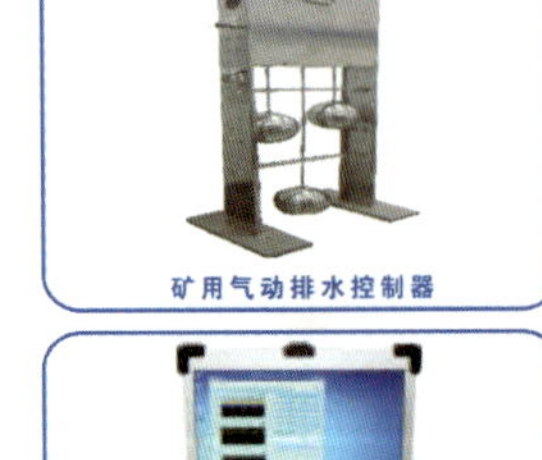

矿用气动排水控制器

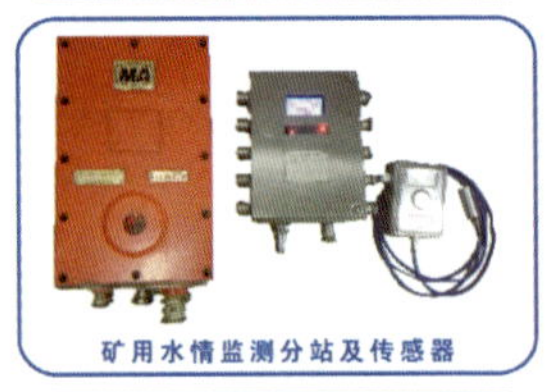

矿用水情监测分站及传感器

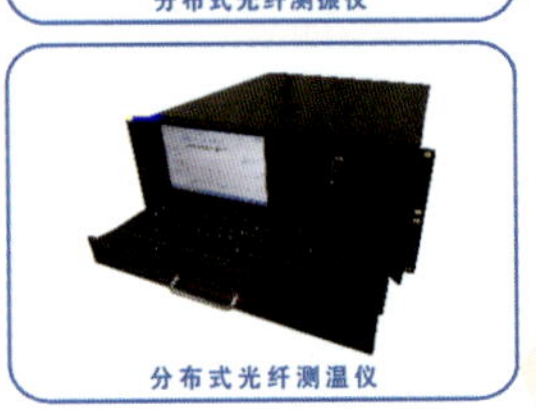

分布式光纤测温仪

分布式光纤应变检测仪

高通量生物分子点阵定量检测仪

食品安全速测仪

三

重大科学技术成果篇

国家科学技术成果奖2017年度光通信领域有2项奖

名称和等级：2017年度国家科学技术进步二等奖

获奖项目：新型光纤制备技术及产业化

获奖单位：长飞光纤光缆股份有限公司

中国联合网络通信集团有限公司

名称和等级：2017年度国家科学技术进步二等奖

获奖项目：光网络用光分路器芯片及阵列波导光栅芯片关键技术及产业化

获奖单位：河南仕佳光子科技股份有限公司

中国科学院半导体研究所

武汉光迅科技股份有限公司

长飞公司再次荣获国家科技进步二等奖

2018年1月8日，2017年度国家科学技术奖励大会在人民大会堂举行，长飞公司和中国联通联合申报的“新型光纤制备技术及产业化”项目从众多高水平的研究成果中脱颖而出，荣获国家科学技术进步二等奖，这是长飞公司自2005年获得该奖项后再次获此殊荣，这体现出长飞公司在技术创新上的强大实力，和国家对长飞公司多年来在光纤通信上的技术创新能力、推动行业发展的高度肯定。

国家科学技术进步奖

证　书

为表彰国家科学技术进步奖获得者，特颁发此证书。

项目名称：新型光纤制备技术及产业化

奖励等级：二等

获 奖 者：长飞光纤光缆股份有限公司

中华人民共和国国务院

2017年12月6日

证书号：2017-J-236-2-01-D01

光纤是光通信传输最重要的媒介，奠定了光通信的基石，光纤光缆产业已成为国家可持续发展的战略性重要产业。光纤预制棒是光纤产业的核心，其制备技术含量高、生产难度大，在整个产业链中处于最关键的环节。近年来，随着超大容量、超高速、超长距离光通信系统、以及光纤接入网发展的需求，开发新型超低损耗大有效面积G.654和弯曲不敏感G.657光纤迫在眉睫。长飞公司在科技部国家科技支撑计划、973计划、工信部电子发展基金等项目的支持下，历时多年，通过对大尺寸芯棒的PCVD高速率、均匀沉积、特种材料在线直接掺杂和高掺氟下陷环包层制备技术自主创新，开发出系列大尺寸光纤预制棒、超低损耗大有效面积光纤和弯曲不敏感光纤。

项目成果鉴定意见认为，长飞公司新型光纤制备技术及产业化项目发明了大尺寸谐振腔及与之匹配的高沉积速率等离子发生系统，制备了行业领先的大尺寸预制棒；开发了新型深掺氟材料，发明的G.657弯曲不敏感光纤，弯曲性能国际领先；开发的超低损耗G.654光纤，实现了超低损耗以及大有效面积，同时具备优异的弯曲不敏感性能，达到国际领先水平。

基于本项目，长飞公司获得授权海外发明专利9项、中国发明专利23项；主持修订国际标准2项，参与修订国际标准2 项，主持制定国家标准2项和行业标准2项，参与制定国家和行业标准3项。

目前该项目成果已实现了年产千吨级别大尺寸预制棒以及百万芯公里级的超低损耗G.654和弯曲不敏感G.657系列新型光纤的规模化生产，相关新型光纤产品被广泛应用于国内外通信网络、海底光缆线路和电力通信干线等。该项目支撑了长飞公司成为全球最大的预制棒及光纤制造商，并为中国光通信网络建设做出了开拓性贡献，有力地推动了光纤行业的技术进步和产业发展。

河南仕佳公司荣获国家科技进步二等奖

2017年河南仕佳光子科技股份有限公司“光网络用光分路器芯片及阵列波导光栅芯片关键技术及产业化”获国家科技进步二等奖。

信息网络技术是衡量一个国家综合实力和国际竞争力的重要标志，其中光电子芯片在整个信息网络中处于无可替代的重要地位。平面光波回路（PLC）光分路器芯片和阵列波导光栅（AWG）芯片是支撑信息网络建设的核心光电子芯片之一，光分路器可实现居民小区内高速光信号分支和分配，AWG可实现主干网和城域网多个波长光信号的合波或分波，可充分利用光纤的带宽提高网络通信容量。由于光分路器芯片功率分配不易控制、AWG芯片输出谱平坦度差、波长随温度漂移及产业化平台薄弱等难题，在我国宽带光网络建设初期，每年所需的上千万个芯片全部从韩国、日本及以色列进口。

在国家“973”“863”计划及国家发改委资助下，项目团队经过十多年刻苦钻研，在光分路器芯片及AWG芯片设计、工艺及产业化等方面取得重大突破，实现了宽带网络核心光分路器芯片及AWG芯片的全面国产化，打破国外垄断，其中光分路器芯片更是占全球50%市场份额。

该项目获国家发明专利17项、国内通信行业标准2项，发表论文100余篇。

该项目光分路器及AWG产品在大幅提升光分路器性能的同时，迫使国际芯片价格，为我国宽带建设“提速降费”及信息安全提供了保障，为光纤通信事业作出了重要贡献。

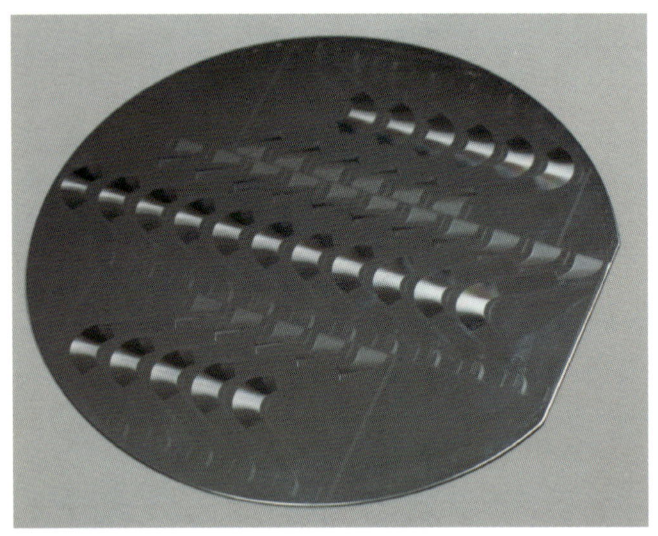

图1 AWG晶圆

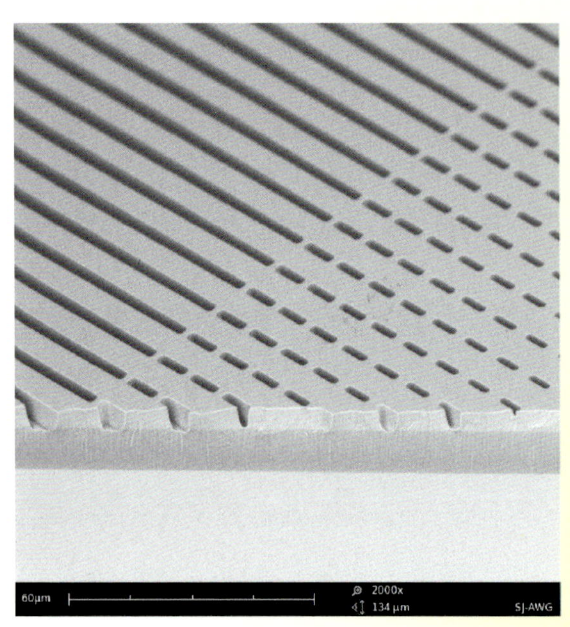

图2 波导光栅刻蚀扫描电镜照片

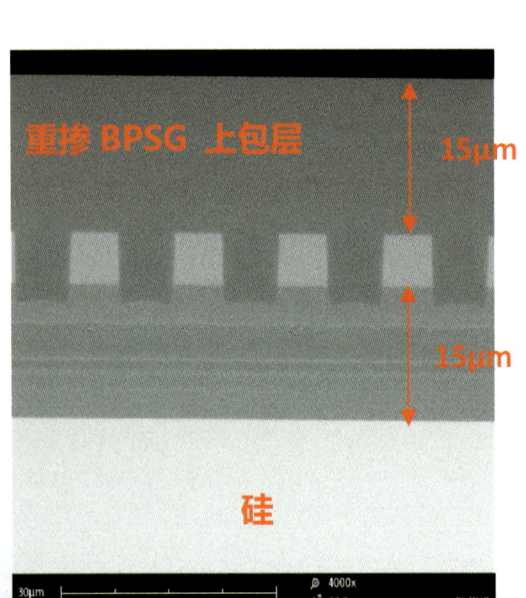

图3 波导生长上包层扫描电镜照片

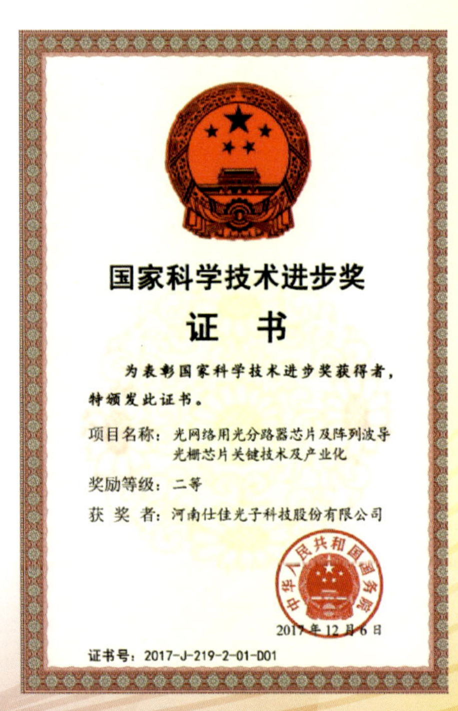

国家科学技术进步奖

证 书

为表彰国家科学技术进步奖获得者，特颁发此证书。

项目名称：光网络用光分路器芯片及阵列波导光栅芯片关键技术及产业化

奖励等级：二等

获 奖 者：河南仕佳光子科技股份有限公司

中华人民共和国国务院

201 年12月6日

证书号：2017-J-219-2-01-D01

图4 获奖证书

重要科学技术成果篇

（一）中国通信学会科学技术奖2017年度光通信领域有8项奖

名称和等级：2017年度中国通信学会科技进步一等奖

获奖项目：大容量弹性化灵活带宽光网络技术创新与规模应用

获奖单位：北京邮电大学
华为技术有限公司
中国移动通信集团公司

名称和等级：2017年度中国通信学会科技进步一等奖

获奖项目：中国联通基于SDN 的智能专线关键技术与应用

获奖单位：中国联合网络通信有限公司网络技术研究院
中国联合网络通信集团有限公司
中国联合网络通信有限公司广东省分公司
中国联合网络通信有限公司江苏省分公司
中国联合网络通信有限公司天津市分公司

名称和等级：2017年度中国通信学会科技进步二等奖

获奖项目：面向网络重构的超大容量多业务路由器关键技术研发及产业化

获奖单位：中兴通讯股份有限公司
中国电信股份有限公司广东研究院

名称和等级：2017年度中国通信学会科技进步二等奖

获奖项目：开放式独立型OTN 技术创新与全球大容量OTN网络

获奖单位：中国电信集团公司
华为技术有限公司

名称和等级：2017年度中国通信学会科技进步二等奖

获奖项目：超长距大容量高可靠海洋通信光纤及其应用

获奖单位：江苏亨通光纤科技有限公司
东南大学

名称和等级：2017年度中国通信学会科技进步二等奖

获奖项目：车联网接入系统关键技术研究与产业化

获奖单位：西安邮电大学

长安大学

中兴通讯份有限公司

中国信息通信研究院

名称和等级：2017年度中国通信学会自然科学二等奖

获奖项目：光纤通信传输损伤物理机制研究及高速光传输系统实现

获奖单位：北京大学

烽火科技集团有限公司

上海交通大学

名称和等级：2017年度中国通信学会科技进步三等奖

获奖项目：基于 SDN 的下一代云数据中心产业应用

获奖单位：中兴通讯股份有限公司

（二）中国通信标准化协会科学技术奖2017年度光通信领域有2项奖

名称和等级：2017年度中国通信标准化协会科学技术二等奖

项目名称：《智能光分配网络总体技术要求》等17项智能ODN 行业标准/企业标准/国际建议

完成单位：中国移动通信集团公司、中国信息通信研究院

华为技术有限公司、中国电信集团公司

中国联合网络通信有限公司、烽火科技集团有限公司

名称和等级：2017年度中国通信标准化协会科学技术三等奖

项目名称：《混合光纤放大器》等4项行业标准

完成单位：烽火科技集团有限公司、中兴通讯股份有限公司

中国信息通信研究院、深圳日海通讯技术股份有限公司

（三）中国电子学会科学技术奖2017年度光通信领域有5项奖

名称和等级：2017年度中国电子学会技术发明一等奖

获奖项目：面向P比特级光交换的大规模协同控制与组网技术

获奖单位：北京邮电大学
北京大学
烽火通信科技股份有限公司

名称和等级：2017年度中国电子学会技术发明一等奖

获奖项目：多级高速飞行器光纤总线系统集成信息处理技术

获奖单位：清华大学
中国航天科工集团第四研究院
中国航天科工集团第二研究院七〇六所

名称和等级：2017年度中国电子学会科技进步一等奖

获奖项目：有机硅环保型大尺寸光纤预制棒关键技术与产业化

获奖单位：江苏亨通光电股份有限公司
江苏亨通光导新材料有限公司
江苏亨通光纤科技有限公司
中国联合网络通信集团有限公司

名称和等级：2017年度中国电子学会科技进步一等奖

获奖项目：高效融合的超大容量光接入技术及应用

获奖单位：北京邮电大学
中兴通讯股份有限公司

名称和等级：2017年度中国电子学会科技进步二等奖

获奖项目：宽带接入用光电子核心芯片研发及产业化

获奖单位：武汉光迅科技股份有限公司
武汉电信器件有限公司
烽火科技集团有限公司

（四）中国光学工程学会科学技术奖2017年度光通信领域有1项奖

名称和等级：2017年度中国光学工程学会科技进步一等奖

项目名称：高可靠海洋光纤光缆关键技术与成套装备

完成单位：江苏亨通光纤科技有限公司

江苏亨通海洋光网系统有限公司

苏州大学

光纤通信科学技术发展篇

何珍宝

光纤预制棒制造工艺的回顾与展望

何珍宝　长飞光纤光缆股份有限公司

摘　要：本文简单回顾了光纤预制棒制造工艺的成长历史，简单介绍了OVD、MCVD、PCVD和VAD的诞生历史背景。随着市场规模和生产技术的发展，无论管外法还是到管内法，光纤预制棒制造工艺都经历了一步法到二步法的发展历程。芯棒决定质量，包层决定成本，文章简单分析了四大主流光纤芯棒制造的工艺路线的优劣以及最近的发展状态，对于主流光纤品种（G.652单模光纤）竞争格局，MCVD工艺已经退出，VAD、OVD和PCVD并驾齐驱；而对于多模光纤市场竞争格局则呈现PCVD、OVD和MCVD 三雄并举；而特种光纤市场竞争格局则呈现MCVD和PCVD两分天下。文章就决定主流光纤品种的成本和未来竞争力预制棒包层制造技术进行简单分析，指出OVD工艺在包层制造方面具有巨大优势，简单分析了未来决定预制棒竞争力，除了工艺技术本身外，更在于原材料路线的选择以及环境成本代价；提出了以四氯化硅为原材料的工艺路线，其循环经济之必然选择。文中还介绍了长飞公司潜江科技园循环经济实施情况，并对文章进行了小结。

关键词：光纤，预制棒，OVD，VAD，PCVD，MCVD，外包，循环经济

一、历史回顾

1966年，英籍华人高锟和霍克哈姆共同发表了关于传输介质新概念的论文[1]，指出了利用光纤进行信息传输的可能性和技术途径，奠定了现代光通信即光纤通信技术的基础。

1970年，630nm处损耗低于20dB/km的石英光纤开发成功，奠定了光纤通信商业化的坚实基础。

1972年，850nm处低于4dB/km的多模光纤诞生，打开了850nm光纤通信的窗口，大幅度地延长了无中继光纤通信距离。

1976年，1310nm损耗降到0.47dB/km的单模光纤诞生，打开了1310nm光纤通信的窗口，又一次大幅度地延长了无中继光纤通信距离。

20世纪80年代初，人们开发出1550nm处损耗达到0.154dB/km 的光纤（该数值已经十分接近光纤最低损耗的理论极限），发现了光纤通信的最佳工作窗口，将无中继光

纤通信距离延长到极致。

至此，20世纪70年代到80年代初，基本奠定了现代光纤制造即使的基础。与之相关的光纤预制棒制造技术也基本成型。

1970年，历史悠久的美国玻璃制造商康宁公司Kapron 发明管外法OVD工艺并于同年制造出第一根衰减低于20dB/KM(630nm)的光纤。

1974年，为了有效地降低环境杂质的影响，美国电报电话公司贝尔实验室Machesney发明了管内法MCVD工艺并实现了商用多模光纤的规模化生产。

1975年，在MCVD工艺的基础，欧洲飞利浦公司Koenings发明了管内法PCVD工艺，极大地提升管内法工艺水平。

1977年，日本电报电话公司伊泽立男等人在OVD的基础上进行改进，将Soot层由向外的径向增长改成由上往下轴向增长，发明了管外法VAD工艺，极大地简化了管外法工艺复杂度。

到了20世纪80年代初，随着二步法工艺的兴起，法国阿尔卡特公司则利用高频等离子技术，开发出了先进的等离子体气相沉积法（APVD）预制棒包层生产工艺。

21世纪初，为了降低包层的制造成本，美国朗讯科技公司发明了溶胶－凝胶法（Sol－gel）工艺，但是没有得到普及。

以上几大大工艺奠定了现代光纤预制棒制造工艺的基础，成为当今光纤预制棒制造的主流工艺。

二、光纤预制棒技术的浅析

现在主流的光纤预制棒制造工艺都为化学气相沉积法工艺，其分为管外法和管内法。管外法主要发生水解反应，管内法发生氧化反应。反应温度都在1000度以上，属于高温反应。

最初，光纤预制棒制造技术是采用一步法，即一次性制造出光纤纤芯与包层。到了20世纪80年代初，光纤预制棒制造工艺开始从一步法到二步法的转变，即先制造预制棒芯棒，然后在芯棒外采用不同技术制造外包层进行组装形成光纤预制棒。该工艺将预制棒制造过程进行了分工，不仅增加单根预制棒的拉丝长度，而且有效地利用了资源，提高了生产效率。一般认为，芯棒的质量决定了光纤的传输性能，而外包层则决定光纤的制造成本。现在主流光纤预制棒制备工艺都是采用“二步法”：

第一步是制备光纤预制棒的芯棒部分，该部分决定了光纤的主要性能参数，也就是决定了光纤的质量。

第二步，即是制备光纤预制棒的包层部分，该部分决定了光纤预制棒的成本。

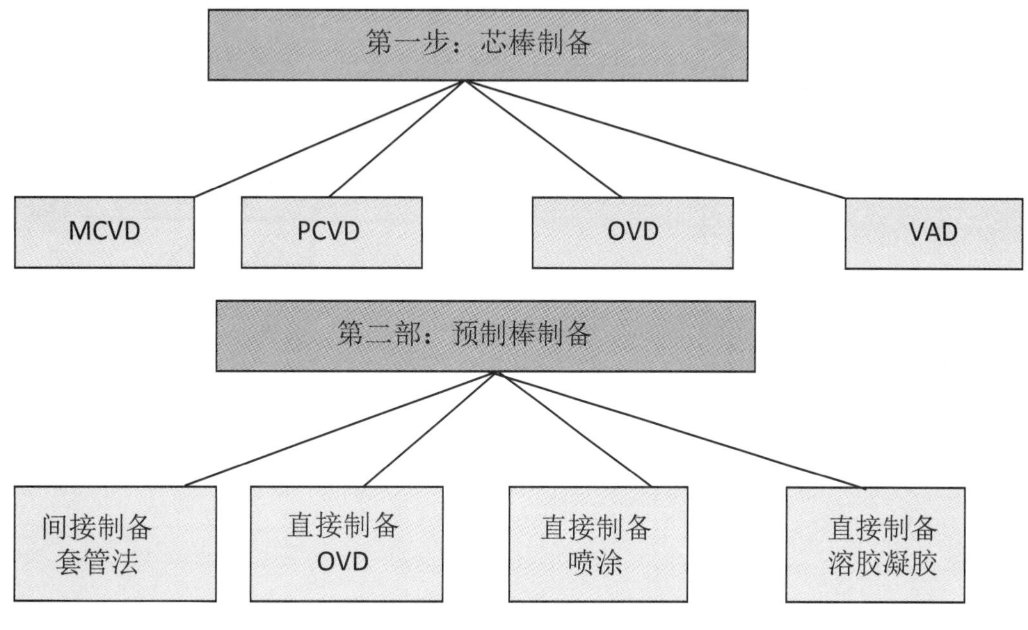

光纤预制棒制造工艺示意图

（一）**光纤芯棒的制备**

光纤预制棒的质量主要决定于光纤芯棒，光纤芯棒制备技术是光纤预制棒制备技术中的核心。当今光纤芯棒制备的主流工艺包括四大工艺：

- 改进的化学气相沉积法(MCVD：Modified Chemical Vapour Deposition)；
- 轴向气相沉积法(VAD：Vapour phase Axial Deposition)；
- 棒外化学气相沉积法(OVD：Outside Chemical Vapour Deposition)；
- 等离子体化化学气相沉积法（PCVD：Plasma activated Chemical Vapour Deposition）。

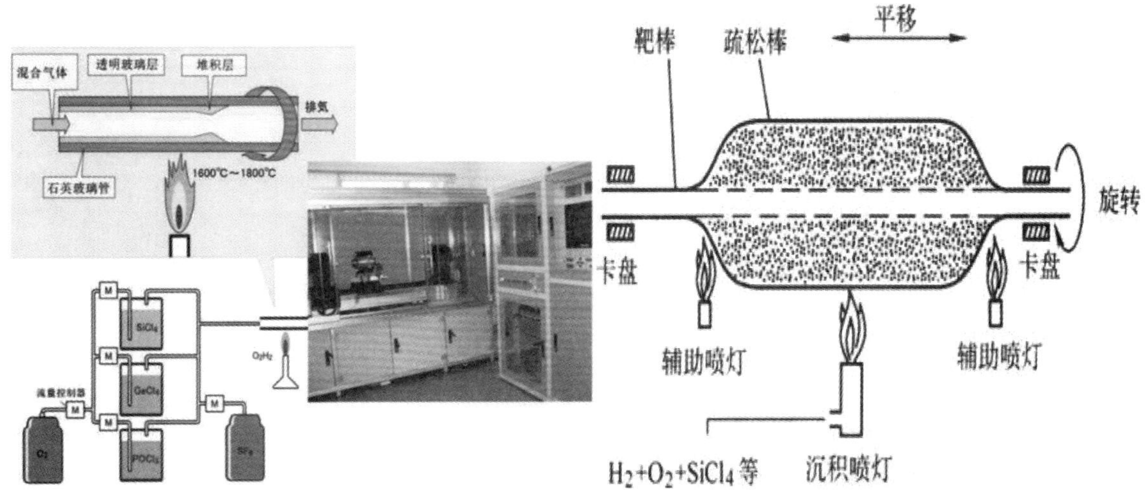

MCVD和OVD工艺示意图

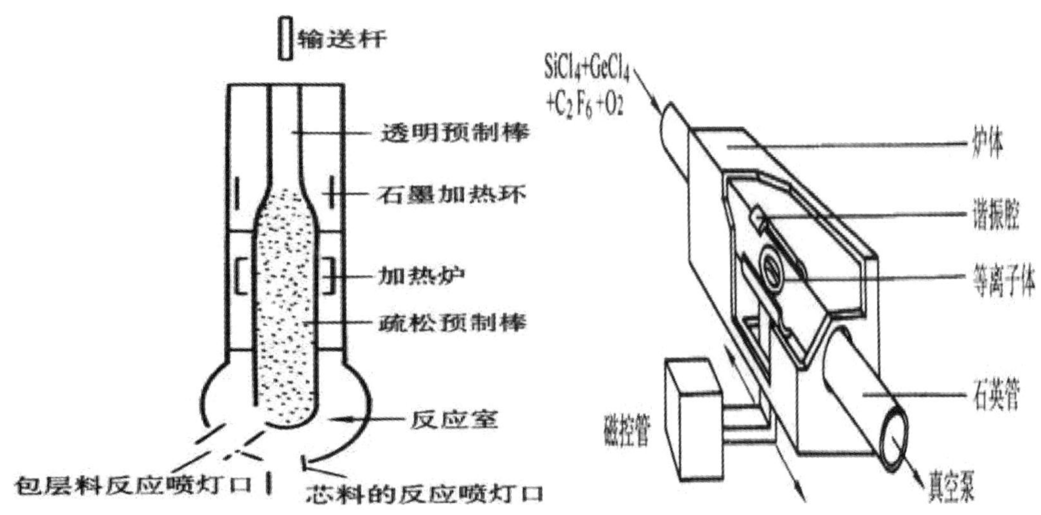

VAD和PCVD工艺示意图

1. OVD工艺简介

- 最早的光纤预制棒制造工艺，管外法工艺，需要把棒。
- 从依次沉积芯、包层连续制成预制棒的“一步法”发展到“二步法”；即先用陶瓷棒或石墨棒为靶棒，只沉积芯材料(含少量包层)做出大直径芯棒，经去水烧结后，把该大直径芯棒拉细成多根小直径芯棒，再用这些小直径芯棒为靶棒来沉积包层，制成光纤预制棒，大大提高了生产率、降低了成本。
- 从单喷灯沉积到多喷灯同时沉积，沉积速率成倍提高，最高可超过100g/min。
- 从一台设备一次沉积一根棒发展到一台设备同时沉积多根棒，大大提高了设备利用率。
- 由卧式发展立式，优化了气流状态，优化了工艺，增强了的可操控性。
- 预制棒直径从几十毫米发展到二百毫米以上，提高了原材料利用率，降低了成本。
- 单台设备芯棒的生产能力已经达到百万芯公里以上。
- 由于其显著的工艺特点，用于芯棒制造时，脱把棒难度高，脱水工艺难度大，芯棒质量难以保证。因此该工艺仅有个别公司掌握了芯棒制造工艺。但是该工艺特别适合于大尺寸预制棒的制造，因此广泛被用光纤预制棒包层的制备。

2. MCVD工艺简介

- 最早的管内法工艺，需要衬管。
- 最初的MCVD是在一台车床上依次进行包层沉积、芯层沉积、熔缩成预制棒，这是典型的“一步法”；现在MCVD工艺主要制造芯棒。
- MCVD已经升级为FCVD，用石墨感应炉代替氢氧焰做热源，可以使得热区更大更均匀，从而可以提高沉积速率。

- 将沉积与熔缩分开，在沉积之后，用另一台专用车床熔缩成棒，可以成倍提高单套设备的产能。
- 由于依赖于玻璃衬管外部热源的热传导热量，沉积和烧结过程几乎同时进行，因此工作温度需在玻璃软化点附近。从而导致沉积速率低，沉积层数多；故适合于多模光纤的生产。可以控制烧结状态形成多孔芯层，适于惨稀土光纤的制造。可以在芯层引入各种掺杂组分，因此适于各种特种光纤的制造。
- 需要采用衬管，沉积速率低，原材料利用率低等因素导致该工艺不适合低成本光纤品种如G.652单模光纤的生产。
- MCVD/FCVD工艺，具有设备简单，因此投资成本低，广泛为特种光纤公司所采用。

3．PCVD工艺简介

- PCVD工艺属于管内法，需要衬管。
- PVCD工艺是在MCVD工艺基础上发展出来，将热源改成了高频微波。由于形成低温等离子体，需要极低负压，因此PCVD处于负压工作。由于系统密封难度大，光纤预制棒质量会受到环境的影响。
- 同其他工艺所不同，PCVD工艺反应生成物为玻璃态，因此易于掺杂、原材料转化率高，可用于制造各种特种光纤。玻璃态稳定，因而制造单模光纤所需要的b/a小。
- 沉积速率低，沉积层数多，可以制造各种剖面的单模光纤，多模光纤。
- PCVD工艺已经从当初第一代已经发展第六代，衬底管内直径从最初的16mm增大到60mm以上。
- 沉积速率由不到1g/min提高到4g/min，沉积长度由不到1m发展1.2m。
- 在所有工艺中，PCVD工艺的b/a为最小，PCVD所沉积部分仅占光纤玻璃比重的2%。因此单根芯棒所生产出来的光纤预制棒大，其单台设备预制棒生产能力已达200万芯公里以上。
- 几乎可以制造所有光纤。

4．VAD工艺简介

- VAD工艺，最初芯和包层同时沉积、同时烧结，号称预制连续制造工艺。
- 后来发展为套管发：VAD工艺是先做出大直径芯棒，然后把该大直径芯棒拉细成多根小芯棒；再用套管法制成预制棒，
- 进而发展成直接合成法：VAD工艺是先做出大直径芯棒，然后把该大直径芯棒拉细成多根小芯棒；再用该芯棒作为靶棒直接用OVD工艺沉积外包层。
- 同其他工艺不同，VAD工艺属于轴向增长，不能径向分层，因此只能制造简单折射率剖面的光纤。由于没有分层界面，soot层分布均匀，易于脱水，因此工艺控制简单，产品质量稳定。

- 在过去30年，随着折射率剖面简单G.652光纤逐渐成为通信主流光纤品种，占据市场容量95%以上，VAD的优势得到发挥，由VAD所制造的芯棒比例在逐渐上升，已经成为光纤芯棒制造的最主流工艺。
- VAD工艺制造的棒径已经由几十毫米发展到一百多毫米；沉积速率也已经达到50g/min以上，单台设备产能已经达到50万芯公里以上。

各种预制棒制造工艺对照表

工艺	MCVD	PCVD	OVD	VAD
沉积效率	很低	很高	高	低
沉积物状态稳定性	稳定	很稳定	很差	差
工序复杂性	简单	很简单	很复杂	复杂
操作复杂程度	低	很低	很高	高
折射率剖面控制性	容易	很容易	容易	较复杂
预制棒尺寸	很小	小	很大	大
工艺柔性度（光纤品种兼容性）	高	很高	低	很低
工艺延展度（芯包兼容性）	低	低	高	低
单台设备预制棒匹配能力	很低	很高	高	低
百万公里光纤设备成本	很高	很低	低	高

（二）光纤预制棒外包技术的浅析

预制棒外包技术包括：（1）套管法，即RIT（Rod In Tube），RIC（Rod In Cylinder）；把芯棒插入做外包层的石英套管或石英圆筒后制成光纤预制棒。（2）OVD法，是以芯棒为靶棒，在芯棒上沉积外包层SOOT状，经烧结成大直径预制棒。（3）等离子喷涂，利用高频等离子体把石英粉熔制在芯棒上，制造成大直径预制棒。（4）溶胶凝胶法，就是将光纤芯棒或者把棒插入没有凝聚的二氧化硅系列的溶胶凝胶中，待其溶胶凝胶反应后，凝聚成型，然后进行烧结形成光纤预制棒或者石英棒。

常规单模通信光纤（27克/公里）中，外包所占比重≥23.5克/公里，芯棒所占比重≤3.5克/公里，因此可以说外包的成本决定了光纤预制棒的成本。由于等离子喷涂工艺对石英砂的要求比较严格，成本不易控制，因此目前预制棒外包的工艺，包括石英圆筒（Cylinder）的制造工艺都采用OVD工艺。因此，我们下面主要针对OVD包层工艺进行讨论外包工艺的发展趋势。

（三）光纤外包技术的发展趋势

外包工艺外包技术的发展一直在向大尺寸、高沉积速率、低成本方向发展，其核心立足点是低成本。在预制棒外包的制造成本构成中，包括固定成本、原材料成本、燃料成本、辅助原材料成本、电力成本及三废处理成本等。

固定成本可以通过提高沉积速率、增大预制棒尺寸和生产规模来获得。

原材料成本主要指四氯化硅的成本，降低这个成本只能通过提高原材料利用率和自主生产来实现；有不少公司选择D4（八甲基硅烷）为原材料，虽然可以减少氯气的排放，降低环境处理成本，但是却大幅度增加原材料成本。

燃料成本主要指的是氢气成本，由于全球各地氢气价格差异很大且波动也大，为了减少对氢气的依赖很多地方已经采用天然气及甲烷来替代氢气，从而降低燃料成本。

辅助原材料成本主要指的烧结过程氦气的成本，由于氦气的价格一直处于不断上涨中，为了该成本，很多公司采取了氦气回收技术，以降低氦气用量。

也有公司，采用改进的OVD工艺，就是将用喷灯将四氯化硅水解后喷在芯棒的外表面，直接烧结成玻璃。这个工艺减少了氦气的使用量，并且简化了工艺流程，但是增加了燃料成本，综合成本需要认真考评。

三、循环经济奠定长久的竞争力[2]

长飞潜江科技园从设立之初就以循环经济为出发点。对于光纤预制棒生产的循环经济的基本设想为：是将预制棒或者预制棒外包生产工厂选在氯碱化工厂旁边，利用循环经济模式来解决原材料和三废处理问题。具体而言，由下列化学方程式形成闭环：

氯碱厂电解反应：$2NaCl + 2H_2O = 2NaOH + H_2\uparrow + Cl_2\uparrow$

氯碱厂盐酸生产反应：

$2Cl_2\uparrow + H_+ + Cl_- + xH_2O =$（x－2）$H_2O + O_2 + 5H_+ +5Cl_-$（工业盐酸）

预制棒厂水解反应：$O_2 + 2H_2 = 2H_2O$

$SiCl_4 + 2H_2O = SiO_2 + 4HCl\uparrow$（预制棒Soot棒）

尾气处理反应：$Cl\uparrow + xH_2O = xH_2O + H_+ + Cl_-$（稀盐酸）

$HCl\uparrow + NaOH = H_2O + NaCl$（稀盐水）

从上面的化学反应方程式可以看出氯碱厂的原材料为盐水，产品为氢氧化钠，氢气、氯气和工业盐酸，而预制棒生产过程中需要消耗氢气，尾气处理会消耗氢氧化钠，产生稀盐酸和稀盐水，稀盐酸和稀盐水可以作为氯碱厂的原材料进行利用。这样形成了一个尾气，废液处理方案的闭环，实现了废气和废液的零排放。

循环经济可以大大节约资源，减轻环境压力，不仅符合产业政策的导向，同时也是每一个企业肩负的责任。长飞潜江科技园预制棒项目的选址就是按照循环经济思路进行的。 除了上述废气，废液的循环外，长飞控股公司湖北飞菱光纤材料有限公司引进了以石英砂为原材料生产光纤用高纯四氯化硅技术：

$$SiO_2 + 2C + 2Cl_2 = SiCl_4 + 2CO\uparrow$$

而在预制棒外包的生产过程中原材料利用率较低，将有接近50%四氯化硅形成粉尘（与预制棒外包的重量相当）。采用以石英砂为原材料生产光纤用高纯四氯化硅技术路线，不仅处理预制棒生产过程的固体废料粉尘，还可以消耗氯碱厂的产品氯气，真正实现了预制棒制造过程的封闭循环（石英砂到预制棒外包）和循环过程的零排放。

四、总结

光纤预制棒的发展经历了40多年，已经形成了MCVD，OVD，VAD和PCVD四大主流芯棒制造工艺。包层制造形成了OVD工艺为主和APVD和其他工艺为辅的特征。各个工艺都有其独特一面并且具有其他工艺所不能替代的作用。随着光纤预制棒的市场规模越来越大和竞争格局越来越激烈，成本竞争必将引导各个工艺的未来发展趋势，其中循环经济模式值得推崇。

参考文献

[1] A.D. Ellis, J. Zhao, and D. Cotter, Approaching the non-linear Shannon limit [J], J. Lightwave Technol, 2010 Vol.28, No.4, pp423–433

[2] 何珍宝，《光纤预制棒技术和产业取得重大发展》，光纤通信50年年鉴。

作者简介

何珍宝　1990年毕业于浙江大学，获得化学工程专业硕士学位；2006年毕业于华中科技大学，获得物理电子学博士。1990年至1998年期间，在武汉科技大学任教。

现在工作于长飞光纤光缆有限公司，任研发中心副总经理。长期从事光纤及特种光纤的研发、销售和管理工作，先后发表论文数十篇，申请中国发明专利10余项，并获得首届武汉市十专利大发明者称号（2002）。

冯高锋

我国光纤预制棒制造设备技术的发展

冯高锋　杨军勇　张立永
浙江富通光纤技术有限公司

摘　要：光纤预制棒制造设备的先进性直接决定了光纤预制棒产品性能和质量。我国部分光纤预制棒制造企业成功开发出了自主知识产权的光纤预制棒制造核心设备，提高了预制棒的产能，降低了预制棒的制造成本。本文简述了我国用于光纤预制棒制造的芯棒制造设备、外包层制造设备以及辅助设备的最新发展情况。

关键词：光纤预制棒，芯棒制造设备，外包层制造设备，技术发展

一、引言

长期以来，光纤预制棒的生产是国内光纤企业的瓶颈，预制棒制造的主流技术长期被国际大公司所垄断，严重制约了我国光纤通信产业的发展。光纤预制棒产品的制造对设备的依赖程度极高，设备的先进性直接决定了产品性能和质量，因此国际垄断企业在控制中国产品的同时更重要的是控制预制棒的制造设备技术，而高价进口国外设备一直是光纤预制棒成本居高不下的一个主要因素。为了进一步增强国产光纤预制棒产品的竞争力，我国部分光纤预制棒制造企业逐步成功开发出了自主知识产权的光纤预制棒制造核心设备及部件，包括VAD、OVD、PCVD芯棒沉积设备，芯棒松散体玻璃化设备、多喷灯OVD外包层沉积设备、外包层松散体玻璃化设备、纵向和横向的延伸设备等，从而大大提高了预制棒的产能，降低了预制棒的制造成本。

二、芯棒制造设备技术最新发展

（一）MCVD

MCVD技术是美国AT&T贝尔实验室于20世纪70年代初发明的一种光纤预制棒制造技术。传统MCVD工艺的氢氧焰加热存在着热导率低、温度稳定性差、热效率低等缺点。国际上研究了多种新技术来取代或部分取代氢氧焰加热。其中在生产中应用最成功的是石墨感应炉化学气相沉积（FCVD）工艺。FCVD设备采用中频电磁感应线圈将电磁能量耦合到处于中央位置的石墨加热器上，进行感应加热，加热器沿衬管作往复运动，进行逐层化学气相沉积[1]。

FCVD相对于MCVD的优点是消除了加热区域热场的不均匀性，防止氢氧焰中的含

氢杂质扩散进入芯层，抑制了管材在高温时的表面挥发。但同样存在其不足之处：加热炉孔与衬管孔不同心容易导致几何尺寸和折射率剖面轴向均匀性变差。因此对于管材的弯曲度要求更高，安装时跳动要求更小。衬管与尾管焊接处（通常为加热炉的往返位置）由于存在较大的温度差，会产生大量的粉尘而排入尾部废处理系统，沉积时间长容易导致尾管堵塞。MCVD的氢氧焰喷灯在高温加热时其氢氧焰气流对衬管有一定的托举力，而FCVD加热到玻璃软化温度后由于重力作用衬管高温区可能会存在下垂现象。此外，由于加热炉质量大，无法像喷灯那样实现移动速度的快速变化，从而引起头尾部加热的不均匀[2]。同时加热炉的高温区较宽，也容易造成沉积锥区变长。因此，FCVD相对于MCVD没有明显的优势，未得到大规模应用。

MCVD由于工艺灵活，各类掺杂剂增加容易、原材料利用率高、能够精确控制原材料流量，可以制备折射率剖面精细的光纤预制棒，目前主要用于制备多模光纤和各种特种光纤。尤其在有源光纤产品制备中，MCVD法仍是主流预制棒制造技术。目前Nextrom、Optacore、神户制钢等公司已开发出专门用于稀土离子掺杂的高温气相原料输送系统用于气相沉积稀土掺杂剂。

而在常规单模光纤制造上，MCVD由于受到石英管沉积量限制，进而限制了预制棒尺寸和生产效率，成本高、效率低。同时针对通信单模低水峰光纤，采用MCVD工艺实现的难度比较大。目前国内MCVD设备基本都放弃用于制备通信单模光纤预制棒[3]。正由于此，MCVD设备一般都是早期引进的芬兰Nextrom、英国SGC等的MCVD设备，目前尚没有厂家进行MCVD设备的国产化开发。

（二）**PCVD**

PCVD与MCVD工艺原理相同，但抛弃了用热源加热的方法，而是采用微波作为气体反应的能量，微波使反应气体激发成高温等离子态，充分反应后沉积在衬管内壁。PCVD工艺过程采用负压系统，如果系统密封不严，在制造预制棒的过程中，空气中的水分很容易进入预制棒芯层，从而造成光纤水吸收峰上升。此外由于反应气体直接玻璃化形成玻璃体，其羟基难以像VAD和OVD那样通过脱水工序去除。

目前，国内长飞公司已实现了PCVD设备的自主研发制造，并对PCVD进行了大量的改进，通过对原材料（气体和管材）进行严格的羟基含量控制，采用全新的密封方式提高设备的密封性，以及采用原材料在线纯化技术，使PCVD工艺所生产的芯棒羟基含量可以控制在几个ppb以内，采用PCVD工艺生产的光纤水峰得到大幅降低[4]。但与VAD和OVD相比，PCVD沉积速度低（一般为2～4g/min），目前主要用于多模、保偏等特种光纤预制棒的制造。

（三）**OVD**

OVD是1972年由美国康宁公司研发出来的预制棒生产工艺。OVD从问世到今天，持续不断地进行着改进，生产效率得到极大提高，生产成本大幅度降低。OVD芯棒沉积技术为提高沉积速度，喷灯从单个发展到多个喷灯；为提高设备的利用率，从一台设备一次沉积一根棒发展到一台设备同时沉积2～3根芯棒。OVD芯棒制造技术非常适合于大规模生产，目前国内有多个制造厂家引进了OVD芯棒技术，用于制备通信用单模、多模光纤预制棒，并已取得成功[3]。法尔胜等已成功开发出了OVD芯棒制造设备，平均沉积速度可以达到13g/min以上。

（四）VAD

目前国内以富通、亨通为代表的光纤预制棒厂家都采用VAD法制造芯棒，并且实现了设备的国产化。VAD设备也从以下几个方面得到了性能提升：

1．反应釜

早期的VAD沉积反应釜都是采用石英玻璃材质的，随着沉积速度的提升，芯棒松散体外形不断增大，反应釜的尺寸也需要不断增大，而采用石英玻璃材质制作大型反应釜从工艺上变得难度很大，另外由于沉积过程的粉尘附着在反应釜内壁上，时间久了之后粉尘会变得更厚、更结实，给后续的沉积过程的清洁度带来很大影响，复杂的石英玻璃结构反应釜不利于反应釜清洗。基于以上原因，采用耐HCl腐蚀能力较强的合金材料来制作大型反应釜，工人可以对反应釜进行彻底的清理，保证反应釜内部的洁净度，同时新的反应釜结构上增加了多处流场调节结构，可以更好地为高速沉积提供流场条件。另外对于排废系统，内部流场压力，温度稳定等都进行了更严格的设计，以保证沉积过程的内部和外部环境稳定。

2．原料供应系统

VAD沉积中的原料包括$SiCl_4$、$GeCl_4$以及辅助原料H_2、O_2、Ar，其供应的稳定性将极大地影响芯棒的产品质量。早期，$SiCl_4$、$GeCl_4$是通过发泡方式供应的，随着芯棒沉积效率的不断提升，目前主流的原料供应系统采用蒸发式系统，通过对$SiCl_4$或$GeCl_4$原料加热，综合控制温度、压力来保证稳定的原料气体输出。

3．多层火焰喷灯

根据VAD颗粒生长机理，优化喷灯的结构可以促进颗粒的团聚，提高沉积速度。早期的喷灯，随着原料速度增大会导致沉积效率减小，松散体的生长变得不稳定。目前业界采用的多层火焰喷灯，其外层增加多层氢氧焰，形成内焰和多层外焰。由于多层火焰喷灯增加了颗粒在火焰中的漂流时间，颗粒粒径增大，沉积效率增加。目前以富通为代表的预制棒厂家通过对VAD设备的研究开发，已经将芯棒松散体沉积速度提高到20g/min以上。

三、外包层制造设备技术最新发展

（一）火焰水解外包技术

火焰水解法包括OVD法和VAD法。OVD法被广泛采用作为外包层的制造。VAD法因更适合制造芯棒，目前仅有少数厂家采用进行预制棒的外包层沉积。

OVD法具有沉积速度快、生产效率高、成本低等优点，适合于制造大尺寸光纤预制棒。与套管法相比，由于不需要外购套管，所有原材料均可实现国产化，因而更容易控制成本，实现量产化。

1. 多喷灯沉积技术

光纤预制棒的成本主要取决于外包层的沉积速度和沉积效率。OVD的沉积效率会随着松散体的外径不断增加而增加。因此预制棒外径越大，越有利于提高原料利用率，降低成本。其次，提高OVD沉积速度可以大幅降低生产成本，其不仅可以提高单台设备的产出，而且可以减少单根预制棒的沉积时间，进一步提高生产效率。提高沉积速度主要采用多喷灯沉积技术。

目前国内使用国产化的多喷灯OVD设备，不管是引进还是自主开发的，一般采用7或9个甚至10多个喷灯（不包含尾灯）沉积，分为横向和纵向两种方式。其中横向OVD分为移动靶棒的方式和移动喷灯的方式。随着预制棒的尺寸和重量的增加，沉积后期机头和夹具的负载会大大增加，为了提高工艺的稳定性，目前多数横向OVD沉积设备选择喷灯移动的方式。而纵向OVD一般采用移动靶棒的方式。纵向OVD由于沉积过程中预制棒芯棒及其松散体成竖直放置，松散体对芯棒的负重主要加载在轴向方向，因此更有利于保证预制棒松散体的几何尺寸精度；此外OVD喷灯多采用石英材料，但石英材料加工性能差，各个喷灯之间的重复性较差，导致多喷灯OVD轴向稳定性难以保证。而采用金属材质的喷灯可以在很大程度上克服这一缺陷。目前国产多喷灯OVD其平均沉积速度可达120g/min，最高沉积速度可以达到200g/min以上，沉积效率达到54%以上，玻璃化后预制棒外径可以达到150mm以上。

2. 无卤原料技术发展[3]

传统的松散体是采用$SiCl_4$火焰水解法制备而得，生产过程中产生的废气主要有SiO_2颗粒和腐蚀性HCl气体，该方法沉积腔体要选择钛合金、哈氏合金等耐高温耐腐蚀性昂贵材料，废气处理系统需要玻璃钢或内涂防腐材料，废气处理中产生的高浓度氯化钠废水，需要大量的水稀释才能达到排放标准，水资源消耗大，维护及运营成本高。

无卤原料，如有机硅烷OMCTS（八甲基环四硅氧烷），代替传统的$SiCl_4$，生产过程中无有害气体产生，对设备抗腐蚀要求较低，废气采用干式除尘，OMCTS单位硅含量是$SiCl_4$的2.3倍，OMCTS本身含有碳氢等元素燃烧时产生大量的热，相对于$SiCl_4$可节约燃气用量50%以上，生产成本相对较低。但相对于$SiCl_4$原料，OMCTS易于聚合形成高分子量的硅氧烷，并会在汽化、输送和转化设备中沉淀，最终导致原料的阻塞。此外从喷灯中喷出的凝胶会产生不均匀性，从而在二氧化硅玻璃中产生缺陷。因此，OVD设备的原料供应系统和喷灯结构需要重新设计。国外康宁、贺利氏等已开发出以OMCTS为原料的OVD设备并应用于量产。国内随着对于环保要求的日益提高，已有厂家引进国外设备采用OMCTS原料进行预制棒外包的生产。

3. 玻璃化设备的最新发展

随着芯棒松散体尺寸的增大，其玻璃化就会发生困难。此外随着松散体尺寸的加大，炉芯管的尺寸也不断增大，炉芯管在高温下容易发生收缩或膨胀变形，从而导致炉芯管报废。目前为了防止炉芯管高温区域的变形，通过在炉芯管表面喷涂一层纳米级的Al_2O_3颗粒并加速老化使其结晶，从而有效防止炉芯管的变形。

传统芯棒松散体玻璃化工艺中，采用Cl_2对松散体进行脱水。由于Cl_2的腐蚀性，不能与加热器及隔热材料直接接触，必须通过石英炉芯管将氯气与加热体材料隔绝，而石英炉芯管在1500℃以上高温时处于软化状态，无法承受内部真空，外部常压的压力状态，因此，目前的芯棒松散体玻璃化基本采用石墨加热炉方式。

大尺寸预制棒外包层松散体沉积完成后，需通过高温烧结将松散体玻璃化成透明的预制棒，但羟基含量控制没有芯棒那么严格。目前，国际上通用的预制棒外包层玻璃化设备有两种，一种是石墨玻璃化炉（石墨电阻炉和石墨感应炉），一种是真空玻璃化炉。

石墨电阻玻璃化炉，通过采用洁净石英炉芯管外侧嵌套石墨加热器和石墨保温件的组合加热方式。因此石墨电阻炉加热温区温度均匀，外层采用高纯度的硬毡进行保温，提高了热量利用效率，很好地防止了热量扩散，设备周边的热量辐射大幅降低，在节能的同时极大地改善了作业环境。另外，为了防止石墨组件在高温下氧化和炉体在高温下变形，辅以高纯N_2保护系统以及炉体冷却水系统，以保护整个加热系统能有效运行，从而实现大尺寸光纤预制棒松散体的玻璃化。相对于石墨电阻炉，石墨感应炉的加热体结构简单，使用寿命长，设备稳定性要优于电阻炉。

真空玻璃化炉的特点是炉体高温热区长且一致性好，效率高，应用于预制棒外包层玻璃化是一种最佳的选择，相比传统玻璃化工艺而言在提高单根预制棒生产效率的同时，在玻璃化过程中只需通入少量He，无须氯气通入，可实现无氯化物产生，在节能、环保方面具有显著优势。目前，国内一些预制棒厂家已积极投入设备设计与工艺研究中。

（二）等离子体外沉积技术

等离子体外沉积是以天然或合成石英砂为原材料，在线使用高频等离子将原材料熔融并逐层沉积在靶棒或芯棒上的技术。等离子体喷灯是等离子体外沉积设备最核心的部件。等离子体喷灯由双层石英玻璃管以及环绕在石英管外围的高频感应线圈组成。喷灯内部采用工艺冷却水进行冷却。高频感应线圈的工作频率一般为3.4MHz，功率50～100kW。在高频感应下，喷灯内喷射的气体会被电离，从而生成等离子体火焰气体。等离子体火焰的温可达6000℃，能在数毫秒内将火焰区域的石英砂熔融。由于原材料为石英砂，所以等离子体外沉积工艺完成后已为透明的玻璃体，不需脱水和烧结。但相比合成法而言，制备的产品纯度相对较低。

国内企业久智光电于1989年从法国圣戈班公司引进我国第一条光纤外套管生产线。经过对引进设备的消化吸收，不断改进，实现了等离子体外沉积设备的国产化。目前已开发出了新一代天然石英砂等离子体沉积设备，实现了Φ150mm×2000mm天然石英套管的产业化制备[3]。

四、辅助设备技术最新发展

（一）延伸设备

延伸工艺作为光纤预制棒制作工艺中承前启后的一道工艺，对预制棒的产品质量及成本都有举足轻重的作用。小尺寸的芯棒或预制棒延可采用横向延伸完成，但对于大尺寸的芯棒或预制棒在延伸过程中软化区域由于重力作用会产生下垂，很难保证延伸精度，同时，预制棒尺寸增大后，采用H_2或CH_4燃烧作为热源很难在短时间内将预制棒熔融，能量消耗大，生产效率低。而纵向延伸从根源上克服了这些缺陷。目前国产化纵向延伸设备可以实现大尺寸预制棒的一步法延伸。通过自整定PID算法，实现外径Φ100mm的芯棒到指定目标直径的一次成型。

（二）检测设备

光纤的传输性能是由光纤预制棒光学特性决定的，因此在预制棒生产过程中对其折射率剖面的相关参数进行检测是必需的，目前应用的主要设备是美国Photon Kinetics公司开发的预制棒检测设备，其适用的产品规格范围为：外径为Φ5～100mm。Photon Kinetics公司作为目前预制棒检测设备最主要的开发商，其产品被大多数国内预制棒厂家所采用。但随着预制棒制造技术的提高，目前的检测设备已无法满足大尺寸光纤预制棒的检测要求。国内预制棒制造企业通过自主研发，已开发出VPA光学成像系统用于外径大于100mm的大尺寸光纤预制棒折射率剖面和几何尺寸检测分析，突破了现有预制棒检测设备的制约。

五、结束语

我国光纤预制棒制造企业经过引进消化吸收以及不断优化改进，已实现了一整套预制棒制造设备的国产化。同时在光纤预制棒研发及产业化过程中，核心装备的制造技术已逐步接近或达到国外同行的先进水平，光纤预制棒的生产效率得到了大幅度提升，极大地提高了产能。这不仅弥补了国内光纤预制棒行业的需求短缺，而且更加有利于国内光纤光缆行业健康发展、保障我国光通信网络的建设与安全。

参考文献

[1] 高亚明，冯光，刘永健，周述文，雒军礼，杨德胜，FCVD制作重掺硼光纤预制件，激光与红外，2010，40（12）：1340-1342.

[2] A. A. Malinin, A. S. Zlenko, U. G. Akhmetshin, S. L. Semjonov. Furnace Chemical Vapor Deposition(FCVD) method for special optical fibers fabrication. Proceedings of SPIE, 2011, 7934, 793418-1-793418-7.

[3] 穆成斌，中国光纤光缆40年，同济大学出版社，2017.

[4] Pieter Matthijsse, D. R. Simons, Zhang Shuqiang, Luo Jie, J. Vydra, H. Fabian. Towards the low limits of 1383nm loss in PCVD enabled single mode fibre production. OFC, 2004, paper TuB5.

作者简介

冯高锋（1982-），男，硕士，高级工程师，主要从事光纤预制棒制造工艺研发工作。E-mail: ftofgf@fso.com.cn

杨军勇

杨军勇（1974-），男，硕士，高级工程师，浙江富通光纤技术有限公司副总经理，主要从事光纤预制棒工艺及设备研发工作。E-mail: yjy@fso.com.cn

张立永

张立永（1976-），男，博士，教授级高级工程师，富通技术研究院副院长，主要从事光电线缆技术及产品的研发。E-mail: pfzly@fso.com.cn

罗文勇

大容量光纤通信用新型光纤技术

罗文勇、戚　卫、余志强、杜　城
烽火通信科技股份有限公司

摘　要：社会的信息化带来了海量的数据传输需求，光纤通信技术需提前开展新型光通信技术以应对大容量传输需求。本文根据新型光通信技术发展方向，对可用于光子轨道角动量传输的新型光纤进行了研究，从理论模拟到研制工艺，并通过优化后的PCVD技术成功研制出该新型光纤，在具备良好性能的同时，也可实现较低损耗传输，从而为长距离OAM大容量信号传输提供了光纤支撑。

关键词：大容量光纤通信，新型光纤技术

一、前言

未来已来，信息技术的浪潮已是时代的大势，裹挟之下，光纤技术大树上的颗颗花朵已是要夺目绽放，结出璀璨果实。随着4G向5G时代的发展，互联网将向万物互联发展，由人与人互联向人与物、物与物互联发展，由此产生的数据量将是一个质的飞跃。

这不仅要求骨干网、城域网等需要向超大容量、超高速率发展新型光纤技术，而且要求局域以太网等光纤通信的血脉支流也需要有支持大容量、高速率的新型光纤及通信技术。在这一趋势的推动下，空分复用光纤、少模多芯光纤以及OAM光纤等新型光纤技术成为光纤专家的研究热点，本文将就OAM光纤的特性研究进行简要介绍。

二、万物互联的数据发展特性

有人预测，未来5年，PC、手机、平板、可穿戴设备，以及联网的电视、汽车等，整个加起来将有超过400亿台设备，这些海量的设备之间互联带来的信息量是极其巨大的。中国移动也预测每个人身边都有许多需要连接的设备， 如汽车、电冰箱、电视、电脑、家庭网关等。按一个人身边有10个连接点来算，中国会有130亿个连接，因此预计在未来十年内，中国市场上的连接数将突破100亿。大数据的增长将每两年翻一倍，到2030年，大数据将达到今天的1000倍。现有光纤通信技术下通信容量增长已难以满足这一数据增长需求，急需要开发新的通信传输技术。

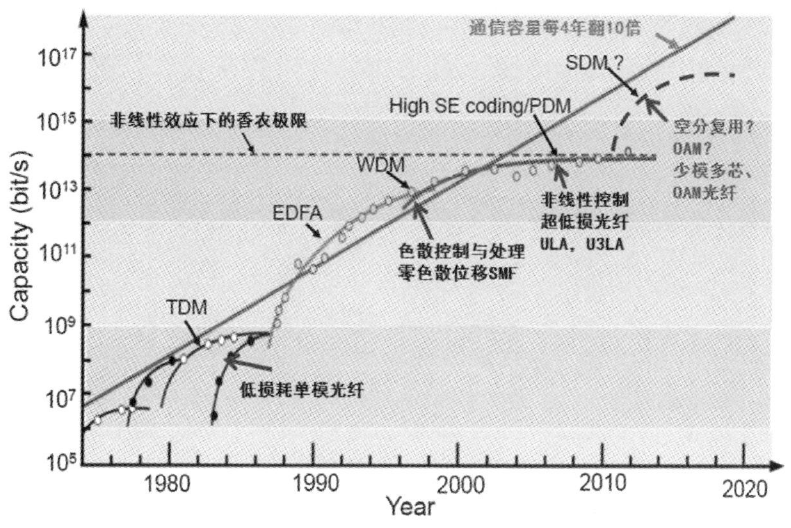

图1 通信容量增长需求及对应技术解决方案

三、新型光纤的设计

近年来的研究表明，光束具有两种角动量，一种是由于光束的偏振特性产生的角动量，另一种是由于光束具有螺旋相位结构产生的轨道角动量。当光束含有角相关的相位分布（扭转相位或螺旋相位）时，此类光束具有与角向相位相关的角动量，被称为轨道角动量（Orbital Angular Momentum，OAM）。这种光子OAM具有矢量特性，其不同阶数l正交，取值在理论上可以是任意整数值。这为基于光子OAM的复用技术奠定了基础[1]。在现有的光通信链路基础上，在现有光通信系统传输之余，通过复用携带不同信息的多个光子OAM模式实现共轴传输，为通信系统的可持续性扩容提供新途径。

因此，基于OAM模式的复用技术因其开发了新的应用维度，有潜力使光通信系统的传输容量呈几何级数增长。OAM信号的光强分布符合高斯-拉盖尔光束特性。为了实现全反射，常规多模或单模光纤的波导结构为纤芯折射率高，包层折射率低，这种折射率波导结构会对在其内传输的OAM信号造成严重的模式串扰，难以实现大容量传输。Laval大学提出了一种空心环形芯结构光纤，实现了在85 cm传输长度下、36个OAM模式传输[2]。2013年美国波士顿大学等采用特殊环形纤芯波导结构光纤实现了长度为1.1 km的OAM模式的复用[3]，实现了OAM复用公里级传输验证。但这些光纤难以实现低损耗的多模式传输，传输距离受限，需要研制低损耗的OAM光纤，以满足长距离大容量OAM传输的需求。

光纤的理论模拟

为研制低损耗高阶模式的OAM光纤，在光纤设计时需考虑现有光纤设计及工艺的匹配问题，通过充分的理论模拟可对该问题的解决提供帮助。

通过研究单圆环芯层光纤传输OAM模式的基本理论，得出光纤中折射率分布、结构参数对本征模式有效折射率差的影响，并求得环形光纤中稳定OAM模式场解，并利用模式在不同光纤结构中的演化规律，对结构参数进行优化，从而实现满足高阶OAM模式传输的光纤结构设计。

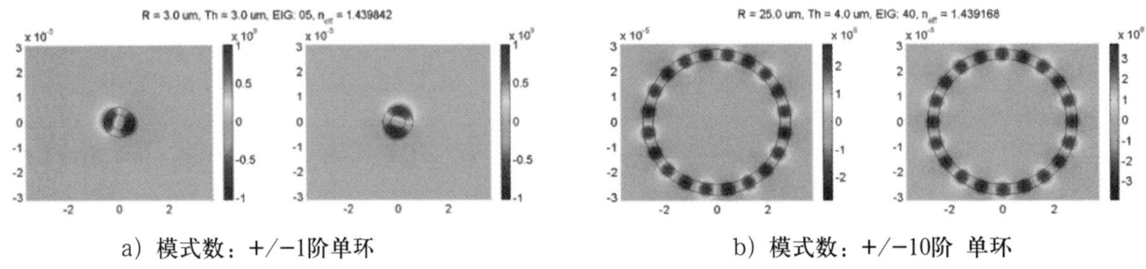

a）模式数：+/−1阶单环　　b）模式数：+/−10阶 单环

图2　不同内径下传输OAM模式

通过优化，可以实现光纤能够传输的OAM模式数随着环外径的增大而增加。

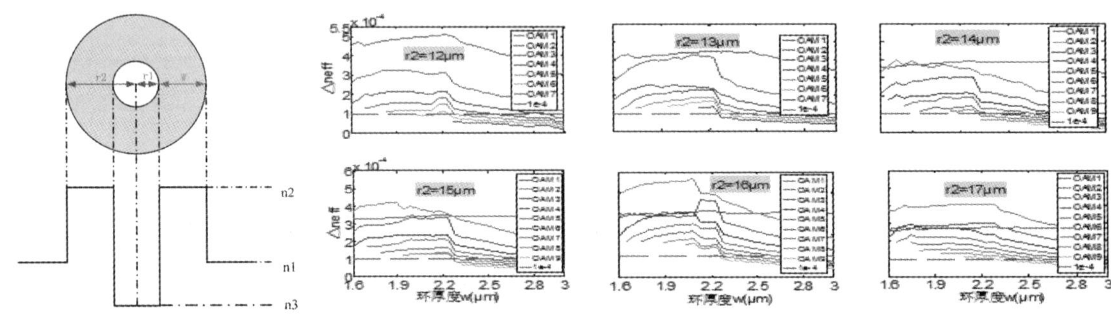

图3　优化光纤结构后的OAM模式拟合

新型OAM光纤波导结构：

通过上述理论模拟，结合现有纯石英硅芯的环形技术，设计了一种圆环纤芯结构的OAM光纤，如图4所示。

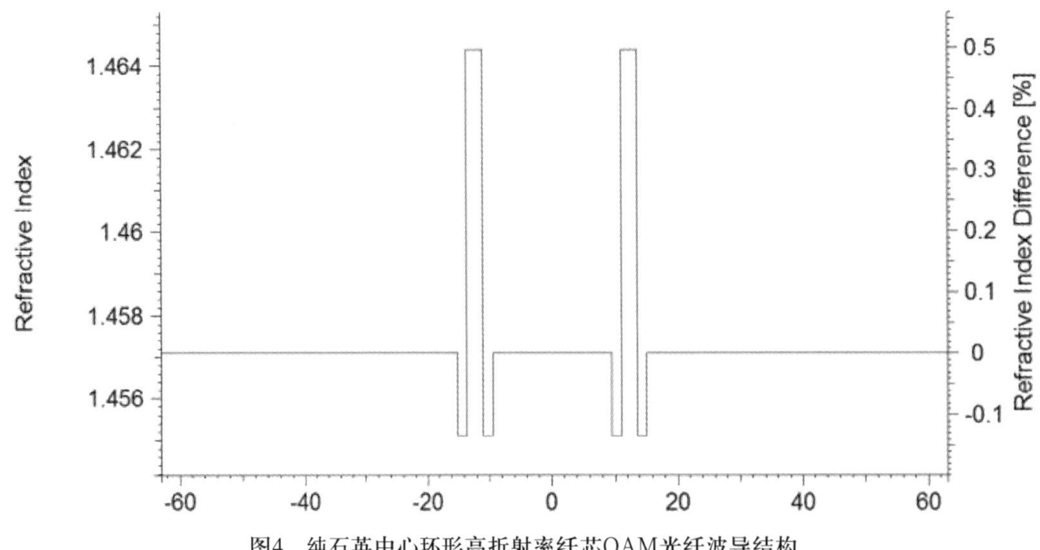

图4　纯石英中心环形高折射率纤芯OAM光纤波导结构

该光纤在高折射率环形纤芯周围有两个掺氟下凹包层的波导结构环绕，光纤中心不再是空气孔，而是纯石英结构。我们在环形高折射率结构边缘区域添加下陷包层结构，采用具有自主知识产权的低损耗小弯曲的光纤波导设计技术和等离子体化学气相沉积(Plasma Chemical Vapor Deposition， PCVD)技术[4]来研制，在工艺技术上具有低损耗特性。

同时针对光纤中OAM信号传输会受到非线性效应、色散、衰减和串扰作用的影响等问题，采用大纯石英中心直径，结合宽环形厚度的高折射率环形纤芯结构，可增大OAM光纤传输中的模场面积，从而有效降低光纤的非线性效应，降低光纤的衰减，控制OAM光纤传输过程中的色散等。再结合环绕掺氟下凹包层的结构设计，来降低OAM光纤中环形高折射率包层区域能量密度，其环绕掺氟下凹包层结构的光场结构如图5所示。该环绕结构可提升OAM光纤环形纤芯结构的相对折射率，抑制OAM信号传输过程中的串扰效应。

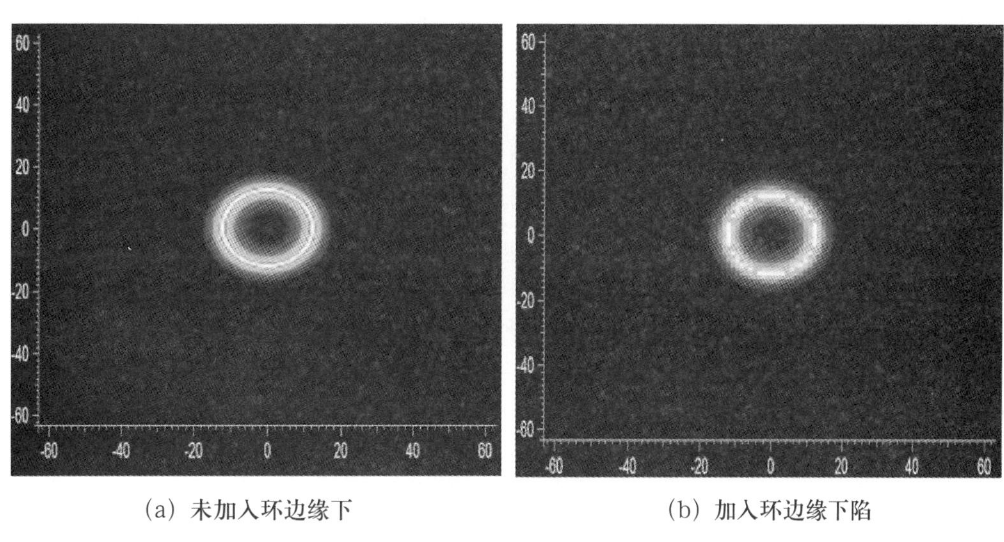

(a) 未加入环边缘下　　(b) 加入环边缘下陷

图5　OAM光纤环形区域边缘下陷结构对能量密度影响模拟

在这一过程中，采用以矢量场解为主，辅以光束传播法、平面波的方法进行模场拟合，通过与折射率仿真数值相结合，实现对圆环芯层结构光纤的模场分布研究，从而指导后续OAM光纤的研制工艺。

四、OAM光纤的制造及应用

采用的环形纤芯结合环绕下凹包层结构设计的OAM光纤，对于光纤制造的精细化提出了很高的要求。因为在OAM光纤传输信号时，外界的诸如光纤的弯曲、内应力、结构不圆度和均匀性等问题都会对其传输的OAM模式带来串扰，因此，需要通过设计结构的精确再现来提高研制OAM光纤的鲁棒性，较好地抵抗外界干扰。

PCVD工艺具有以下特点：低沉积温度下直接沉积透明玻璃；高沉积精度和灵活的

工艺；极高的原材料沉积效率和氟掺杂的优异性能[5]；适合制造精细化结构要求的光纤。本文采用PCVD工艺研制OAM光纤，先优化沉积参数与材料配比，以提升计算机仿真设计的光纤环形结构的鲁棒性，研制出了高性能的OAM光纤预制棒。

OAM光纤环形区的组成成份和比例影响着它的掺杂浓度和掺杂均匀性，对于OAM光纤波导结构的实现和性能稳定性至关重要。通过对环形区的组成成份进行分析研究，结合OAM光纤的应用需求，设计光纤的纤芯组成成份和比例。以此为基础，确定工艺流程和各项工艺参数，例如预制棒沉积时各种原材料的流量、流速和比例，确定压力和温度，并进行流量控制等工艺优化，制作出OAM光纤预制棒。

通过上述手段，可突破环形纤芯折射率突变控制和内应力消除等工艺难点，解决了高折射率环形纤芯结构光纤预制棒应力损伤难题，实现结构均一的大尺寸环形纤芯结构OAM光纤的制备。最终实现了满足模式阶数l=0，±1，±2阶OAM信号高保真传输光纤的批量制备，图6所示为环形芯结构OAM光纤端面及±1阶OAM模式输出图样。图7所示为环形芯结构OAM光纤±2阶OAM模式2 km距离输出图样。

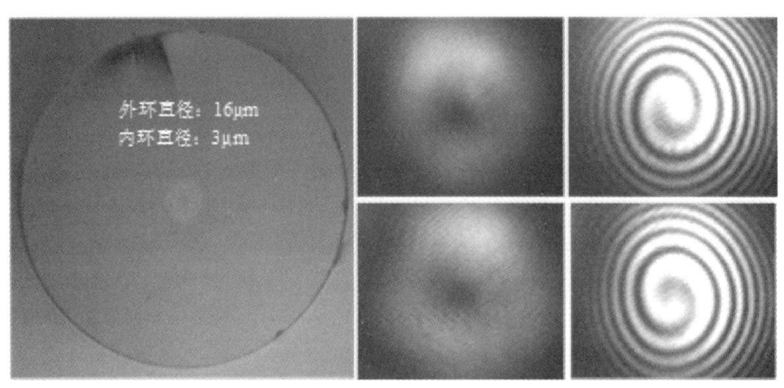

图6　环形芯结构OAM光纤端面及±1阶OAM模式输出图样

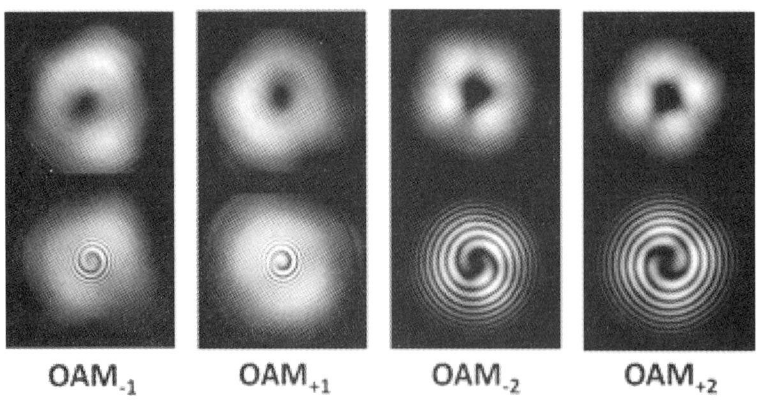

图7　环形芯结构OAM光纤±2阶OAM模式2 km距离输出图样

实验结果表明，本文研制的特殊环形芯结构OAM光纤具备2 km级OAM信号传输能力，能够实现l=0，±1，±2阶OAM信号高保真传输；同时对于常规LP模式，其1 550 nm波长处衰减值为0.57 dB/km，由此证明，该光纤能够满足OAM模式复用与常规通信复用方式的同步应用需求。

五、总结

烽火通信科技股份有限公司通过设计特殊环形芯结构的OAM光纤，在波导设计上实现了在保证一定OAM阶数的同时，降低OAM光纤的衰减。还对OAM光纤精细化实现工艺进行了研究，认为PCVD工艺是适合制作OAM光纤预制棒的技术，并通过该技术结合特殊的光纤拉制技术完成了低损耗OAM光纤的研制。该光纤同时具备达到±2阶的OAM的低损耗传输性能，可支持多个通道光子OAM模式传输的低损耗传输，通过了±2阶OAM模式2km长度OAM光纤传输的实验验证[6]，为OAM模式大容量、长距离光波导传输奠定了基础。

参考文献

[1] Wong G K L, Kang M S, Lee H W, et al. Excitation of orbital angular momentum resonances in helically twisted photonic crystal fiber[J]. Science, 2012, 337(6093): 446-449.

[2] Brunet C, Vaity P, Messaddeq Y, et al. Design, fabrication and validation of an OAM fiber supporting 36 states[J]. Optics express, 22(21): 26117-26127.

[3] Bozinovic N, Yue Y, Ren Y, et al. Terabit-scale orbital angular momentum mode division multiplexing in fibers[J].Science，2013, 340(6140):1545-1548.

[4] Luo Wenyong，Li Shiyu，Chen Wei，et al. Performance of Micro-Structured Optical Fiber for FTTH [J]. 《Optics & Optoelectronic Technology》 , 2013 , 11 (3) :31-34.

[5] 何方容，魏忠诚．光纤预制棒制造技术最新发展趋势[J]．光通信研究，2002, (4) :44-48.

[6] Wang Jian, Li Shuhui, Luo Ming，et al. N-dimentional multiplexing link with 1.036-Pbit/s transmission capacity and 112.6-bit/s/Hz spectral efficiency using OFDM-8QAM signals over 368 WDM pol-muxed 26 OAM modes [C]. ECOC 2014. Cannes, France:IEEE, 2014 :1-3.

作者简介

罗文勇　教授级高级工程师，2001年入职烽火通信科技股份有限公司；曾获2014年度中国通信学会科学技术一等奖、2015年度国家科技进步二等奖、2015年度中国专利奖优秀奖。

戚　卫

戚　卫　高级工程师，现为烽火通信科技股份有限公司线缆产出线副总裁。曾获2014年度中国通信学会科学技术一等奖、2015年度国家科技进步二等奖。

余志强

余志强　硕士，烽火通信科技股份有限公司技术专家、高级工程师，武汉市黄鹤英才曾获2014年度中国通信学会科学技术一等奖、2015年度国家科技进步二等奖。

杜　城

杜　城　高级工程师，从事光纤新技术和光纤新产品项目的研发工作。参加或主持国家项目20余项，武汉市3551人才，曾获军队科技进步一等奖、中国专利优秀奖。

陈　伟

光子晶体光纤研究进展

陈　伟，沈　良，张功会，操斌，王　林，李永通，卢　萍
江苏亨通光纤科技有限公司

摘　要：光子晶体光纤具有灵活的结构设计度与优异的性能，是光纤领域的技术高点之一。文章阐述了国内外光子晶体光纤的最新研究进展，总结了光子晶体光纤在通讯、传感检测、激光器等各个领域的广泛应用前景。
关键词：光子晶体光纤，传感检测，PCF激光器，PCF偏振滤光器

一、前言

十三五规划要求深入推进“宽带中国”战略；十九大报告提出坚持新发展理念，推动新型工业化，加快建设制造强国，加速发展先进制造业。此外，“新四大发明”与我国先进的互联网经济，推动着光通信行业的迅猛发展，光纤作为光通信的基础，在我国乃至全球的需求将会整体持续增长，光纤产业也将会迎来新一轮蓬勃发展的势头[1]。

相比于普通光纤，光子晶体光纤(PCF)具有更为优异的性能而被广泛关注。PCF是周期性的介电结构[2]，也被称为微结构光纤或多孔光纤，是由P. St. J. Russel于1992年首次提出[3]，它是一种低折射率材料在高折射率材料上周期性排列的光纤。由于特殊多孔结构，PCF具有独特的光学特性，其结构的特殊性主要包括3个方面：光纤的材料、阵列的结构以及光纤中的功能材料[4]。图1A、1B是第一个制备出来的PCF的扫描电镜和光学显微镜图，光纤由一系列直径300nm、间隔2.3mm的空气孔组成，这些孔之间有明显的、无障碍的玻璃通道，光可以从芯中逸出[5]。通过调整光纤的芯微结构可设计成双对称的芯孔，则引导模式变为双折射，可以实现极高的双折射值，比传统光纤大10倍[6]（图1C）。图1D中的类似于“蜘蛛网”的PCF芯直径800nm，零色散波长为560 nm。图1E和1F是1998年报道的第一个（实芯）光子带隙光纤的扫描电镜和光学显微镜图[7]。图1G和1H是典型的空芯PCF的电子显微镜和光学显微镜图。将白光发射到光纤芯中，透射出的却是不同颜色的光，表明只有特定波长的光才能被传输，与光子带隙重合。此外，通过制造不同的结构，如图1I所示，Kagome晶格，可以极大地扩宽传输频带[8, 9]。

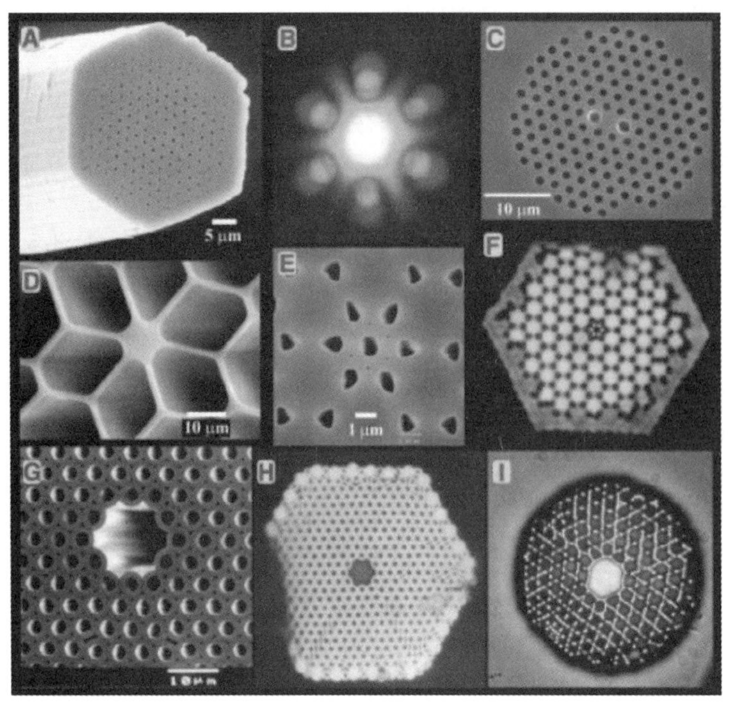

图1 PCF结构的光学（OM）和扫描电子（SEM）显微照片

（A）实心PCF的SEM；（B）由红色和绿色激光激发时由（A）产生的远场光学图案；（C）双折射PCF的SEM；（D）具有超高非线性和560 nm波长的零色散的小芯径（800 nm）PCF的SEM；（E）第一个光子带隙PCF的SEM，其核心由气孔的石墨晶格中的附加气孔形成；（F）是当（E）被白光激发时出现的六叶蓝模的近场OM；（G）空心光子带隙光纤的SEM；（H）空心PCF中的红色模式的近场OM（白光射入核心）；（I）具有Kagome包层晶格的空心PCF的OM，引导白光。

根据光子光纤导光机理，PCF可以分为两个大类即折射率导光型和带隙引导型[4]。折射率导光型PCF可以沿用经典的全反射来理解导光机制，光通过改进的全内反射机制被限制在纤芯中，因此又称全内反射光纤（TIR-PCF），通过结构设计可实现大数值孔径、大模场直径、高非线性等特殊光纤。带隙引导型PCF则是利用光子带隙(PBG)的存在进行光的引导，构成PCF包层的气孔微结构是一种二维光子晶体，它是一种具有周期性介电性质的材料，其特征是光子带隙，在某些波长范围内光不能传播。这些PCF在很多新兴领域，都有广阔的应用，比如光子晶体微腔用于增强光纤的非线性效应[10, 11]，可调谐PCF偏振滤光器，具有高光通量和宽光谱范围[12, 13]，此外，PCF还可应用于激光器，高效率偏振器以及传感器等[14, 15]。

二、传感检测PCF

由于PCF的结构特殊性，能够克服传统光纤的许多限制，实现传统光纤无法实现的独特的光学性能，其空气孔可以填充不同的材料(液体、气体甚至固体)来改变两种模式下的折射率差，在各种传感检测领域得到了广泛应用。利用PCF制备的传感器通常更为简便且精确度大幅提高，在工程监测等领域具有广泛应用。

2015年，Z.Q.Zhao等人[14]报道了一种掺铒光纤环形激光腔内传感器。利用PCF的空芯结构作为检测气体吸收室，当气体充满空腔时，对激光的吸收衰减会改变腔体损耗和激光输出。该课题组以乙炔为研究对象，从理论上和实验上研究了乙炔浓度，耦合比，泵浦功率和输出功率之间的关系。通过光谱分析仪测量不同的输出光谱，可以在实验室实现了最小可检测乙炔浓度为5.4 ppm。2017年，DASH J N等人[16]提出了一种基于氧化石墨烯涂层PCF的模态干涉仪，用于应变和温度传感。2017年，Liao C等人[17]详细研究了侧抛光PCF表面等离子体共振（SPR）传感器的折射率传感特性。利用PCF的优异特性，在检测、传感领域，不仅灵敏度可以大幅提高，更是一种简单、经济、有效的方法。2018年武汉理工大学杨明红课题组[18]提出了一种基于表面等离子体共振的光纤温度传感器（图2）。该传感器由涂有金膜的多模光纤-光子晶体光纤-多模光纤(MMF-PCF-MMF)结构组成，在1.3330-1.3904的RI范围内，传感器的折射率灵敏度在1060.78 nm/RIU到4613.73 nm/RIU之间。通过仿真和实验结果，发现MMF-PCF-MMF结构的RI灵敏度高于多模光纤-单模光纤-多模光纤(MMF-SMF-MMF)结构，而且PCF的长度对传感器的折射率灵敏度没有影响。当在传感区覆盖了热系数高的聚二甲基硅氧烷(PDMS)时，35-100 ℃的温度范围内可以获得-1.551 nm/℃的高温灵敏度，该传感器在医疗、环境监测和制造业具有广阔的应用前景。

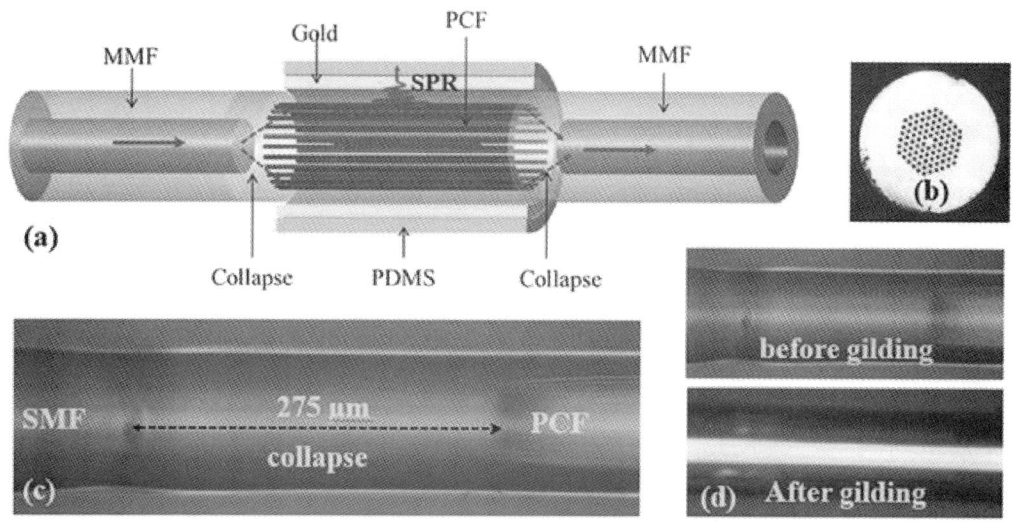

图2 (a) MMF−PCF−MMF结构。(b)PCF截面光学显微镜图像。(c)SMF−PCF光学显微镜图像。(d)镀金前、后感光区光学显微图像。

三、PCF激光器

为了实现高光束质量的激光输出，并且尽可能克服端面激光损伤和非线性效应这两个因素对功率提高带来的限制，在设计光纤时，应尽量减小数值孔径NA，并相应增大纤芯直径，从而使得基横模模场直径变大。这种通过降低NA实现大纤芯直径的技术称为大模场面积光纤技术，大模场PCF在军事、工业加工等方面的重要应用潜力。2017年，上海光机所高功率激光单元技术研发中心于春雷等人研究了Yb3+掺杂二氧化硅芯大功率大模场面积光子晶体光纤激光器的折射率、同质性和光谱学特性（图3）[19]。他们开发了改良溶胶-凝胶法制备Yb3+/Al3+/F-/P5+共掺杂二氧化硅芯玻璃(YAFP)，用于制造高功率LMA-PCF放大器。通过对Yb3+掺硅玻璃中Al3+/F-/P5+掺杂组合的控制，不仅确保了低折射率(RI)，也维持了Yb3+优异的光学均匀性和光谱特性。共掺杂F-和P5+的YAFP玻璃棒与Yb3+/Al3+共掺杂玻璃棒相比，Yb3+离子的光谱性能并没有变差。所制备的大尺寸YAFP（Φ5 mm×90 mm）硅芯玻璃棒与纯硅玻璃的平均RI差为2.6×10-4，径向和轴向RI波动~2×10-4。使用YAFP硅芯玻璃棒堆积-毛细管-拉丝的技术制备出的LMA-PCF纤芯直径为50μm，NA为0.027。在脉冲放大激光实验中，一个6.5m长的PCF，在1030 nm处平均放大功率为97 w，光-光转化效率为54%，同时得到了激光光束质量因子M2为1.4准单模传输。该项突破打破了国际上仅由NKT公司等极少数公司掌握的高亮度大模场PCF制备技术垄断，为我国发展大能量超短脉冲光纤激光放大器奠定了核心激光材料基础[20]。

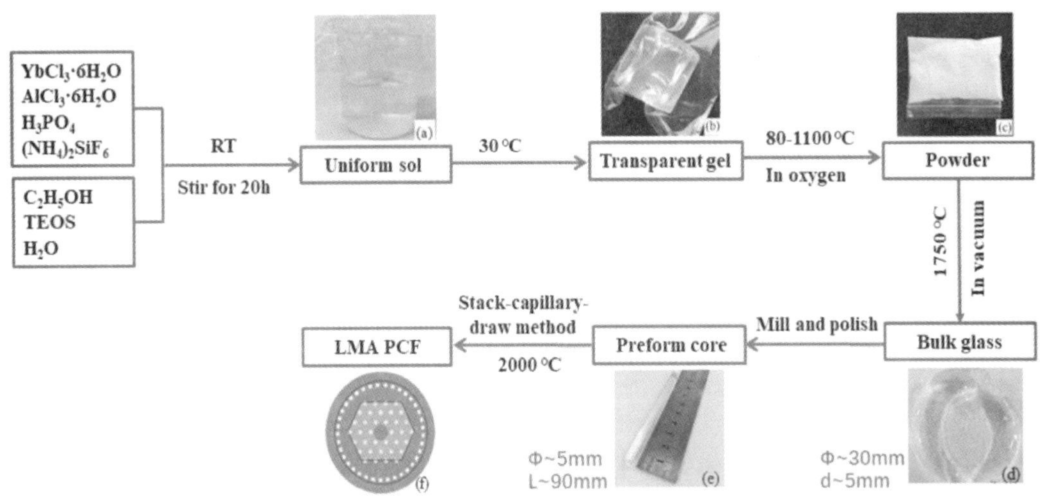

图3 Yb^{3+}掺杂硅芯玻璃棒和LMA-PCF的制备工艺

四、可调谐PCF偏振滤光器

燕山大学李曙光课题组对特种光纤进行了深入研究，该课题组最近将不同的折射率液体和金线填充到PCF（图4）中制备可调谐光纤偏振滤光器[12]。首先把金丝被选择性地填充到PCF的包层气孔中，当相位匹配条件满足时，液芯模式激烈耦合到表面等离子体激元模式，谐振波长随结构参数和液体的变化而变化。通过调整液体的折射率，分别实现了波长为1.31 m,1.49 m和1.55 m的偏振滤光片,首次在通信波长1.31 m处提出窄带极化滤波器，半峰全宽值仅为16 nm。当波长=1.31 m时，X极化模式的损耗为44336

dB/m，对应的Y极化模式损耗为224 dB/m。这种高双折射有助于分离两个正交偏振模式的谐振波长位置，此外，随着液芯和金丝之间的距离增加，共振损失变小。

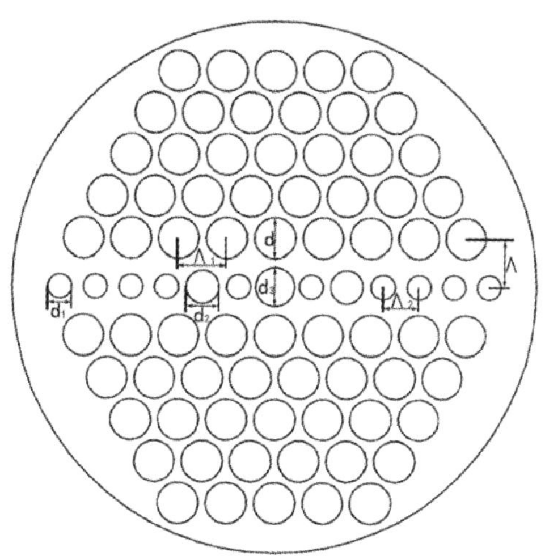

图4　光子晶体横截面：背景材料是纯石英玻璃，d2的气孔充满金丝，d3的气孔充满液体。通过增加直径d并减小d1的直径以实现PCF的高双折射，由此可以明显地分离X偏振模和Y偏振模的共振波长。

五、零色散光纤

最近，Agrawal等人[21]设计了一种同心圆缺环的零色散PCF（图5），与传统的PCF相比，在第二环区域没有气孔，有一个同心圆缺环，使用硅玻璃作核心材料，当光纤层发生改变时，色散也会发生变化，当气孔直径约为气孔间距的0.30倍时，在1.3 m-1.6 m波长范围内为近零平坦色散。

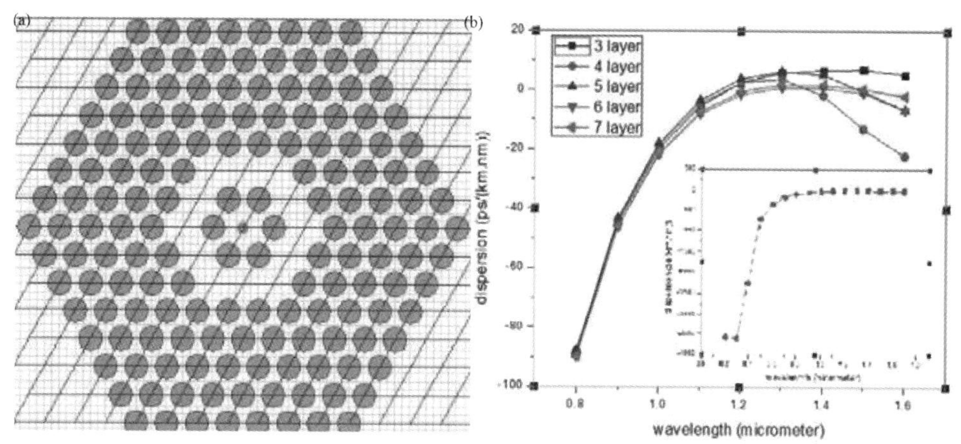

图5　(a) 同心圆缺环的零色散PCF结构及 (b) 该PCF的色散曲线。

六、总结与展望

PCF不仅在外形上和传统光纤存在差异，在设计的自由度上也具有革命性优势。除了拥有传统光纤的特性，PCF还可以灵活的调整纤芯或包层中空气孔的大小、间距和几何形状，这些变化使光纤有了更多的性能，如可控的非线性、无尽单模、灵活的色散裁剪、低弯曲损耗、大模场直径等[22]，在通讯、传感、激光器等各个领域都有着广泛的应用前景，我国科技工作者在光子晶体光纤领域取得了突破性进展，为我国的高端光电子器件及物联网的发展和中国制造2025奠定了一定的技术基础。

参考文献

[1] 陈伟, 袁健, 贺作为, et al. 我国大容量通信用高端光纤技术的研究进展 [J]. 光通信研究, 2017, 1): 27-9.

[2] SIDHAR P, SINGAL P, SINGLA S. Photonic Crystal Fiber: A Review [J]. 2018,

[3] RUSSELL P S J. Photonic band gaps [J]. Physics World, 1992, 5(8): 37-42.

[4] ZHANG T, ZHENG Y, WANG C, et al. A Review of Photonic Crystal Fiber Sensor Applications for Different Physical Quantities [J]. Applied Spectroscopy Reviews, 2017, 29):

[5] GLEZER E N, MILOSAVLJEVIC M, HUANG L, et al. Three-dimensional optical storage inside transparent materials: errata [J]. Optics Letters, 1997, 22(6): 422.

[6] ORTIGOSA B A. Highly birefringent photonic crystal fibres: Linear and nonlinear effects [J]. 2002,

[7] KNIGHT J C, BROENG J, BIRKS T A. Photonic Band Gap Guidance in Optical Fibers [J]. Science, 1998, 282(5393): 1476-8.

[8] POLI F, CUCINOTTA A, SELLERI S. Photonic Crystal Fibers [J]. Science, 2003, 299(5605): 358.

[9] BENABID F, KNIGHT J C, ANTONOPOULOS G, et al. Stimulated Raman scattering in hydrogen-filled hollow-core photonic crystal fiber [J]. Science, 2002, 298(5592): 399-402.

[10] CAI L, ZHANG S, HU H. A compact photonic crystal micro-cavity on a single-mode lithium niobate photonic wire [J]. Journal of Optics, 2016, 18(3): 035801.

[11] LUO D, LI Y. Fabrication and application of 1D micro-cavity film made by cholesteric liquid crystal and reactive mesogen [J]. Optical Materials Express, 2016, 6(2): 691.

[12] LIU Q, LI S, LI J, et al. Tunable Fiber Polarization Filter by Filling Different Index Liquids and Gold Wire Into Photonic Crystal Fiber [J]. Journal of Lightwave Technology, 2016, 34(10): 2484-90.

[13] ABULEIL M, ABDULHALIM I. Narrowband multispectral liquid crystal tunable filter [J]. Optics Letters, 2016, 41(9): 1957.

[14] ZHAO Z Q, LU Y, DUAN L C, et al. Fiber ring laser sensor based on hollow-core photonic crystal fiber [J]. Optics Communications, 2015, 350(296-300.

[15] WANG T, LIANG B, JIANG Q, et al. Design and verification of the polarization beamsplitter based on photonic crystals [J]. Optics Communications, 2015, 351(40-4.

[16] DASH J N, NEGI N, JHA R. Graphene Oxide Coated PCF Interferometer for Enhanced Strain Sensitivity [J]. Journal of Lightwave Technology, 2017, PP(99): 1-.

[17] LIAO C, ZHANG F, HE J, et al. Surface plasmon resonance biosensor based on gold-coated side-polished hexagonal structure photonic crystal fiber [J]. Optics Express, 2017, 25(17): 20313.

[18] WANG Y, HUANG Q, ZHU W, et al. Novel optical fiber SPR temperature sensor based on MMF-PCF-MMF structure and gold-PDMS film [J]. Opt Express, 2018, 26(2): 1910-7.

[19] WANG F, HU L, XU W, et al. Manipulating refractive index, homogeneity and spectroscopy of

Yb3+-doped silica-core glass towards high-power large mode area photonic crystal fiber lasers [J]. Opt Express, 2017, 25(21): 25960-9.
[20] 国产光纤激光放大器获得重大突破 [J]. 电子世界, 2017, 14): 4-.
[21] AGRAWAL V, SHARMA R K, MITTAL A. Designing the Properties of Zero Dispersion Photonic Crystal Fiber With Concentric Missing Ring [J].
[22] 陈伟. 光子晶体光纤的特性及应用发展趋势 [J]. 通信世界, 2017, 17): 47-9.

作者简介

陈　伟　教授级高级工程师，博士。2001年4月就职于武汉邮电科学研究院烽火通信科技股份有限公司，2014年5月就职于江苏亨通光纤科技有限公司任总工程师。2018年5月任江苏亨通光纤科技有限公司总经理

沈　良

沈　良　理学硕士，江苏亨通光纤科技有限公司研发工程师。主要从事光子晶体光纤等新型光纤的研究与应用。参与多项科技项目并发表数篇论文。

张功会

张功会　工学硕士，江苏亨通光纤科技有限公司产品管理部副主任。主要从事超低损耗光纤、超抗弯光纤、大有效区域光纤等的研究与应用。承担了10余个国家和省、市科技项目，发表了一批技术出版物和专利。

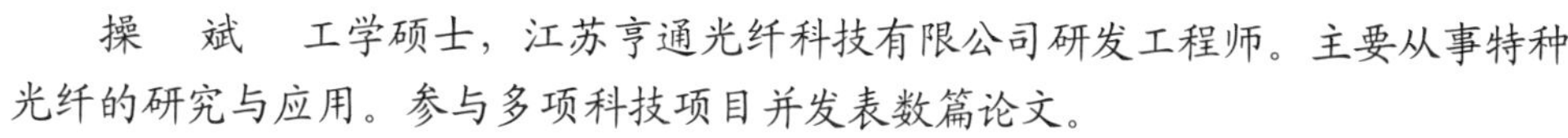

操　斌　工学硕士，江苏亨通光纤科技有限公司研发工程师。主要从事特种光纤的研究与应用。参与多项科技项目并发表数篇论文。

操　斌

王　林

王　林　理学硕士，中级工程师，江苏亨通光纤科技有限公司研发工程师，主要从事海洋光纤、超低损耗光纤和超弯曲不敏感光纤等新型光纤的研究，2016年荣获苏州市科技进步一等奖。多次参加国家和省级重大科学项目，并发表了数篇论文。

李永通

李永通　工学硕士，江苏亨通光纤科技有限公司研发工程师。主要从事耐低温光纤等特种光纤的研究与应用。参与多项科技项目并发表数篇论文。

卢　萍

卢　萍　应用化学硕士学位，江苏亨通光纤科技有限公司研发工程师。主要从事耐高温光纤等特种光纤的研究与应用。参与多项科技项目并发表数篇论文。

许人东

国际海底光缆的发展历程与前景预测

许人东，胥国祥，王佳雯，王艳芳
江苏亨通海洋光网系统有限公司

摘　要：海底光缆经过百年发展，已承载起90%的国际通信业务。本文介绍了国际海底光缆及国内海底光缆的发展概况，表明了海底光缆前景较好，并且中国海缆企业已具备扬帆出海的能力，已进军国际市场，向世界诠释“中国制造”。

关键词：海底光缆，发展历程，前景预测

一、前言

当今的互联网时代，海缆扮演着不可或缺的重要角色。海底光缆目前已承担了90%的国际通信业务，成为信息传播的主要载体。自1985年世界上第一条海底光缆问世以来，海底光缆的建设在全世界得到了蓬勃的发展。

据联合国宽带促进可持续发展委员会发布的《2017年宽带状况：宽带加速实现可持续发展》报告显示：截至2017年年底，全世界48%的人口已经在使用互联网了。随着互联网的高速发展，全球海底光缆的建设也在不断提速。

图1　海光缆系统示意图

二、国际海光缆发展历程

海缆通信已有100多年历史，经历了海底电报电缆、海底对称电缆、海底同轴电缆到海底光缆，从试验探索到逐步完善的历程。

1986年，美国ATT公司在西班牙加那利群岛和相邻的特内里弗岛之间，敷设了世界第一条商用海底光缆，全长120公里。

1988年，在美国与英法之间敷设了越洋的海底光缆系统（TAT-8），全长6700千米。这是人类历史上第一条跨越大西洋的通信海底光缆，它标志着海底光缆时代的到来。

1989年，跨越太平洋的海底光缆（TPC-3和HAW-4，全长13200千米）也建设成功。从那以后以电传输信号的海底电缆就被替代，洲际之间不再铺设海底电缆，改由海底光缆代替。

20世纪90年代以来，掺铒光纤放大器(EDFA)与波分复用技术(WDM)的飞速发展推动了长距离、大容量、低成本无中继海底光缆通信系统的研制，而前向纠错、喇曼放大、遥泵光放等技术的综合利用，使得超大容量超长距离无中继海底光缆通信系统的研制有了突破性的进展，并已进入实用化阶段。

短短30年期间，海底光缆系统经历了4代升级变迁。国际数据业务需求量呈现出爆炸式增长，传输速率已经大到了TB/s级甚至更高。按照谷歌最新的海底光缆建设计划，海底光缆的带宽将达到60Tbps。大有效截面积G654D光纤的研制和批量化的生产，其更为优良的衰减性能（1550nm工作波长下，衰减系数仅为0.150dB/km左右），最大程度地降低了系统的成本，更加推动了海缆的建设高潮。海缆也将走向G654D的超低损耗的时代。

截至2018年初，全球已投入使用的海底光缆超过448条，总计长度约120万公里，可绕地球30圈，实现了除南极洲之外的6个大洲的联接。

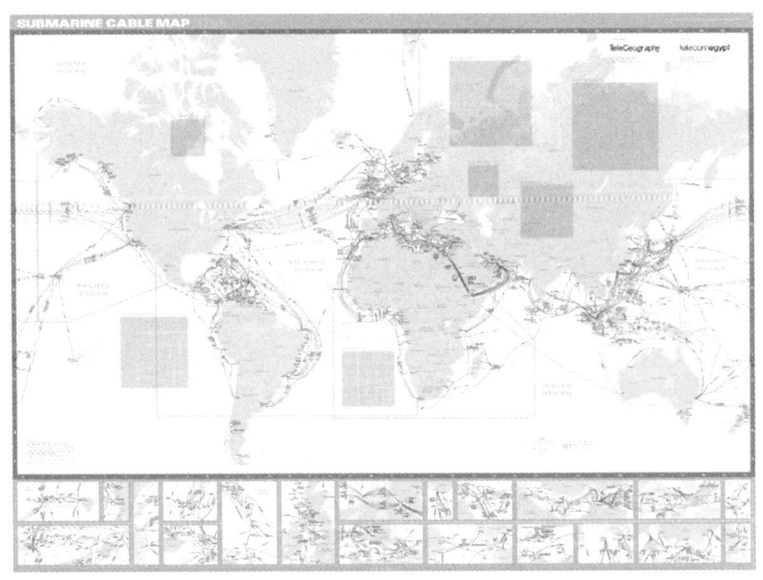

图2　Tele Geography提供的2018全球海底光缆布局图

然而，欧美国家的海缆发展起步很早，海缆市场也一直由几大巨头所垄断。海缆行业的三大巨头为：美国泰科TE Subcom、日本NEC和法国阿朗。

国际巨头发展历史久远，均为总包商，集通信设备、海缆、中继器、施工船等勘察、设计、产品及工程于一体，可独自承接EPC、TURKEY项目。他们项目管理经验丰富，技术沉淀深厚，且客户资源丰富、有斐然的业绩。这是中国海底光缆行业发展不得不面临的国际产业环境。

中国的海底光缆起步较晚，“走出去”是机遇，更是挑战。

三、中国海底光缆发展历程

由于欧美等国家的垄断与技术壁垒，导致国内海底光缆发展较为缓慢。

随着光通信网络的全球化，1993年12月，第一个在中国登陆的国际海底光缆系统中国—日本（C-J）海底光缆系统建成，中国实现了首条国际海底光缆的登陆。至今，中国已经先后参与了近20个国际海底光缆的建设与投资。这些系统通达世界30多个国家和地区，线路的制造均为国外海缆公司提供，仅少量线路受损维修更换的海底光缆由国内提供。所以，中国海底光缆的发展仍是任重道远。

图3　中国参与投资的海缆系统

序号	系统名称	传输速率	总长度/km	投产日期	备注
1	中日海底光缆系统（CJ-2）	560 Mbps	1252	1993年	2006年废弃
2	中韩海底光缆系统（CKC）	2×560 Mbps	549	1996年	2005年废弃
3	环球海底光缆系统（FLAG）	2×5 Gbps	27000	1997年	运行
4	亚欧海底光缆（SMW3）	960 Gbps	39000	1999年	运行
5	中美海底光缆系统（CUCK）	2.2 Tbps	29315	2000年	运行
6	亚太2号海底光缆系统(APCN2)	2.56 Tbps	19000	2002年	运行
7	东亚海底光缆系统（EAC）	2.56 Tbps	19850	2002年	运行
8	环球北亚海底光缆系统(FNAL)	2.4 Tbps	11000	2002年	运行
9	城市间海底光缆系统（C2C）	7.68 Tbps	17000	2002年	运行
10	跨太平洋直达海底光缆系统(TPE)	5.12 Tbps	26500	2008年	运行
11	亚美海底光缆系统(AAG)	2.88 Tbps	20190	2010年	运行
12	东南亚-日本海底光缆系统(SJC)	23 Tbps	10700	2013年	运行
13	亚太海底光缆系统(APG)	54.8 Tbps	10400	2015年	运行

我国海底光缆系统的研制始于20世纪80年代中期，基本是按照军用海底光缆建设的要求而开展的。1986年，由原电子部第八研究所研制成功我国第一条32公里无中继4

芯单模骨架式钢丝铠装浅海通信光缆，并于1990年成功敷设在青岛附近的北海海域。

海底光缆的高质量指标，国际的技术垄断，国际海底光缆的俱乐部模式以及前期的巨额投资，使得直至21世纪，中国海底光缆的研制与生产才走向市场化。中电集团第八研究所、上海阿尔卡特光缆有限公司、江苏亨通光电股份有限公司、中天科技海缆有限公司、通光集团有限公司等分别进入海底光缆队伍，出现了竞争与并进的好势头，研制并生产了适合我国海区乃至世界海况特点的多种型号、结构的海底光缆及附件。

经过20多年的探索，我国的两个系列的海底光缆：无中继海底光缆通信系统和有中继海底光缆通信系统也已成熟。根据适用水深，海缆型号分为：轻量型LW、轻量保护型LWP、单层铠装SA、双层铠装DA、岩石铠装RA等型号海底光缆。

2003年，通光成功开发出具有自身特色的海底光缆产品；2009年，中天深海光缆通过国际海缆UJ认证；2013年，亨通深海光缆通过全系列国际海缆UJ和UQJ认证（30张）。

四、中国海底光缆进军国际市场

我国的海底光缆制造技术已经接近世界先进水平，海底光缆及附属设备的生产已基本配套，船只设备及铺设、修复技术逐步成熟，为海底光缆系统的建设奠定了基础。经过中国众多缆厂及集成厂商的不断进取与努力，在国际市场上，中国海底光缆的成绩业已斐然。

2015年，华为海洋斩获6000多公里的国际跨海通信工程—喀麦隆—巴西跨大西洋海底光缆系统的大单。打破国际垄断，加速我国海底光缆产业的发展。

2016年，亨通海洋交付首个国际商业海缆通信工程项目，该项目实现了科摩罗诸岛通信网络的互通互联，更进一步助推了“海上丝路”的战略发展布局。

2016年，亨通海洋交付国内最大长度海底光缆的单个国际项目马尔代夫项目（1161km），该系统采用先进的100G技术，设计容量为3.2T，为马尔代夫的4G网络提供骨干网支持，其中交付的单根最大长度为312km。

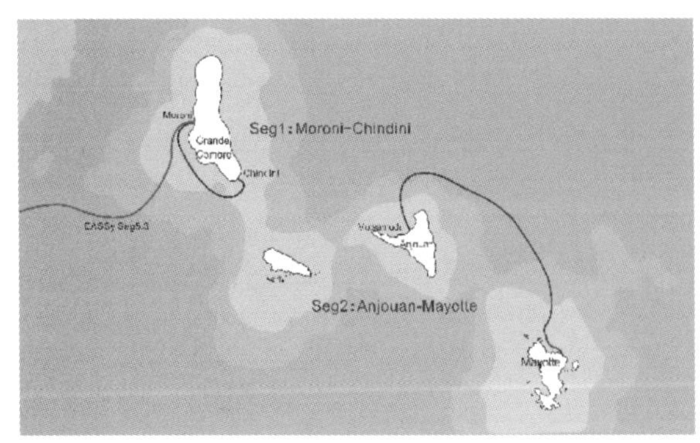

科摩罗项目

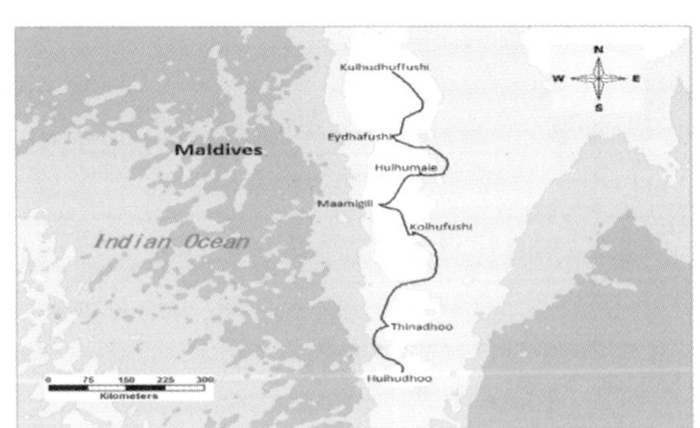

马尔代夫项目

2017年，亨通海缆在日本冲绳海沟圆满完成5000米级系统海试，“中国制造”海底光缆立足国际市场。

2018年，亨通海洋交付国内首个超1000公里的有中继海底光缆项目。同时，2018年亨通海洋累计承接国际海缆数量达10000公里。预计2018年交付8000公里有中继系统。

截至2018年6月，华为海洋已交付90个项目，近5万公里海底光缆。亨通海洋近年来在亚洲、非洲、欧洲、中美洲均参与重大项目，目前为国内规模最大的海缆制造商，累计生产交付项目里程数超1万公里。

跟着集成商“走出去”，随着“一带一路”战略走出去，实行“产品+资本+运营”相结合的模式走出去，中国海底光缆企业“抱团出海”，走向世界，走向国际，向世界诠释“中国制造”。

五、全球海底光缆市场预测

全球范围内海底光缆建设已进入稳步增长时期。全球海底光缆市场的年需求量约8万公里，增长率5%～6%。

（1）全球海底光缆升级将来临：1994年至2002年期间，海底光缆建设总量近70万公里，海底光缆设计寿命25年，未来5年将逐渐面临更换。

（2）国际交互升温：随着5G、物联网、人工智能、互联网等数字化应用需求，特别是移动互联网的兴起，在过去10年间，全球互联网数据消费量呈爆炸性增长趋势。这些都推动带宽的爆发性增长，这种增长无疑会带来容量问题，新建或升级海底光缆将是大势所趋。

（3）除了传统的国际海缆通信系统，海缆在智慧海洋、海洋油气、海底观测、军事国防等领域的应用也推动全球海缆市场的发展。

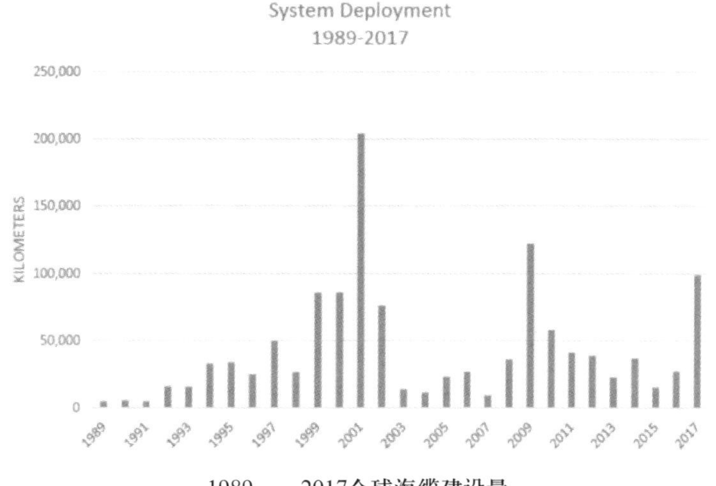

1989——2017全球海缆建设量

数据来源：Submarine Telecoms Industry Report (Issue6 2017/2018)

（4）传统的海缆建设的俱乐部模式正逐渐演变为互联网等巨头投资共建模式及俱乐部模式共存的形式。如：Google，Facebook，Microsoft等私有互联网公司投建自己的海缆系统。同时许多国际私人投资公司参与投资建设海缆系统。海缆行业的投资主体变化势必会让之前的筹建模式重新洗牌，海底光缆市场的竞争态势进入到一个新的阶段。

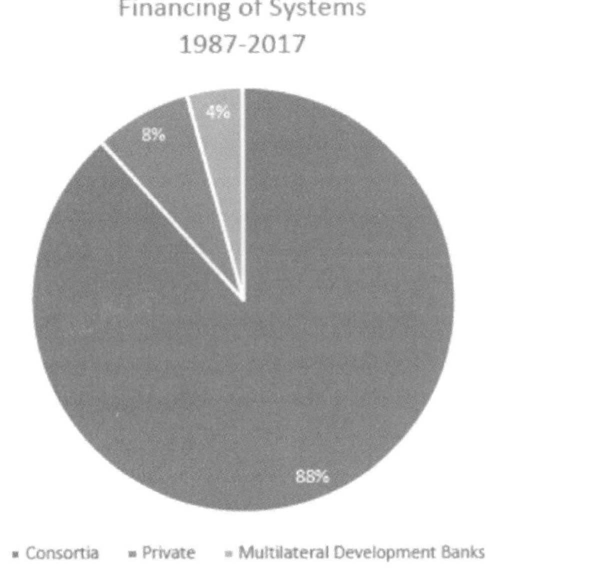

1987—2017年系统投资主体占比

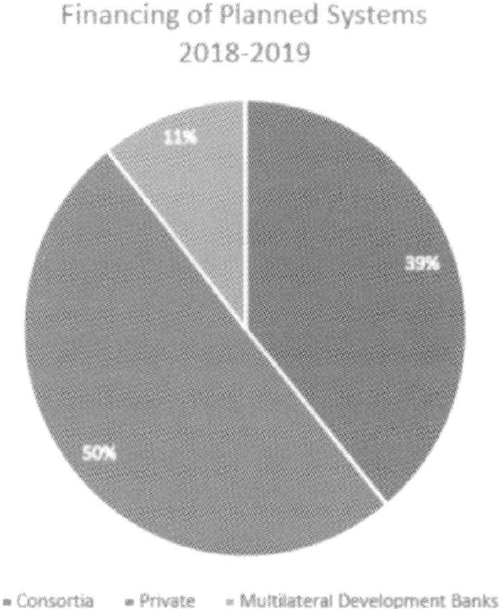

2018–2019年系统投资主体占比

资料来源：Submarine Telecoms Industry Report (Issue6 2017/2018)

七、中国海底光缆市场预测

（1）国内市场潜力巨大：我国是一个海洋大国，有300多万平方公里的海域和18000公里长的海岸线，沿海分布着6000多个岛屿，沿海城市发展，大陆架的油气开发，岛屿供电、海底资源开发、海底科学观测和海上风电开发等急需海缆，国内海光缆市场潜力巨大。

（2）未来5～10年，亚太地区流量将加速增长。而全球流量却在加速向亚太集中，此种矛盾将推动海缆高增长。同时随着中国GDP高速发展，国际地位上升，中国进出口流量也将加速增长。

（3）“十三五”国家信息化规划中，提出2020年国际出口带宽达到20Tbps，而截至2017年底，国际出口带宽为7.32 Tbps。预计从2018年到2020年，国际出口带宽年复合增长率40%左右。

（4）国家“一带一路”政策提出：要“加快推进双边跨境光缆等建设，规划建设洲际海底光缆项目”，强调了海底光缆在贸易畅通中所发挥的重大作用。未来3年中国跨洋海缆系统建设将会有较大增长。

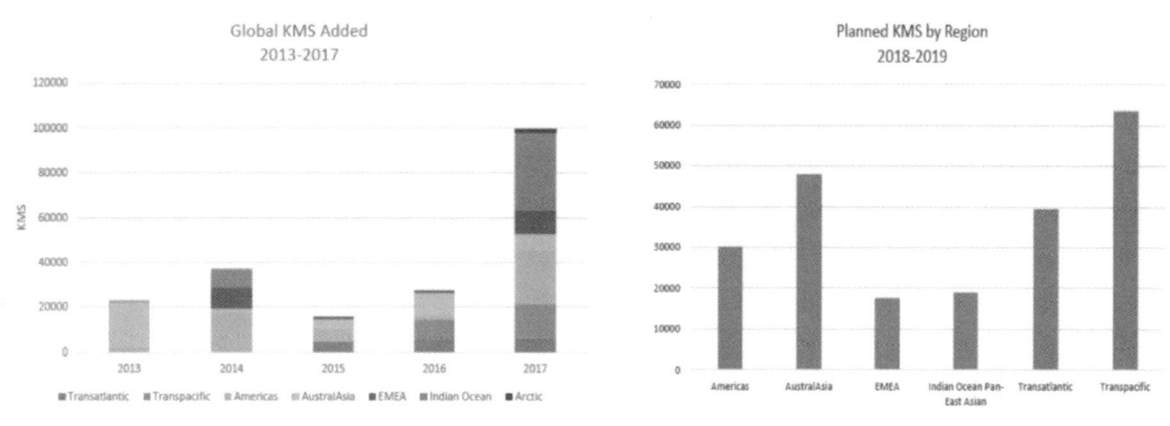

2013——2017年全球海缆需求量　　　　**2018——2019年全球各地区海缆需求量**

资料来源：Submarine Telecoms Industry Report (Issue6 2017/2018)

（5）随着全球海缆投资模式的变化，以及数据通信的安全，相信中国的互联网巨头及私人企业等也将会参与国际海缆系统投资建设运营。

八、结语

5G、大数据与物联网、人工智能、无人驾驶等应用将驱动带宽需求的爆发性增长，这将推动全球海缆系统建设；国际海缆系统投资主体及模式的变化给中国海缆产业提供了投资建设的机遇。

中国的海缆产业经过多年的发展及多个国际项目投入运行，表明中国企业已经具备能力建设国际海缆系统。

随着“一带一路”的推进，未来中国跨境海缆系统建设将会有较大增长，特别是“一带一路”沿线国家的互联互通。

中国在未来10年，GDP总量将会达到全球第一，中国的互联网巨头全球化布局，将会有越来越多的国家连接中国，而中国目前自主拥有的海缆系统及出口带宽与中国的经济总量不匹配，未来增长潜力巨大。

因此，中国海缆打破国际垄断，进军国际市场是大势所趋，也是必然。通信技术的发展实现了网络全球化，海底光缆将地球连成一个“村”，相信随着通信技术的提升，海底光缆通信的发展应用前景将更加广阔。

参考文献

[1] Submarine Telecoms Forum，Submarine Telecoms Industry Report, Issue6:2017/2018

[2] 叶灿银，海底光缆工程，海军出版社

[3] 刘朔岐，海缆通信发展历程及趋势[A]，全国海底光缆通信技术研讨会论文集,2006:90-100

[4] 张文轩，姬可理，陆奎，海底光缆技术发展研究[J]，中国电子科学研究院报,2010,(1):40-45

[5] 原荣，海底光缆通信系统技术进展及其断代考虑[A]，《光通信技术》, 2016, 40 (8):1-3

[6] 刘春辉，整合优势进军国际海缆市场[N]，人民邮电，2007年

作者简介

许人东　教授级高工，江苏亨通海洋光网系统有限公司总经理，曾任江苏亨通光电股份有限公司总工程师，江苏省产业教授。

胥国祥

胥国祥　硕士学位，精通海底光缆及其附件、中继器等产品的开发与管理，有多年海缆集成、测试经验，获得多种海缆UJ＆UQJ集成认证资格。

王佳雯

王佳雯　本科学位，5年通信行业工作经历，参与多个海缆项目的商务工作，拥有丰富的海缆项目商务谈判经验。

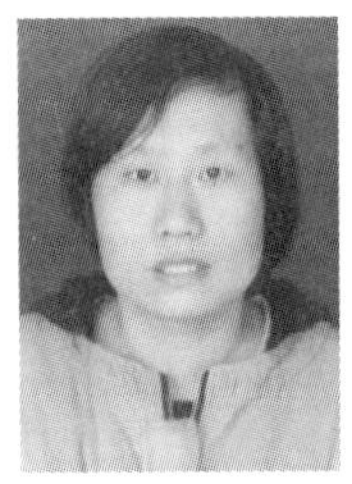
王艳芳

王艳芳　硕士学位，熟悉中、低、高压电力电缆、控制电缆、海底光缆质量控制及测试，研发流程管理。发表科技论文11篇，发明专利1篇。

黄小明

进一步提高我国光纤松套管PBT质量的路径

黄小明　江阴爱科森博顿聚合体有限公司

摘　要：光纤松套管用PBT的质量好坏直接关系到光缆的使用寿命，同时，PBT的加工工艺性能在光缆的实际生产加工过程中又是极为重要的。本文试图从实际生产及应用的角度出发，对PBT的质量指标以及加工性能作一扼要阐述，力图为人们在选用PBT时提供更直观、可靠、简便，同时比较符合实际应用的评判依据。

关键词：PBT，松套管，光纤，光缆

一、对质量标准的再认识

松套管作为光缆中保护光纤的关键构件之一，需要具备良好的抗拉伸、抗弯曲、抗冲击性能及抗水解性能，所以对材料的选用是相当重要的。

PBT材料由于本身具有良好的力学性能、尺寸稳定性和抗蠕变性能等，经常被选用作为松套管的材料。当然，并不是任何种类的PBT都能当作松套管的材料，只有其中高性能的PBT才能适用。

PBT 是合成的高聚物材料，一般先通过熔融缩聚过程获得基础的 PBT 树脂，此时 PBT 的特性黏度只达到0.8 左右，力学性能还无法达到要求，故必须在此基础上进行扩链、增粘，使其特性黏度达到 1.3 以上，才有可能应用于光纤松套管。

对PBT进行扩链、增粘时，即使产品平均分子量达到相应要求，但因为采用的方法、工艺不一样，所获得的PBT 材料的分子量分布会出现差异，从而导致不同的企业产品质量性能各异。

为了确保PBT材料达到松套管的性能要求，必须对PBT的关键的性能指标进行检测，这些关键的指标包括：特性黏度、拉伸屈服强度、弯曲强度、冲击强度（缺口）、线膨胀系数、吸水率、抗水解性等。

之所以说这些指标是关键性的，原因如下：

（一） 特性黏度属于材料本身具备的属性，直接与材料的平均分子量有关，对PBT产品的力学性能有重大影响。应用于松套管，PBT的特性黏度达到一定的范围（1.30以上）即可，并非越高越好，因为它也影响到材料的加工性能。

（二） 拉伸屈服强度、弯曲强度、冲击强度（缺口）都是直接反映 PBT 材料的最

重要的力学性能，即直接反映了材料的抗拉伸、抗弯曲、抗冲击性能的好坏。

（三）线膨胀系数体现材料在温变情冴下的膨胀、收缩性能，光缆生产过程中的光纤余长与此密切相关。

（四） 吸水率：水的存在会增加 PBT 发生水解的可能性，并且微量的水也会对光纤具有损害作用，因此，吸水率过高无论是对PBT 材料本身还是对光纤，都是不利的。

（五）PBT 材料的抗水解性能也相当重要。光缆的使用环境千差万别，难以完全避免水气的入侵，如果 PBT的抗水解性不好，发生水解，从而导致降解，结果使光缆在设计寿命期内，松套管的性能大幅下降。

因此，用于松套管的PBT 应该是高性能的PBT 材料，其关键的性能指标必须全部达到规定的要求。

至于其他的性能指标，如密度、熔点、硬度、熔体流动速率（熔融指数）、热变形温度、屈服伸长率、断裂伸长率、弯曲模量、杨氏模量等，大致可以分成两大类：

1．属于材料本身的属性，包括密度、熔点、热变形温度等。PBT 的特性黏度只要达到 1.0，密度即可达到 1.30~1.31，熔点即可达到 225℃左右：热变形温度在光缆实际使用中意义不大。

2．有些指标是与关键性的指标相关联的，如硬度、屈服伸长率、断裂伸长率、弯曲模量、弹性模量， 只要关键性的指标达到了规定的要求，这些指标基本上也会相应地达到要求。

熔体流动速率在一定程度上体现了PBT的流变性能，但由于测定方法所限，其准确性欠佳，实际上并不能很真实地反映其流变性能。

松套管用 PBT 材料理应具备适当的理化性能。在实际应用中，应当侧重关注其中的关键性指标，其他指标可作参考，这样，既降低了质量监控的复杂性，又不至于让松套管的质量打折扣，达到简便快捷的效果。

二、对PBT 材料生产加工性能的探讨

理化性能是PBT的固有性能，这些性能是基本的，也是必需的，但是在实际的光缆生产中，仅有这些显然是不够的，因为具备了这些基本性能不一定就能生产得到质量稳定、合格的松套管，所以，合格的PBT材料，还应当具有优良的生产加工性能。聚合物材料通常都存在加工难易的问题，PBT 属于合成的热塑性聚酯，其加工性较之聚烯烃及苯乙烯系列的热塑性材料是困难的。原因如下：

（一）内摩擦

材料内部微观粒子的相对运动会产生内摩擦，热塑性高聚物材料的内摩擦一般比较大。PBT 在加工时，由于内摩擦的作用，可能会导致其受热及受机械作用的均匀性不够，严重时甚至会产生熔体破裂。

（二）外摩擦

材料与设备内壁之间产生的摩擦为外摩擦。较强的外摩擦将会产生几方面的影响：

1. 使PBT在挤出机中滞留的时间过长，进一步增加了降解的可能性；

2. 影响到生产加工速率；

3. 增加了产生口模“浮渣”可能性。以上影响对松套管质量来说均是不利的，会降低成品率，无法获得优质、稳定的松套管。因此，重视PBT加工过程中可能引起的内外摩擦，完全是必要的。改善PBT的内外摩擦，实际上就是从另一方面改善了PBT的加工性能。

良好的加工性能，应在以下几个方面得到很好的体现：

（1）温 度

良好的温度适应性、较宽的加工温度范围能够使PBT适应更多类型的光缆生产设备，便于生产控制。

（2）浮 渣

口模浮渣的产生有PBT材料和口模两方面的原因。由PBT材料带来的浮渣有多种因素，原因各异，而性能良好的PBT材料加工挤出时不应产生浮渣。因为浮渣一旦产生在松套管的内壁上，将有可能对光纤产生直接的机械损伤。

（3）松套管加工速率及管壁均匀性

实验证明，松套管的挤出加工速率除与设备有关之外，极其依赖于PBT的加工性能，有的材料可完全适用于低速如250m/min或以下的生产线，却不能满足高速如400m/min甚至更高的生产线。企图通过调节熔体流动速率来改善加工性能的方法往往在实际生产中受挫。

材料经口模挤出时稳定性的真正反映是材料的流变性能，也就是PBT熔体黏度在不同剪切速率下的变化曲线。根据该曲线可判别何种材料适合在高速下挤出而何种材料不能在高速下挤出，高剪切速率下的流变曲线如果是光滑的，则能满足高速挤出的要求。另外，也可通过流变曲线去判断该材料挤出的松套管管壁厚度均匀与否，具有光滑稳定的流变曲线，壁厚是均匀的。

至于流变曲线的好坏，直接由材料的分子量和分子量分布决定，当然也有其他一些因素，这是材料合成和生产的关键所在。

所以，用于松套管的高性能的PBT材料，其良好的加工性能是必不可少的。这种加工性能的应用价值在于：为顺利地制造出高质量的松套管提供了保证。

光纤松套管负有保护光纤、使光纤免受各种物理的、化学的侵害的重任，其材料PBT性能的好坏至关重要。通过指标评价PBT材料的性能，侧重关注其中关键的性能指标，可对产品质量进行初步的判断。同时，PBT材料光有好的理化性能是不够的，还应当具备良好的生产加工性能，只有这样，才能避免生产过程中产生的各种问题，进而避免这些问题直接或间接地威胁到松套管的质量。

参考文献

（略）

作者简介

黄小明　1989年毕业于兰州大学化学系。1990年在中原油田工作，从事石油助剂、精细化工的生产技术和研发工作。1995年返回兰州大学学习高分子材料，1997年在江苏扬州市江都从事光缆PBT材料的研发，1999年光缆用PBT材料技术取得了成功，2000年获得国家发明专利，并将该技术应用于规模工业化生产，使光缆用PBT材料国产化，打破了同类进口产品的市场垄断地位。为国内光缆企业实现材料国产化作出了重要贡献。2000年至今一直从事于光缆通信材料的生产和研发，取得了3项发明专利、9项实用型发明专利。目前已经研发出能替代PBT松套管的改性PP材料，取得了重要进展。

雷　非

光缆标准体系比较分析

雷　非　刘　骋　王　欢
江苏亨通光网科技有限公司
烽火通信科技股份有限公司

摘　要：本文简单介绍了我国光缆通信行业标准、国家标准以及IEC、ITU-T光缆标准的体系特点，并对它们进行了一定的对比分析，特别是它们在室外缆的拉伸、冲击、压扁、防潮、析氢等方面的要求与区别，以期对我国光缆产业参与国际化竞争能力的提高，和我国光缆行业的技术发展起到一定的帮助作用。

关键词：光缆，标准体系，分析

一、概述

随着我国光通信产业的发展，光纤光缆相关的国家标准、行业标准也迅速成熟，形成了技术标准、产品标准、测试方法标准、材料标准等几个大类，并自成体系。而随着我国国际化进程的加快，各大光缆制造企业也对产品出口的重视程度越来也高。然而我们的光缆产品基本上都只依照我国光缆的通信行业标准生产和检验，明确了解这些标准与国际标准存在的差异对促进我们的光缆产业的国际性交往，参与国际标准的研究，以及提高我国光缆研发技术水平都会有一定的帮助。

光缆国际标准主要由IEC和ITU-T两大组织管理，其中IEC的光缆标准为产品规范，ITU-T的光缆标准则分为两大类，一类为光纤光缆的特性与要求规范，一类为光缆应用特性建议。

二、ITU-T光缆标准体系

ITU-T的光纤光缆的特性与要求规范集中在G.65x系列标准中，是光纤光缆的技术特性、测试方法和光纤类型的基本规范，对光缆性能并不涉猎。而散列在L系列标准中的光缆标准建议则主要描述光缆在不同应用环境下的特性要求，这正是我们国标和通信行标中所欠缺的一块。此外，它对光缆结构和特性的描述并没有局限于光缆本身，而是由特定安装使用环境的特性出发，介绍环境特性对光缆性能的要求以及适当的解决方式，这是我们现有光缆的国标与行标都没有注意到的部分。这种介绍对了解安装环境特点，分析光缆适用性能，指导光缆的设计与新型光缆的研发与使用都具有极大的帮助。不过由于ITU-T的几个光缆建议并不是具体的产品标准，所以它们对光缆性能的描述与要求上就相对比较概略，仅介绍相关性能对光缆性能的影响关系以及需要注意的问题，并未对具体参数要求进行定义，所以它们仅只能指导光缆的应用和设计，而无法指导光缆的生产和检验，且它们所述的试验方法也大多仅要求与IEC 60794-1-2x协调一致，并没有对具体试验参数进行规定，所以这些标准无法对光缆产品进行规范，但特别适合于指导光缆的设计与应用。

三、IEC光缆标准体系

IEC的光缆标准集中于IEC 60794之中，它分为总规范、分规范、门类规范和详细规范四个级别，并各有一定的统属关系。其总规范简略规定了光缆的类型、一般情况下各种光纤成缆后的衰耗要求以及主要光纤与光缆性能试验所采用或参照的标准。分规范简略描述了几种基本类型光缆的元件与结构、品质保证、光纤性能与着色要求，以及光缆试验方法，并与IEC60794-1-1有不少重复。另外IEC60794-2和IEC60794-4还规定了光缆的包装要求，IEC60794-4列出了相关光缆设计时应考虑的主要特性。

门类规范结构比较统一，室内缆的门类规范较详细地规范了光缆结构和尺寸，以及尺寸与机械试验条件的具体要求，其中IEC60794-2-40明显内容粗略，特别是试验部分，没有规范具体试验条件要求。室外缆的门类规范则详细规定了各种类型光纤成缆后的衰耗要求、对光缆元件与安装和运行条件的参照规范以及机械与环境试验的具体要求。

详细（产品）规范的内容已逐步详实，但部分规范仍很简略，它们一般都规范了光缆的一般要求、对成缆光纤的性能要求、光缆元件要求、光缆结构要求以及品质保证等几大部分，并详细列出了光缆性能试验的具体条件，不过部分试验条件与其门类规范的要求并不一致。

另外仅从各标准规范的描述中难以看出不同光缆应用条件的区别，特别是室外缆，仅只能通过光缆性能，特别是性能试验条件的具体规定上进行仔细比较方能进行区分。难以简单直观地从标准规范中了解不同光缆的特性与区别。

四、我国的光缆标准体系

我国的光缆标准分国家标准和通信行业标准两个体系，国家标准除跨行业应用的标准与行标特性一致外，主要是对光缆进入通信网的总体技术要求，另外也为适应国际化的需求，对IEC标准的采标。前者体现在GB/T 13993中，后者体现在GB/T 7424中。GB/T 13993与ITU-T G.65X系列建议相联系，侧重于对不同网段的光缆的基本性能进行了定义与要求,如缆中光纤的特性和确保这些特性稳定的光缆机械性能和环境性能，以确保符合全程全网的要求。GB/T 7424是对IEC 60794的总则、测试方法与分部规范修改采用，以确保光缆符合具体敷设方法和总体环境的要求。这两个标准理应对通信光缆产品的研发、检验与商务交流起到一定的指导作用，不同用途的各种光缆产品均应同时满足这两个标准中的要求。也就是说，在新制定产品标准，规定的指标要求原则上必须分别符合这两个标准中的规定。

我国的光缆通信行业标准则主要用于进行光缆产品的规范，其性质与IEC 60794的详细规范类似，但更为具体，其针对性和可操作性更强，对光缆的生产、招标和验收具有极好的指导作用。但也由于光缆新类型新产品的不断涌现，使得标准体系的分类系列化较差，分类方式混杂，有的存在有多重规范的问题，有的又存在有还有继续进行细化分类的必要。初步分析，在28个光缆通信行业标准中竟有8种分类方式。在室内缆中有好些光缆类型就有可以归属于好几个标准进行规范的情况，而在室外缆中不同的应用条件的光缆又全都在一个标准里进行规范，难以进行区分，特别是YD/T 901《层绞式通信用室外光缆》和YD/T 769《中心管式通信用室外光缆》，直埋、管道、架空、水下等各种敷设方式全都不加区分说明地进行了规范，这种情况在IEC和ITU-T的光缆标准中是难以见到的，这对指导光缆的施工和应用会造成一定的困惑。

五、光缆性能要求的比较分析

（一）光缆的拉伸性能要求

在室外光缆的拉伸性能要求上我国行业标准与IEC标准差异较大，我国光缆标准在这一指标上的基本指导思想是结合光缆实际情况，使光缆在长期运行期间尽可能让光纤不受应力。在这一点上我们与ITU-T标准的思路是一致的。ITU-T在其L.10、L.26和L.43中明确提出需要注意到在光缆工作寿命期间经受恒定张力情况下，最好应避免光纤产生应变。因为光纤长期承受应变会严重影响到其使用寿命，光纤应变与断裂概率的关系在IEC TR 62048《光纤可靠性——幂次理论》可以见到十分详细的描述。

而IEC标准则受美国的GR-2影响较大，在IEC 60794-3-10、IEC 60794-3-20、IEC 60794-3-30中都仅只要求在光缆承受短期拉力下允许光纤所受应变不超过光纤筛选应变的60%，在长期拉力下光纤所受应变不超过光纤筛选应变的20%。而在IEC 60794-3-11中，则出现了两个选项，一个选项与IEC 60794的几个室外光缆门类规范要求一致，另一个选项则是在光缆短期拉力下，光纤应变不超过光纤筛选应变的1/3，长期拉力下，光纤应变不超过光纤筛选应变的5%。由此可见在IEC标准专家中对此问题也存在较大的分歧。

在拉伸性能上，我国标准与IEC标准的另一个较大差异在于光缆的拉伸力值的规定。我国光缆标准的拉伸力大多为确定力值，而IEC标准则将此力值与光缆的自重相关。由于光缆在施工过程中所承受的短期拉力主要与光缆的敷设时的摩擦力相关，而摩擦力又与光缆的自重相关，所以这种规定其合理性十分清晰。然而我国的光缆施工很多都是人工操作，敷设力值很不稳定，参照国际标准来完善我国标准的这一指标要求是否合适还需要深入分析。

（二）光缆的抗冲击能力

为了以确定的能量和冲量进行光缆冲击试验，我国的光缆规范中规定的冲击面圆柱半径都是12.5mm。而没有明确规定的标准，则在实际工作中也大多默认以此参数执行。在冲击能量上则规定以确定的冲击重物质量和重物落体高度来完成冲击试验，即要求冲击能量与冲击冲量都保持恒定。而IEC则在室内缆上规定以12.5mm半径的冲击圆柱面进行试验，室外缆则主要以300mm半径的圆球面进行冲击试验，试验仅规定冲击能量，而不限定冲击冲量。虽然我国有些厂家在冲击重锤品种较少时也通过等能量换算的方式来进行试验，但在光缆冲击试验中到底是能量的作用更大还是冲量的作用更明显则还缺少试验依据，此问题有待进一步研究。但有一点可以肯定的是，规定一个固定冲击能量的方式对指导试验更为方便，或形式上略显科学，具有一定的普适意义。虽然同时规定冲击能量和冲击冲量应该更为严谨，但是否必要却至今没有进行过严格的论证。

（三）光缆的抗压扁能力

在IEC 60794中，室外光缆的抗压扁能力有两个指标，分别是盘面/盘面压扁和圆轴/盘面压扁。并在IEC60974-1-2中以方法E3A和方法E3B对试验方法进行了定义。这两种试验方法分别对应的是光缆在长期使用中，特别是直埋光缆的大面积均衡受力情况，以及工程施工中光缆可能出现的小面积受力情况。特别是方法E3B所模拟的情况，我们在工程施工中不时可以见到这类受损光缆。但在我国的光缆规范与测试方法中却没有定义方法E3B，而仅引入了方法E3A，并在GB/T 7424.2中将其规定为方法E3，但我国对这个试验规定了两个指标，即长期压扁力和短期压扁力，其中短期压扁力的力值不大于IEC规定的盘面/盘面非铠装光缆压扁力要求。这在指导我国光缆正确施工，以及全面评估光缆性能上应该算作一个缺憾。

（四）光缆的防潮要求

在光缆的防潮问题上，IEC和我国的标准均未给出具体的指导。实际上，我国有不少光缆使用者甚至生产技术人员并不清楚金属挡潮层的作用与意义。虽然我国很多光缆行标中都列出有不同结构的光缆所适用的敷设应用场合，但对光缆的具体应用以及光缆设计指导却在我国缺乏标准指导，而ITU-T标准在这方面就表述得十分明确，在什么情况下需要注意光缆防潮，在那种敷设条件下会遇到什么问题，需要注重考虑哪些影响因素都表述的比较明确，这对光缆应用和设计具有十分重要的指导意义。

（五）氢浓度评估

光纤中渗入氢，会对光纤的衰耗特性带来极大的影响，在光缆氢浓度的评估上，3个标准体系的要求差异较大。ITU-T在室外光缆标准中明确要求必须采用L.27的方法进行评估，而IEC的标准则仅以资料性附录的方式对部分结构的光缆在有些敷设情况下推荐进行评估。我国的国标 GB/T 7424.1—2003修改采用了IEC 60794-1-1:2000的附录D，并减少了推荐评估的光缆结构种类。而其他国家标准和行业标准则对此指标完全不予提及，包括极易产生析氢的海底光缆，也未要求对此性能进行评估。应该说，从光缆设计以及型式检验的严格性来看，我国的光缆行业与国际水平还存在一定的差距。

六、结语

综上所述，我国光缆产业以及标准化工作虽然在不少技术指标上较国际标准的规范要高，但在有些方面仍存在一定的差异甚至差距。了解这些差异，对我们的产品与产业出口，参与国际化竞争应该会有一定的帮助。研究这些差距，并分析其各自的优劣，则对我们提高产品品质和光缆应用水平，甚至提升我们在国际标准组织中的话语权，加强我国突破发达国家的技术壁垒的能力都会有较强的作用。

作者简介

雷　非　研究员级高级工程师，江苏亨通光网科技有限公司首席专家。先后承担过光纤光缆技术研究、光传输系统设备开发、智能光配线系统开发等，曾任武汉邮科院线缆部副总工、烽火通信系统部、光配线产出线项目经理、中国通信标准化协会线缆工作组（CCSA/TC6/WG3）组长等职。

刘　骋

刘　骋　教授级高级工程师，硕士，1989年8月加入武汉邮电科学研究院，现任烽火通信科技股份有限公司线缆产出线运作管理部总经理。长期从事光纤通信测试与研发工作，担任了中国通信标准化协会线缆标准工作组（CCSA/TC6/WG3）组长，国际电信联盟标准化组织第十五研究组ITU-T SG15（传送、接入、家庭的网络和技术以及基础设施）中国专家团成员。

王　欢

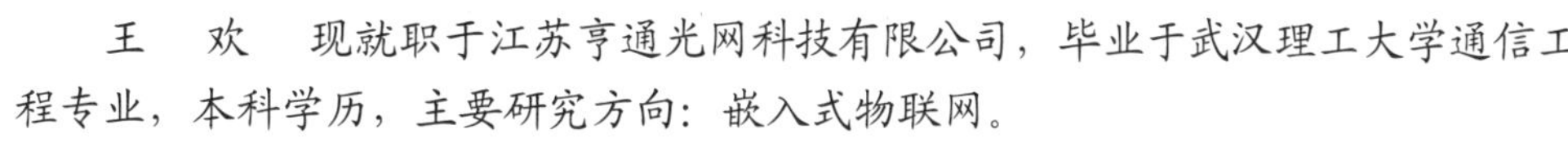
王　欢　现就职于江苏亨通光网科技有限公司，毕业于武汉理工大学通信工程专业，本科学历，主要研究方向：嵌入式物联网。

冯术娟

高功率掺镱有源光纤研究及发展

冯术娟　张俊逸　赵　霞
江苏法尔胜光通信科技有限公司

摘　要：伴随着国家“十三五”规划的实施，适用于工业领域的光纤激光器需求量逐年提升。作为光纤激光器中最重要的部件，有源光纤的研究及产业化情况对光纤激光器的发展至关重要，本文阐述了国内外高功率掺镱有源光纤制备技术的研究及发展，并介绍了法尔胜光科在掺镱双包层有源光纤领域取得的重要研究成果及进展，展望在“中国制造2025”的战略要求下，我国掺镱有源光纤及其激光器产业的发展方向。

关键词：大模场，双包层，高功率，掺镱有源光纤，光纤激光器

一、引言

自从Snitzer在1961年提出光纤也可以作为激光器的增益介质来实现激光输出，并于同年在掺钕钡钙玻璃光纤中实现了激光输出至今，光纤激光器技术特别是高功率的掺镱光纤激光器技术得到了快速的发展，并在工业生产中得到了广泛的应用。通常情况下，将输出用来达到百瓦的连续激光器称之为高功率激光，而其中高功率掺镱光纤激光器以其优秀的散热性、高输出功率和斜效率、高集成度等优势，使其受到了使用厂家的广泛关注及青睐，在2013年，应用于工业市场的光纤激光器销量已超过CO_2激光器，成了材料加工领域的主流产品[1]，而2017年应用于材料加工的千瓦量级以上的高功率光纤激光器销量较2016年提高了47%，同时伴随着光纤激光器的畅销，催生了一批以生产高功率掺镱光纤激光器为主的公司，例如IPG、SPI、锐科等。

二、双包层掺镱有源光纤研究

高功率光纤激光器的商用化发展主要依赖近年来3个主要技术的突破：一是双包层光纤技术使光纤激光器的设计出功率实现了从毫瓦量级到瓦量级，甚至百瓦级的转变；二是半导体激光器技术的逐步成熟又进一步提升了光纤激光器的输出功率；三是光纤光栅技术促使了光纤激光器向全光纤化发展，增加了光纤激光器的稳定性和实用性。

在高功率光纤激光器的所有元器件材料中，双包层掺镱有源光纤的发明是实现光纤激光器高功率输出的关键。早期利用单包层掺镱光纤作为增益介质，由于纤芯尺寸很小，多模泵浦光很难耦合进掺镱光纤或单模泵浦功率较小，致使输出激光功率低。

而采用如图1所示的双包层掺镱光纤作为增益介质，多模泵浦光在内包层中传输，当来回传输经过纤芯时，会被纤芯中的镱离子吸收，转换为光纤激光输出，利用该结构可以将高功率的多模泵浦光注入掺镱光纤中，使高亮度的多模半导体激光转化成高亮度的光纤激光，实现高功率光纤激光输出[2]。

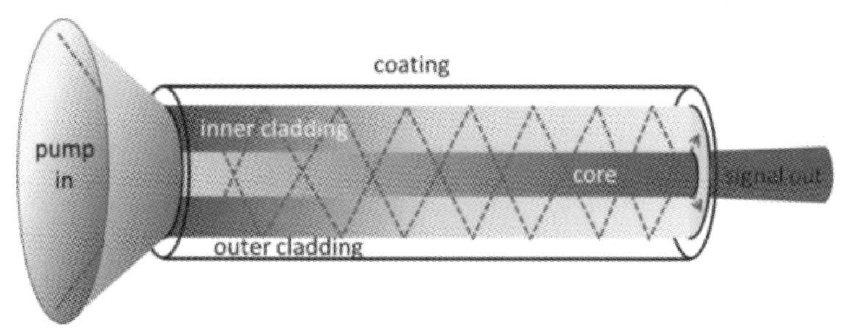

图1　双包层掺镱有源光纤工作原理图

为了在高功率下获得光纤激光器的稳定单模输出，并控制其光学非线性现象，则必须要合理的设计芯层及包层结构。为了保证光纤的近衍射极限输出，需要在增加纤芯尺寸的同时控制纤芯NA在较低水平，也就是采用大模场掺镱有源光纤。但是，受限于传统光纤拉制工艺，掺镱光纤纤芯的NA往往很难做到小于0.05，且对应的单模纤芯直径仅为16 μ m，远不能满足大功率的光纤激光器提升功率的需求[3]。因此，高功率光纤激光器中采用的大模场光纤纤芯的支持模式数量一般介于单模光纤和多模光纤之间，所以又被称为少模光纤。目前常见的大模场掺镱光纤纤芯的NA为0.06，在芯径小于25 μ m时，通过适当的模式控制手段（比如弯曲光纤）可以实现高阶模的滤除，从而实现单模输出[4]。

针对高功率掺镱有源光纤激光器，各企业及高校开展了持续且系统化的研发。2005年，美国IPG公司报道了首个千瓦级全光纤结构的单模输出掺镱光纤激光器，连续光输出功率达到1.96 kW，$M^2<1.2$。同时在2013年，IPG公司将最大功率进一步提升到20kW。此外，国内也有多家单位实现了千瓦级高功率掺镱光纤激光器输出，在2015年，清华大学基于中电科46所生产的双包层掺镱有源光纤采用同带抽运的方式实现了3 kW全光纤输出[5]。更有报道国防科大采用单纤制备了万瓦级的光纤功率输出。

常规掺镱双包层光纤采用弯曲选模法获得单模输出时必须保持一定的折射率差，但另一方面较高的折射率差使得纤芯的面积难以增加，限制了双包层掺镱光纤性能的进一步提高。为此，一些特殊结构的掺镱有源光纤被研发，以期在单模传输的基础上，获得更大的有效面积。2009年，Huang等人[6]利用主纤芯直径为35 μ m的单螺旋芯（Chirally Coupled Core，简称3C）光纤实现了250 W的严格单模输出，而且光纤的盘绕弯曲半径很大，几乎没有弯曲损耗。2014年，Ma等人[7]拉制了主纤芯直径为55 μ m、NA为0.068的多螺旋芯光纤，并且实现了严格单模输出。此外，大节距光子晶体光纤(Large-pitch Photonic-crystal Fiber，LPF)能够产生较强的高阶模离域效应(HOM delocalization)[8]，使得高阶模与纤芯的重叠因子很小，从而实现有效的高阶模抑制。Stutzki等人[9]利用1.3 m纤芯直径高达135 μ m的LPF，实现了M^2<1.3、平均功率130W的近衍射极限高功率输出。虽然新型的光纤结构能有效保证大模场有源光纤在基模传输，但是由于其往往具有复杂的结构及制备工艺，使其缺乏大规模生产应用的可能，因此目前的主流有源光纤结构仍然是简单的阶跃结构。

三、掺镱有源光纤的发展

作为高功率激光器的关键元器件—掺镱有源光纤成为国内研究的热点。国外已有掺镱双包层有源光纤成熟产品销售，国内虽然起步比较晚，但在产品研发及推广也有很大的进展。特别近1～2年，应用在低功率的光纤激光器上的国产掺镱有源光纤已经能够满足使用要求。在低功率光纤激光器领域，国内光纤激光器厂家已经开始尝试使用国产化掺镱双包层有源光纤。

但在中、高功率掺镱有源光纤领域，受到光子暗化效应、光纤本征损耗高及产品稳定性等各方面因素的影响，国内掺镱光纤与国外成熟产品仍存在较大差距，因此在中、高功率掺镱光纤激光器领域，国内厂商仍主要采用各型号的Nufern、Liekki等进口光纤。近年来，国内各大光纤厂家也在积极布局加、加大对特种光纤的研发投入，通过引进国外专家，提高研发水平，并有望在接下来的几年内在掺镱有源光纤的最大功率、光束质量等方面缩小与进口光纤的差距，提升中、高功率掺镱有源光纤国产化水平，尽快实现全面进口替代，以降低国产光纤激光器的整机成本，提高国产光纤激光器的市场竞争力。

法尔胜光通信科技有限公司根据国内厂家针对掺镱有源光纤特别是高功率掺镱有源光纤日益迫切的国产化需求，引进国外先进技术，重点开展了大模场双包层掺镱有源光纤的研发，目前已成功研发低功率用的10/130掺镱有源光纤，该光纤具有高的光转换效率，斜效率达到了80%以上，同时30天的双85实验验证了光纤具有良好的环境稳定性。此外，该光纤产品采用MCVD+液相沉积技术，具有操作简单、工艺稳定、离子掺杂均匀分散等优点，可沉积大尺寸掺镱芯棒，有效地保证了光纤的批量化生产。目前公司在10/130掺镱有源光纤的基础上依托法尔胜光通信科技技术中心的研发测试平台，全力攻关20/400高功率掺镱有源光纤。未来法尔胜光科集团将持续跟进掺镱有源光纤系列产品的研发，抓紧机遇，迎难而上，围绕稀土掺杂有源光纤，全力发展特种光纤制造产业，为推动光纤激光器器件的国产化贡献重要的力量。

参考文献

[1] 张伟. 全球工业激光器市场概览[C]. 苏州: 激光技术推进中国智能制造, 2018.

[2] Zervas M.N., Codemard C.A. High power fiber lasers: A review[J]. IEEE Journal of Selected Topics in Quantum Electronics, 2014. 20(5): 219-241.

[3] Li M.J., Chen X., Liu A., et al. Limit of effective area for single-mode operation in step-index large

mode area laser fibers[J]. Journal of Lightwave Technology, 2009. 27(15): 3010-3016.

[4] Anderson D., Desaix M., Karlsson M., et al. Wave-breaking-free pluses in nonlinear-optical fibers[J]. Journal of the Optical Society of America B, 1993. 10(7): 1185-1190.

[5] Wang X.J., Xiao Q.R., Yan P., et al. 3000W direct-pumping all-fiber laser based on domestically produced fiber[J]. Acta Physica Sinica, 2015. 64(16): 164204.

[6] Huang S., Zhu C., Liu C.H., et al. Power scaling of CCC fiber based lasers. Conference on Lasers and Electro-Optics United States. 2009. p. CTh GG1.

[7] Ma X., Zhu C., Hu I.N., et al. Single-mode chirally-coupled-core fibers with larger than 50 μm diameter cores. Optics Express, 2014. 22(8): 9206-9219.

[8] Limpert J., Stutzki F., Jansen F., et al. Yb-doped large-pitch fibres: effective single-mode operation based on higher-order mode delocalization. Light: Science & Applications, 2012. 1(4): e8.

[9] Stutzki F., Jansen F., Liem A., et al. 26 mJ, 130 W Q-switched fiber-laser System with near-diffraction-limited beam quality. Optics Letters, 2012. 37(6): 1073-1075.

作者简介

冯术娟　研究员级高级工程师，江苏法尔胜光通信科技有限公司技术中心副主任。江苏省“333高层次人才”，江阴市十佳“科技创新标兵”“十大科技之星”。已经从事通信用光纤预制棒和特种光纤技术研究18年。作为技术核心人员参与国家863、省成果产业化、科技支撑计划、市科研项目10余项。拥有专利14件，发明专利8件，发表专业论文6篇，科技成果鉴定4项。获得国家专利优秀奖——中国材料研究学会科学技术二等奖、无锡科技进步二等奖。

张俊逸

张俊逸　工程师，2017年博士研究生毕业于华南理工大学材料加工工程专业。毕业后就职于江苏法尔胜泓昇集团，从事大模场掺镱有源光纤项目研发。在国内外核心学术刊物上发表论文8篇，申请发明专利6项，具有良好的独立工作能力和创新精神。

赵　霞

赵霞　高级工程师，江苏法尔胜光通信科技有限公司科技质量中心总监，江苏法尔胜光电科技有限公司总经理。江苏省“333”工程高层次人才学术技术带头人、江苏省十大科技之星、江苏省青年双创英才、无锡市劳动模范、无锡市有突出贡献中青年专家、无锡市十大杰出青年、江阴市十大杰出青年等荣誉称号。已经从事光纤传感技术及特种光纤技术研究9年。她带领团队先后承担了15项国家和省部级重点项目，其中包括中央军委装备发展部预研和型谱项目2项，国家重点研发专项4项，省级保偏光纤重点项目5项等。获授权专利37件，其中发明7件，发表专业论文42篇，科技成果鉴定及新产品鉴定共7项。获得中国专利优秀奖、中国国防技术发明二等奖、江苏省青年科技奖、江苏省科技进步二等奖。

王亚辉

千兆塑料光纤通信系统的发展

王亚辉　世纪之光新材料研究开发有限公司总经理

摘　要：塑料光纤具有容易连接、成本低、易维护的优势，是短距离传输的最佳传输介质。使用塑料光纤解决光纤到桌面的问题，成为一个最好的选择。本文介绍了塑料光纤（POF）千兆通信系统的历史，包括GI-POF以及SI-POF、千兆塑料光纤收发器的技术进展，以及标准制定情况，同时展望了千兆塑料光纤通信的发展方向。

关键词：塑料光纤，POF，千兆，通信

一、前言

根据IEC 60793-2-40标准的定义，塑料光纤属于A4类多模光纤，是具有塑料芯和皮层的光纤，相关分类为A4a, A4b, A4c, A4d, A4e, A4f, A4g 和A4h[1]。与石英光纤相比，塑料光纤具有容易连接、成本低、易维护的优势，是短距离传输的最佳传输介质。

随着互联网+的发展，人们对宽带业务体验要求不断提升，4K、8K、虚拟现实等大带宽业务推陈出新，目前千兆接入的业务已经开始在全球各大运营商相继启动，在汽车、工业控制等领域的带宽需求也不断上升，传统的铜线通信系统已经不能满足日益增长的应用要求。先进的 FTTH技术使吉比特服务进入家庭成为可能：10G EPON能够提供10 Gbps 对称共享带宽；NG-PON2 能够提供40 Gbps能力；在石英光纤到户后，使用塑料光纤解决光纤到桌面的问题，成为一个最好的选择[2]。

二、千兆塑料光纤通信历史

（一）GI-POF

在早先的研究和应用中，千兆塑料光纤通信是从折射率渐变聚合物光纤GI-POF开始的，1990：日本庆应大学宣布开发出带宽3GHz/km 的GI-POF；后来美国拥有了庆应大学早期的折射率渐变聚合物光纤发明专利，1999年贝尔实验室实现了11Gb/ s、100m的聚合物光纤链路实验[3]。

从材料上分，有2种主要的GI-POF，PMMA和全氟GI-POF。全氟GI-POF可以达到较低的衰减及较大带宽，如美国Chromis Fiberoptics公司的GI-POF衰减值为≤60dB/km（工作波长850 nm/1300 nm），日本AGC公司的商业化GI-POF产品衰减指标为<70dB/km（工作波长850 nm/1300 nm），但由于其材料成本较高，因而目前商业化产品价格

比较昂贵，尚未进入规模化应用阶段。最近已有带宽1 GHz x 100mPMMA GI-POF 进入市场[4]，与全氟GI-POF相比具有成本及连接方便等优势。

（二）**SI-POF**

得益于欧洲POF-PLUS项目，使用低成本的SI PMMA光纤进行千兆数据传输成为现实，通过千兆收发器的开发，POF-PLUS项目实现了在SI-POF上进行千兆数据传输，距离达到了50米[5]。

虽然SI-POF与GI-POF尤其是全氟GI-POF相比传输距离较短，但是在短距离数据传输应用中仍非常有意义，因为SI-POF成本价格极低，对应的可见光收发器成本也低于其他种类的光纤收发器，千兆SI-POF系统可以完美满足家庭网络、工业领域、汽车网络等应用的带宽需求，实现了价格、性能之间的平衡，并兼顾了光纤到桌面的安全性问题。

在实际使用中，塑料光纤与石英光纤一样，必须要被覆上PE、PVC、PA等高聚物护套材料对裸光纤进行保护方可使用，我国通信塑料光纤行业标准YD/T 1447-2013 通信用塑料光纤对此做了明确规范，定义为紧套塑料光纤[6]。

三、千兆塑料光纤收发器

在全氟GI-POF千兆塑料光纤通信系统中，由于其工作波长是850nm、1300 nm，因此可选用石英多模光纤收发器，仅将插芯及连接器作改进即可使用，因此以下主要介绍基于PMMA的SI-POF所用的650nm光纤收发器技术近年来的技术进展。

欧洲 POF-PLUS主要关注的是在几十米POF上进行大于1Gb/s的传输，具体是超过50米、IEC标准的 A4a.2(SI-POF)上使用LED进行全双工1Gb/s的实时传输[7]。

2012年，POF-PLUS项目成员之一Firecomms公司发布了GDL1000 Gigabit POF 收发模块，这是世界上首次应用谐振腔650 nm LED (RCLED) 技术的塑料光纤千兆模块[8]，见图1a。

后来Avago科技公司（目前已被Broadcom 公司收购）也推出了塑料光纤千兆模块AFBR-59F3Z。AFBR-59F3Z是一款紧凑型 650nm 光纤收发器装置，设计用于通过标准塑料光纤进行1Gb/s 的数据传输，通过多层陪集编码 (MLCC) 支持串行数据通信[9]。与Firecomms公司产品类似，该装置在结构上也采用了连接快捷的简单裸光纤终端，见图1b。

图1a.GDL1000

图1b.AFBR-59F3Z

KDPOF公司的KD1053是第一个汽车级千兆以太网POF收发器。KD1053符合新的IEE 802.3BV协议，通过灵活的数字主机接口提供高连通性、低延迟、低抖动和低连接时间来完全满足汽车制造商的要求。

目前1 Gbps POF系统中将MLCC、THP或PAM这些技术完美地结合在一起，应用于POF光通信。此外高速的多模680nm VCSEL经过调制，专门设计用于PMMA塑料光纤，可以达到10 Gbps的传输速率[10]。

四、千兆塑料光纤应用标准

随着塑料光纤及光纤收发器的进步，许多标准制订机构也加快了塑料光纤通信系统应用相关标准制订和颁布的步伐。

（一）IEEE

2017年IEEE发布了IEEE 802.3bv™ —以太网补充标准：1000Mbps POF的物理层规范和管理参数。IEEE 802.3bv工作组主席Bob Grow表示：“以太网应用的持续扩展正在驱动选择符合行业需求的连接方式，并提供最适合的传输介质和运行速度，以满足这些特定的工业以太网应用要求适合的连接方式，提供合适的传输介质。IEEE 802.3bv体现了一个发展的趋势，即提高以太网标准与利益相关者的需求，以确保在新的网络环境中具有最佳性能和可靠性[11]”。

（二）国际电信联盟

G.hn是由国际电信联盟的定义的开放的国际技术标准， G.hn能通过标准家庭线缆以高达1Gbps/秒的数据传输速率实现互联，支持的传输介质包括电力线、同轴电缆、双绞线和塑料光纤。标准于2010年6月获得了国际电信联盟标准化部门（ITU-T）的191个成员国的批准支持[12]。

2012年1月，ITU-T G.hn标准加入了对于塑料光纤的支持，满足了服务提供商在家庭光纤网络部署方面的需求。德国工程公司Teleconnect采用了Marvell的G.hn芯片用于基于塑料光纤的数据传输[13]。

（三）欧洲电信委员会

欧洲电信委员会（ETSI）早在2010年就颁布了ETSI TS 105 175-1-1 V1.1.1 (2015-10)《接入,终端,传输和复用(ATTM);100Mbit/s和1Gbit/s的塑料光纤系统规范》，在2015年又发布了V1.1.1版本，根据网络带宽的需求，规定了物理层的规范[14]。

五、千兆塑料光纤通信发展动向

（一）接入网及家庭网络

在IEEE 802.3bv的编制过程中，专家们充分讨论了塑料光纤在家庭网络的应用特点及优势，认为光纤到桌面(F TTD)是未来智能家庭的保障，POF 是光纤进家的最好选择[15]。

POF-PLUS项目成员法国电信运营商Orange认为：展望未来，POF将开发和继续渗透到我们的客户家里。随着数据速率要求的家庭网络内的成长，我们可以预测，越来越多的人会采用POF[16]。2017年，西班牙电信（Telefónica）在大约30个家庭中实施了POF试点计划。每个家庭网络的组成包括：一个使用POF连接到四个墙壁插座的有线骨干网，60GHz的Wi-Fi从每个接入点提供千兆速度，无线覆盖遍及整个家庭[17]。

（二）汽车

除了在现有的汽车娱乐系统中得到广泛应用外，塑料光纤在新型的电混车以及电动车领域具有较大的优势。基于千兆位能力的基于POF的通信协议的以太网规范，对于新的体系结构是理想的，因为它提供了通信模块和无辐射线束之间的自然电流隔离。此外，它可以工作在100 Mbps的最新的需要，同时也支持未来1 Gbps的需求[18]。

（三）工业领域

在工业自动化技术中，传输距离100米以下、空间狭小、环境恶劣的应用场景中，塑料光纤的特性和优势使其得到成功应用。工业自动化对通信网络有以下要求：抗电磁干扰，环境抗性系统，无电连接，容易布线，现场连接方便快捷，规划简单。而塑料光纤完全满足上述要求，未来工业通信网络传输也将达到1 Gbps以上[19]。

（四）潜在应用领域：

由于塑料光纤质轻、容易布设、安全可靠等优点，在以下领域有着巨大的应用潜力，如航空航天、数据中心、智慧医疗、高铁游轮、安防监控、军事等。

万兆以上POF传输：随着技术的进步，塑料光纤在10G以上传输的应用前景也逐步展开，由于带宽和传输距离的限制，POF在10G以上的传输是以GI-POF为主。2006年的美国OFC展会，Chromis Fiberoptics 提出了“POF FOR 10G”的方案， 认为塑料光纤用于10G通信具有收发器功耗低、线缆尺寸小、连接便捷、对电磁干扰免疫等优点，与铜线系统相比具有明显优势。

2007年OFC展会上，美国乔治亚理工学院的研究人员展示了40G的POF传输系统，使用了200m 芯径50μm的GI PF-POF[20]。2017年，在第26次国际塑料光纤会议（POF2017）上，德国哈茨应用科学大学的研究人员提出了一个四通道的WDM系统，在GI-POF上实现了超过50米的50 Gb/s传输[21]。

2012年，R. Koruglv, J.等人采用蓝色和绿色激光二极管的光源，第一次在SI-POF上通过WDM—POF系统实现了50米、10.7 Gb/s数据传输[22]，展示了SI-POF的传输潜力。

参考文献

[1] IEC 60793-2-40.

[2] GEPOF for Home NetworkingEugene (Yuxin) DAI PhD，IEEE 802.3 Interim MeetingGigabit Ethernet over POF Study Group.

[3] 明海等．聚合物光纤及其应用[J]．中国计量学院学报，2001,12(2):56.

[4] What is POF?，KDPOF公司资料.

[5] POF-PLUS资料.

[6] YD/T 1447-2013 通信用塑料光纤.

[7] Handbook of the European POF-PLUS Project，2008 - 2011.

[8] Firecomms公司资料.

[9] Avago公司资料.

[10] 680nm Communications Grade VCSEL，Vixar公司资料.

[11] IEEE Publishes Standard Amendment for 1000 Mb/s Ethernet Operation Over Plastic Optical Fiber，http://standards.ieee.org/news/2017/ieee_802.3bv.html.

[12] About HomeGrid Forum，http://www.homegridforum.org.

[13] Teleconnect Selects Marvell's G.hn Silicon to Power Optical Home Networks，http://www.marvell.com/company/news/pressDetail.do?releaseID=3362.

[14] ETSI TS105175-1-1 V1.1.1 (2015-10).

[15] IEEE 802.3bv工作组资料.

[16] POF-PLUS Public-Final-Report.

[17] Telefonica pioneers plastic optical fibre for home networks，https://www.fibre-systems.com/news/telefonica-pioneers-plastic-optical-fibre-home-networks.

[18] KDPOF Equips Electric Cars with Optical Connectivity，KDPOF公司资料.

[19] POF- smart solutions for automation technology，Bernd Horrmeyer,，Phoenix.

[20] 40 Gbps Links using Plastic Optical Fiber，Arup Polley ，Rohan J. Gandhi ，Stephen E. Ralph，2007 Conference on Optical Fiber Communication and the National Fiber Optic Engineers Conference.

[21] POF over WDM - beyond the dispersion limit，U.H.P. Fischer1, S. Höll2, M. Haupt1, M. Joncic1，POF 2017.

[22] 10.7-Gb/s discrete multitone transmission over 50-m SI-POF based on WDM Technology，IEEE Photonics Technology Letters，September 2012，R. Koruglv, J. Vinogradov, O. Ziemann, S. Loquai, C.-A. Bunge, Member, IEEE.

作者简介

王亚辉　1987 年毕业于北京化工大学，塑料机械设计专业，高级工程师。

1987～2006年在中石化北京燕山石化公司树脂应用研究所，从事高分子材料及塑料应用研究，承担和参与的中石化级和燕山石化公司级课题几十项，具有丰富的新产品开发经验。承担过“PS塑料光纤料的开发”等多项课题。

2007～2008年，任深圳大圣光电技术有限公司总工程师。

2009～2013年，任深圳市中技源专利城有限公司总经理。

2014～2016年，任重庆世纪之光科技实业有限公司总经理。

2017年至今，任世纪之光新材料研究开发有限公司总经理。

王曰海

硅基光子学器件的技术进展

王曰海 浙江大学信息与电子工程学院

摘 要：硅基光子学器件具有体积小、工艺兼容、集成度高等技术优势，在高速光通信、光传感与探测、处理等领域有着重要的应用价值。本文从工艺、光源、调制器、探测器等方面对硅基光子器件的技术发展进行了综述。

关键词：硅基光子学，激光器，调制器，探测器

硅基光学的研究可以追溯到20世纪80年代[1]，受限于当时制作工艺，硅基光学的发展十分缓慢。近10多年来，随着人们对于通信带宽的需求急剧增长以及工艺的逐渐成熟，该领域呈现出爆炸式增长。如今，硅基光子在诸多运用领域包括数据中心、高性能计算和传感起着革命性的作用。光电子集成回路技术在不久未来将在全球范围内对移动设备（手机、平板）的高速通信，电脑内部和数据中心内部的光通信，传感器系统和医疗运用方面起重要作用[2]。

如今，硅基光子就像20世纪70年代微电子一样，其正处于前期扩张阶段，但是硅基光子学芯片制作方面存在一个巨大的优势：大规模生产且高度可控微电子芯片的硅代工厂已经存在。在微电子行业中已经存在硅基光子所需要的微细加工设备。硅基光子正处于重要的转变时期，全世界的学术圈和工业圈可以通过诸多代工厂（欧洲的微电子中心IMEC和新加坡的微电子研究所IME等）提供的MPW服务使用硅光子工艺。幸运的是，除了硅基光源，硅材料在合理的竞争水平上可以实现所有关键的光学功能元器件。也因此，硅基光学近年来成为热门的研究方向之一。

目前，随着硅基光学制作工艺的开发，复杂的硅基光学器件及系统出现了越来越多的运用，其中最常见的是数据通信、光互连和集成光学传感[3]-[4]。针对短距离的大带宽数字通信以及针对长距离的复杂调制方案和相干通信等。除了数据通信，其他最具有前景的硅基光学运用包括：生物传感[5]，成像[6]，信号处理[7]等。这些运用均是由基本的功能器件构成，包含有光发射、光调制、光探测等有源功能器件，也包括对光进行探测与测距（LIDAR，Light Detection And Ranging）、处理等无源功能器件。

SOI平台可以实现近乎完整的光学器件库，包括光学相控阵，波分复用/解复用器、偏振分束器等无源器件。但是硅材料间接带隙的缺点使得高效率电泵浦的实现变得十

分困难。目前成熟的方案是将外置激光器用光纤通过光栅耦合或者端面耦合将光输入到硅芯片上。为了在硅芯片上实现电泵浦光源，目前主要有3种较具有前景的方式：掺铒硅基激光器[8]-[10]、锗硅（Ge-Si）激光器[11]-[13]和基于III-V族硅基激光器[14]-[16]。3种方式实现的硅基发光，最有效的方法是将III-V族材料置于硅材料上。具体来说有3种方式，第一种方法是将III-V族芯片通过粗对准的方式键合到硅芯片上，然后在硅芯片尺寸下精对准。第二种方式是在硅上直接外延生长III-V族材料。第三种方式一般来说是前两种方式的结合，在硅上生长出III-V族材料，然后在SOI芯片上制作出激光器以便于和波导实现高效率的耦合。硅上直接生长III-V族材料的问题在于由于晶格和热失配会导致位错[17]。量子点可以有效地减小位错，但是量子点激光器的寿命有限[18]。另外两种硅基上可实现发光的方法：硅锗应变工程[19]和掺杂稀土离子[20]。但是这些方法在制作高性能的激光器方面依然存在很大的挑战。

目前，激光器的运用主要集中在光互连和光通信。根据运用的不同，对激光器提出的要求也不同。对于光互连运用场景，激光器关键的3个指标是带宽、能耗和延迟。光学链路已经完成远距离的电通信，不久将来，当芯片上电互连不能满足日益增长的大通信容量需求时，光互连将成为芯片上实现互联的首选。工业化的目标是光互连整个系统的功耗在100fJ/bit左右，其中光源的功耗在10-20fJ/bit[21]-[22]。微环激光器因其尺寸小、功耗低并可实现大规模集成引起人们的关注[23]。在光通信领域，窄线宽激光器在现代光通信中变得尤为重要。传统III-V族激光器的线宽为MHz范围，近年来研究人员通过优化谐振器和增益区域实现从亚MHz到最终的约100kHz[24]。但是在未来硅基集成光学发展中，激光器在功耗和高温工作方面依然存在很多挑战。

光学调制器是光学集成链路中重要组成部分，电学信号需要经过调制器将信息加载到光域上。但是硅材料的电光效应较弱，并非理想的传统光学调制器材料。早期的基于热光效应[25]和微机械系统（MEMS，Micro-Electro-Mechanical System）[26]技术的光学调制器，但是这类调制器的调制速率较低。等离子色散效应[27]被提出来实现高速调制，该效应利用波导中自由载流子浓度的改变导致硅材料有效折射率和损耗系数对应的改变从而实现对光的调制。前期，研究人员通过载流子注入方式[28]，实现的调制器速度限于几十Mb/s。后来，载流子累积型[29]和耗尽型[30]结构被提出，硅基调制器的速度提升到56Gb/s以上。在硅基平台上引入较强电光效应材料也可实现高速率调制器[31]，典型的材料有：SiGe、石墨烯、有机物和III-V化合物。虽然这些材料实现的调制器性能优异，缺点是与CMOS工艺不兼容。通过硅波导应变引入普克尔效应需要较高的驱动电压才能获得较好的调制性能。在5G时代，面向骨干网的400G光收发阵列芯片成了研究重点。

光学探测器是近红外波段的光通信系统重要组成元器件。为了实现片上集成光学系统，片上集成型硅基光学探测器需要在带宽、功耗和损耗方面有突出的性能表现。然而硅材料在红外波段（波长λ>1.1 μm）是透明传输，其对光吸收很弱。为了实现硅基光探测器，双光子吸收效应通过选择性离子注入引入晶格缺陷可以使得硅材料的吸收波长延伸到1550nm波段[32]，然而此类方法需要较高的反向偏置电压，并且响应度有限。基于Ⅲ-Ⅴ族材料的光探测器可以被混合集成到硅材料上实现性能较好的光探测器，但是它并非CMOS兼容工艺，工艺复杂，成本较高。此外，利用离子注入方式在硅禁带中引入缺陷能级以增强硅在通讯波段对光的吸收。硅材料晶格中因为离子注入会形成间隙集群和双空位的缺陷态，这些缺陷态会在硅的禁带中形成缺陷能级，从而使得通讯波段的光子可将电子从价带激发到导带中。较有代表性的工作是MIT的Lyszczarz课题组通过Si+注入硅波导中引入缺陷态，器件在反偏电压20V时的响应度为0.8A/W[33]。

迄今为止，无源光学器件设计占据了90%以上硅基光子学的相关学术研究。硅基光子学器件设计的核心目标就是在硅材料上获得性能最好，适用于不同场景的各类功能器件。如在相控阵领域，电磁相控阵在无线电频段形成了众多运用，包括通信、雷达、广播和天文学，但电学移相器存在波束偏斜效应等限制。由于在光学波段，器件的尺寸将显著减小，人们一直寻求在光波段实现相控阵。基于光学相控阵的激光雷达的性能可以得到大幅提升。基于硅基光波导的片上集成型光学相控阵技术因具有诸多优势近年来成为研究热点[34]。

基于硅基波导的集成光学借助于CMOS工艺得到快速发展，但是由于SOI平台的高折射率差所产生的结构双折射问题使得大部分光学器件只能工作在单偏振态下。如果偏振不匹配，随之引起的偏振依赖损耗、偏振模式色散和一些偏振相关的波长特性，会严重影响器件的正常使用。因此硅基片上系统的偏振问题亟须解决。为了进一步减小光学系统的体积，将偏振控制器集成在光学芯片上已成为主流，设计上只需要将偏振分束和旋转功能用单个光学器件-偏振旋转分束器（PRS, polarization rotator-splitter）代替即可。在典型的偏振控制器实现中，输入任意偏振态的光信号可以分解成TE和TM两部分，经过第一个PRS之后，输入光信号中的TM分量将被转换为TE模式。TE分量保持不变。后一级由两个3dB耦合器组成的马赫-曾德尔干涉仪（MZI，Mach-Zehnder Interferometer），通过控制两个热电极实现对两个偏振态模式分量的调节。后一级MZI实现对两个模式之间的相位进行补偿。最终再经过PRS合成所需要偏振态的光信号。能够实现对输入光信号偏振态自动调节的硅基光学自偏振接收机将成为研究方向[35]。

在5G与人工智能发展的信息时代背景下，借助于硅基光子学在高速、高集成度等方面的优势，必将成为未来信息领域的核心技术之一。

参考文献

[1] A. Shacham, K. Bergman and L. P. Carloni, "Photonic Networks-on-Chip for Future Generations of Chip Multiprocessors," IEEE Transactions on Computers, vol. 57, (9), pp. 1246-1260, 2008.

[2] K. A. Shore, "Handbook of silicon photonics, edited by Laurent Vivien and Lorenzo Pavesi:

Scope: handbook, monograph, reference. Level: researchers, early career researchers, engineers," Contemporary Physics, vol. 57, (2), pp. 260-261, 2016.

[3] F. Dell'Olio and V. M. N. Passaro, "Optical sensing by optimized silicon slot waveguides," Optics Express, vol. 15, (8), pp. 4977-4993, 2007.

[4] C. Gunn, "CMOS Photonics for High-Speed Interconnects," IEEE Micro, vol. 26, (2), pp. 58-66, 2006.

[5] M. Iqbal et al, "Label-Free Biosensor Arrays Based on Silicon Ring Resonators and High-Speed Optical Scanning Instrumentation," IEEE Journal of Selected Topics in Quantum Electronics, vol. 16, (3), pp. 654-661, 2010.

[6] M. Hafezi et al, "Imaging topological edge states in silicon photonics," Nature Photonics, vol. 7, (12), pp. 1001-1005, 2013.

[7] M. Burla et al, "Integrated waveguide Bragg gratings for microwave photonics signal processing," Optics Express, vol. 21, (21), pp. 25120-25147, 2013.

[8] G. Franzo et al, "Sensitizing properties of amorphous Si clusters on the 1.54-mu m luminescence of Er in Si-rich SiO2," Applied Physics Letters, vol. 82, (22), pp. 3871-3873, 2003.

[9] S. Yerci, R. Li and L. Dal Negro, "Electroluminescence from Er-doped Si-rich silicon nitride light emitting diodes," Applied Physics Letters, vol. 97, (8), pp. 81109, 2010.

[10] M. Miritello et al, "Efficient luminescence and energy transfer in erbium silicate thin films," Advanced Materials, vol. 19, (12), pp. 1582-1588, 2007.

[11] J. Liu et al, "Ge-on-Si laser operating at room temperature," Optics Letters, vol. 35, (5), pp. 679-681, 2010.

[12] R. E. Camacho-Aguilera et al, "An electrically pumped Germanium laser," Optics Express, vol. 20, (10), pp. 11316-11320, 2012.

[13] G. He and H. A. Atwater, "Interband transitions in SnxGe1-x alloys," Physical Review Letters, vol. 79, (10), pp. 1937-1940, 1997.

[14] H. Park et al, "Hybrid silicon evanescent laser fabricated with a silicon waveguide and III-V offset quantum well," Optics Express, vol. 13, (23), pp. 9460-9464, 2005.

[15] X. Sun et al, "Electrically pumped hybrid evanescent Si/InGaAsP lasers," Optics Letters, vol. 34, (9), pp. 1345-1347, 2009.

[16] K. Tanabe, K. Watanabe and Y. Arakawa, "III-V/Si hybrid photonic devices by direct fusion bonding," Scientific Reports, vol. 2, pp. 349, 2012.

[17] T. Mårtensson et al, "Epitaxial III-V nanowires on silicon," Nano Letters, vol. 4, (10), pp. 1987-1990, 2004.

[18] A. Y. Liu et al, "Reliability of InAs/GaAs Quantum Dot Lasers Epitaxially Grown on Silicon," IEEE Journal of Selected Topics in Quantum Electronics, vol. 21, (6), pp. 1-8, 2015.

[19] X. Sun et al, "Toward a Germanium Laser for Integrated Silicon Photonics," IEEE Journal of Selected Topics in Quantum Electronics, vol. 16, (1), pp. 124-131, 2010.

[20] A. J. Steckl, J. H. Park and J. M. Zavada, "Prospects for rare earth doped GaN lasers on Si," Materials Today, vol. 10, (7), pp. 20-27, 2007.

[21] L. Chrostowski, M. Hochberg, Silicon photonics design: from devices to systems. Cambridge

University Press; 2015.

[22] M. J. R. Heck and J. E. Bowers, "Energy Efficient and Energy Proportional Optical Interconnects for Multi-Core Processors: Driving the Need for On-Chip Sources," IEEE Journal of Selected Topics in Quantum Electronics, vol. 20, (4), pp. 332-343, 2014.

[23] M. M. Hill et al, "A fast low-power optical memory based on coupled micro-ring lasers," Nature, vol. 432, (7014), pp. 206-209, 2004.

[24] T. Komljenovic et al, "Widely Tunable Narrow-Linewidth Monolithically Integrated External-Cavity Semiconductor Lasers," IEEE Journal of Selected Topics in Quantum Electronics, vol. 21, (6), pp. 1-9, 2015.

[25] A. Masood et al, "Comparison of heater architectures for thermal control of silicon photonic circuits," in 2013, . DOI: 10.1109/Group4.2013.6644437.

[26] W. Chiu et al, "Optical phase modulators using deformable waveguides actuated by micro-electro-mechanical systems," Optics Letters, vol. 36, (7), pp. 1089-1091, 2011.

[27] L. Liao et al, "40 Gbit/s silicon optical modulator for high-speed applications," Electronics Letters, vol. 43, (22), pp. 51-52, 2009.

[28] Q. Xu et al, "12.5 Gbit/s carrier-injection-based silicon micro-ring silicon modulators," Optics Express, vol. 15, (2), pp. 430-436, 2007.

[29] V. J. Sorger et al, "Ultra-compact silicon nanophotonic modulator with broadband response," Nanophotonics, vol. 1, (1), pp. 17-22, 2012.

[30] A. Liu et al, "High-speed optical modulation based on carrier depletion in a silicon waveguide," Optics Express, vol. 15, (2), pp. 660-668, 2007.

[31] G. Mashanovich et al, "Silicon optical modulators," Nature Photonics, vol. 4, (8), pp. 518-526, 2010.

[32] J. K. Doylend, P. E. Jessop and A. P. Knights, "Silicon photonic resonator-enhanced defect-mediated photodiode for sub-bandgap detection," Optics Express, vol. 18, (14), pp. 14671, 2010.

[33] M. W. Geis et al, "CMOS-Compatible All-Si High-Speed Waveguide Photodiodes With High Responsivity in Near-Infrared Communication Band," IEEE Photonics Technology Letters, vol. 19, (3), pp. 152-154, 2007.

[34] K. Van Acoleyen et al, "Off-chip beam steering with a one-dimensional optical phased array on silicon-on-insulator," Optics Letters, vol. 34, (9), pp. 1477, 2009.

[35] M. Ma, M. Kyle, M. Ye, et al. “Silicon Photonic Polarization Receiver with Automated Stabilization for Arbitrary Input Polarizations,” 2016 Conference on Lasers and Electro-Optics, CLEO 2016.

作者简介

王曰海　浙江大学信息与电子工程学院，博士，从事硅光信号处理方面的研究工作，参加国家重点研发计划、自然基金、国际横向以及企事业单位委托项目多项，发表相关SCI论文20余篇。

安俊明

阵列波导光栅（AWG）芯片技术发展

安俊明　张家顺　王亮亮　吴远大　尹小杰　王　玥　胡雄伟
中国科学院半导体研究所
河南仕佳光子科技股份有限公司

摘　要： 自从1989年荷兰delft大学Smit教授提出阵列波导光栅原始模型以来，以硅基二氧化硅材料为典型代表的AWG在输出通道数、波导折射率差方面不断取得进步，阵列波导光栅（AWG）已成为骨干及城域网中核心的波分复用解复用芯片。近年来，由于数据中心及无线移动5G的发展，波分技术继续下沉到用户终端，对AWG结构提出新的要求。本文系统讲述了AWG的发展历史及未来新的应用。

关键词： 阵列波导光栅，光无源芯片，数据中心，无线移动，集成芯片

一、前言

波分复用技术是在一根光纤中同时传输多波长光信号的一项技术，波分复用技术主要集中在光纤传输的C波段，每个波长之间的间隔为1.6nm、0.8nm或更低，称之为密集波分复用，即DWDM。其主要特点为：充分利用光纤的巨大带宽资源，大力提升通信容量，在EDFA可放大的C波段35nm的范围内，若以信道间隔0.8nm，则有40多个波长的传输能力，进一步扩展到S波段和L波段，可得到更多的通信信道，DWDM技术是最有能力将通信容量提高到Tb/s的技术。

在WDM传输系统中，波分复用/解复用器是其核心器件。它在发送端将完成合波任务，在接收端完成分波。制作光波分复用器的技术有很多，较为实用的有薄膜干涉滤光片法、衍射光栅法等。衍射光栅法又可分为光纤光栅、刻蚀衍射光栅和阵列波导光栅法，其中是阵列波导光栅(AWG)，由于其结构具有复用/解复用双向对称功能，复用/解复用通道几乎不受限制等优点，是大端口数复用/解复用器的最佳选择。

阵列波导光栅是最为诱人的波分复用/解复用器，由输入波导、输入/输出平板波导、阵列波导和输出波导构成。当含有多个波长的光信号由输入波导进入输入平板波导区，由于不存在光学的横向限制，光在平板波导区衍射；在输入平板波导区的末端衍射场耦合进入阵列波导并传输，由于相邻阵列波导存在长度差，因此到达输出平板波导区时阵列波导中不同的光波信号产生不同的相位差，最后聚焦在输出平板波导不同的位置，完成解复用功能。按照光学的可逆性，不同波长的信号从不同输出波导输入时，将会聚在同一输入波导输出实现复用功能。AWG具有小的波长间隔、大的信道

数、高的分辨率和易于集成等优点，特别适合于超高速、大容量的DWDM系统使用，这是其他器件无法比拟的。

AWG的最初原形来源于Delft大学M.K.Smit在1988年提出的相移(Phaser)阵列,与此同时日本NTT公司H.Takahashi等学者也进行了相关的硅基二氧化硅相移器研究，并将其重新命名为阵列波导光栅(Arrayed waveguide grating)，他们于1990年报道了1.3m的长波长AWG，测试结果其波长间隔为0.63nm。1992年，H.Takahashi等学者报道了中心波长1.55m、波长间隔0.08nm、11通道的硅基二氧化硅AWG，这一结构将阵列波导与输入、输出波导通过平板波导恰当地连接起来，实现了在硅衬底上单片集成的完整的具有波分复用与解复用功能的AWG，但这一结构奠定了以后流行于光通信无源器件中最为诱人的波分复用/解复用器的模型。之后，AWG的研制进入了一个飞速发展的阶段，从材料方面，研究者使用了Si基SiO_2、 InP、SOI、聚合物等。

二、 硅基二氧化硅阵列波导光栅制备技术

硅基二氧化硅AWG由于具有低损耗、低成本、大通道数、易于集成等优点，以日本NTT为代表的研究人员对其进行了广泛深入的研究。从材料制备上目前制备厚膜二氧化硅的主流工艺是火焰水解法（FHD）、等离子增强化学气相沉积法（PECVD）、高温氧化法和高压氧化法。波导的上下包层和芯区都可以用FHD法或PE-CVD法制备，而高温氧化法和高压氧化法只能制备波导的下包层。

高温氧化法和高压氧化法主要的优点在于制备的二氧化硅层的厚度和折射率均匀，而且在硅片的上下表面都形成等厚度的二氧化硅层，可以防止硅片由热应力产生的翘曲，适用于大批量生产。高温氧化法的主要缺点是氧化时间长。而高压氧化法是在高温、高压的环境下发生反应，可以克服这一缺点。目前许多公司和研究机构结合其中的几种方法制造二氧化硅波导器件。

FHD法是目前制备硅基二氧化硅AWG的主要方法，被大多数公司和研究机构采用，如日本的NTT公司和韩国的WOORIRO、PPI公司。用FHD法制备硅基平面光学回路（PLC）由NTT首次报道，四氯化硅和掺杂剂的氯化物在氢氧焰加热下水解，生成掺杂的二氧化硅。用FHD法淀积的SiO_2膜是由直径为几百纳米的小球堆积而成，结构疏松，不透明。需将该SiO_2膜在1000℃～1300℃熔融固化，形成透明膜。为了降低固化温度和调节二氧化硅层的折射率，在淀积薄膜时，需要掺入一定量B和P。FHD法的优点是沉积速度快，能在数几分钟内沉积数微米到数十微米厚的二氧化硅膜，可以获得损耗极低（0.01dB/㎝）的SiO_2波导。

PECVD法使用硅烷和笑气(N_20)作为反应气，生成SiO_2。薄膜的掺杂是通过加入一定比例的磷烷和硼烷实现，也可以通过改变薄膜中N元素的含量实现。与FHD法相比，PECVD法淀积温度较低，甚至可以在室温下生长二氧化硅膜。CVD法的另一优点是工艺成熟，与硅光电子制造工艺兼容，CVD法的缺点是淀积速度较慢。

用于DWDM硅基二氧化硅AWG已非常成熟，以日本NTT公司为主流，该公司先后研制成功了从8通道直至512通道的单片硅基二氧化硅AWG。级联的AWG目前已有1080通道和4200通道的报道。通道间隔从100GHz减小到1GHz。同时，研究者在减小插入损耗、串扰、改善温度稳定性、偏振相关性等方面进行了研究，硅基二氧化硅波导折射率差也由0.75%上升到了1.5%～2.5%。现在欧美、日韩等多家公司可提供成熟的AWG商用芯片，实用的48和96通道DWDM硅基二氧化硅AWG其损耗小于4.5dB，相邻串扰小于-25dB，非相邻串扰小于-30dB，偏振相关损耗小于0.35dB。

三、我国AWG芯片发展

20世纪末，我国在科技部及国家基金委项目的资助下，对硅基二氧化硅AWG芯片技术开展了系统性的研究，从芯片设计、硅基二氧化硅波导材料生长、刻蚀等方面取得了突破。武汉光迅科技在国内率先实现了AWG芯片产业化，2013年，通过收购丹麦IPX(Ignis Photonyx A/S)公司，实现了AWG芯片规模化生产，近年来基于高折射率差的平台，成功开发出了96波AWG芯片及模块，这样芯片尺寸可以缩小，更有利于模块产品的小型化和集成化，其全球市场份额已经进入前三。同时，在AWG低成本耦合封装方面也取得了显著成果，我国AWG模块在国际市场上占有较大的比例。

中国科学院半导体研究所也是较早从事开发AWG芯片的研究机构，近年来，通过与河南仕佳光子科技股份有限公司合作，基于河南仕佳光子PLC工艺平台，采用PECVD生长二氧化硅，ICP干法刻蚀技术，在国内自主开发出了48通道DWDM AWG芯片，其性能与国外芯片一致，同时也开发了应用于数据中心的4通道高折射率差O波段4通道CWDM 和LAN WDM AWG芯片，这几种芯片都已实现批量生产。

四、未来AWG芯片发展趋势

随着数据中心及下一代移动通信5G的发展，对AWG芯片提出了新的要求。需要对已有骨干及城域网中DWDM AWG芯片结构及性能参数进行优化和调整，以适应未来新的应用场景。

（一）数据中心中AWG芯片与激光器阵列、探测器阵列集成

在数据中心建设中，2018年4×25 Gbps光模块年需求量达500万支，未来将需要8×50 Gbps以及4x100Gbps更高速率的集成发射、接收组件。这一方面需要突破25Gbps及 50Gbps激光器阵列和探测器阵列芯片技术，另一方面需要开发结构紧凑、低成本多波长集成芯片和组件技术。基于自由空间滤波片分立器件集成、PLC硅基二氧化硅波分复用器混合集成、InP基单片集成及硅光子技术都将得到应用。PLC硅基二氧化硅AWG作为复用解复用芯片，在集成中损耗适中，且不会随通道数增加，硅基二氧化硅波分复用器芯片成熟、成本较低，在成本控制要求苛刻的数据中心中会有一席之地；InP基单片集成技术，省去了有源-无源耦合环节，但需要在同一衬底上进行多次的材

料生长、对接，同时实现波长的准确控制。存在成品率低、无源复用器损耗大及大面积InP无源芯片成本高等问题。硅光子基于成熟的CMOS平台，在高速调制器阵列、Ge探测器阵列方面具有大规模生产的优势，其解复用部分也采用了硅基二氧化硅AWG芯片，以Intel为代表的多家公司开展基于硅光子技术的发射及接收集成芯片、组件研究及产品开发，发展潜力巨大。

（二）热不敏感低成本AWG芯片

密集波分复用阵列波导光栅（AWG）芯片热敏感，输出波长随温度漂移，目前主要采用温度控制（有热型）和机械补偿（无热型）两种封装形式克服AWG温度漂移问题。商业级AWG应用工作温度范围为0℃75℃，在未来WDM-PON网络乃至5G解决方案中，AWG工作温度范围需求进一步提升至工业级的-40 ℃ 85℃，对有热、无热封装提出更苛刻要求，我国目前仅有热敏感的AWG芯片，还没有开发出芯片级热不敏感AWG，对芯片级无热AWG要求也进一步提高。

（三）循环型AWG芯片

2014年中国联通牵头启动了G.metro标准化工作，国内外主流运营商、设备商和芯片模块供应商积极参与，2018年2月9日，在日内瓦举行的ITU-T SG15全会上，中国联通牵头制定的ITU-T G.698.4标准（前 G.metro）正式通过，标志着城域WDM技术从标准逐步走向实际应用。G.metro标准里，定义的100GHz、20通道循环型AWG波长方案，上行和下载波段采用6个通道波长保护带间隔开。标准中还提出采用50GHz波长间隔，则需要40通道循环AWG，下一版本预计支持80波。G. 698.4标准发布将会进一步加速新型AWG芯片及模块的产业化和商用，作为5G前传和中传承载的技术之一，将会为5G承载网的规模部署提供实用可靠、低成本的实施方案。

五、总结

AWG 芯片自smit教授提出以来，经过近20年的发展，已成为波分复用解复用技术中的核心芯片，在段骨干及城域网中，C波段48通道 、100GHz及96通道、100GHz AWG芯片得到广泛使用，二氧化硅波导折射率差也由原来的0.75%提高到了1.5%，芯片尺寸进一步减小。近年来，随着数据中心快速发展，高折射率差O波段、4通道AWG在4x25Gbps集成组件中批量使用。展望未来，随着5G移动通信布置，WDM形式的前传中将使用新型的循环型AWG芯片。作为全球规模最大的互联网应用国家，不仅是全球AWG封装模块基地，而且要成为系列AWG芯片研发和产业基地，以提高我国光通信核心竞争力，保障我国信息安全。

参考文献

（略）

作者简介

安俊明　博士，研究员，博士研究生导师。1992年、1998年和2004年分别在内蒙古大学、大连理工大学和中国科学院半导体研究所获得学士、硕士和博士学位，2006年7月博士后出站。“国家百千万人才工程”入选人员，并荣获“有突出贡献中青年专家”荣誉称号，享受国务院特殊津贴。

主持科技部重点研发计划及“863”3项，国家自然科学基金面上项目2项，发表论文70余篇，授权专利10项。长期从事AWG及光电混合集成芯片研究，积极开展了PLC光分路器、SiO2 AWG及VOA等PLC无源芯片产业化推广。曾获中国科学院科技促进发展一等奖、河南省科学技术进步一等奖、国家科技进步二等奖。

诸葛群碧

数据中心光互连技术发展与趋势

诸葛群碧　胡卫生
上海交通大学电子工程系

摘　要： 本文简要介绍了当前400G光模块的技术发展和标准制定，其中包括基于PAM4的直调直检光模块和基于双偏振16QAM的相干光模块。前者主要应用于≤10公里的数据中心光互连（DCI），而后者主要应用于100公里左右的DCI场景。此外，本文也简要介绍了下一代T比特光模块的主要研究方向和技术路线。

关键词： 数据中心光互连，光模块，直调直检，相干探测，多维调制，数字信号处理

随着移动互联网、云服务、高清视频和大数据等网络应用的高速发展，全球通信流量在过去的10年间呈爆发式增长。在可预见的未来，随着5G、物联网、增强/虚拟现实、人工智能和无人驾驶等新型应用的逐渐成熟和市场化，这种指数级增长趋势将继续保持。其中，数据中心通信流量的增长尤为突出。根据思科白皮书[1]的最新预测，数据中心的通信流量将在未来几年内达到近25%的复合年增长率，并于2021年达到20.6 ZB，其中超大规模（hyperscale）数据中心在2021年将占据近55%的数据中心数据流量。值得指出的是，在城域建设分布式的数据中心并通过超高速和低延迟光互连组建成虚拟超大规模数据中心是未来发展的一大趋势。数据中心光互连（DCI）的技术核心为高速可插拔光模块。根据DCI传输距离的不同，光模块的设计与实现需要采用不同的传输技术和标准。本文主要介绍近期400G光模块的商用化发展和下一代T比特光模块的技术探索。

一、400G直调直检光模块

观察过去的发展历程，基于可插拔光模块的面板容量密度每7年提升10倍，能量效率每10年提升10倍，均保持着高速增长[2]。为了进一步提升光模块的容量，我们可以探索以下3个维度：符号率、通道数和调制阶数。首先，提升符号率是在保持当前架构和成本的基础上提升传输速率最有效的方法。但是由于光电子器件带宽的增长相对缓慢，进一步提升符号率已经遇到一定的瓶颈。目前商用直调激光器（DML）的带宽极限为20到25GHz，电吸收调制激光器（EML）和马赫曾德尔调制器（MZM）的带宽极限为30到40GHz。基于这些器件，实现>50Gbaud的PAM4系统已经需要引入较强的数字

信号处理（DSP）来解决带宽受限产生的码间串扰。不过随着7nm CMOS工艺的成熟，DSP的功耗可以进一步降低以满足光模块对低功耗的需求。其次，增加通道数是提升光模块速率最直接的办法。但是，增加通道数要求使用更多的光电子器件，这会大幅增加模块成本，而解决成本问题的关键在于光电子集成技术的发展。最后，提升调制阶数（比如从NRZ到PAM4）可在相同带宽的光电子器件基础上大幅提升速率，其代价是系统灵敏度将大幅降低。目前，PAM4的技术已经相对成熟，而业界普遍认为短期内PAM8产品化的可能性较小。

基于4×25Gb/s（NRZ调制格式）的100G光模块已于2016年起实现大规模商用。随后，业界开始专注于400G光模块的标准制定和产品化，并预计于2018年下半年开始大规模商用。目前发布的400G产品主要基于8×50Gb/s的技术方案，采用PAM4调制格式，可使用与100G模块（4×25Gb/s）相同带宽的低成本光电子器件。同时，业界在积极推动4×100Gb/s光模块的产品化以进一步降低成本，但是由于器件带宽的受限，需要引入DSP算法（主要为FFE和DFE）来解决码间串扰的问题。100G光模块的封装通常是QSFP28，尺寸大小为72.4×18.4×8.5mm，功耗不大于3.5W。400G光模块封装的主要选择包括：1）CFP8，尺寸大小为102×40×9.5mm；2）OSFP，尺寸大小为107.8×22.6×9mm；3）QSFP-DD，尺寸大小为75.85×18.35×8.5mm。以上封装的功耗均需小于16W。另外，COBO的封装形式也在讨论中。表1总结了当前400G光模块的主要IEEE标准。

表1　400G光模块IEEE标准

400Gbase-	传输距离	光纤种类	技术方案	标准
LR8	10km	SMF	8×50G PAM4	802.3bs
LR4	10km	SMF	4×100G PAM4	MSA
FR8	2km	SMF	8×50G PAM4	802.3bs
FR4	2km	SMF	4×100G PAM4	MSA
DR4	500m	P-SMF	4×100G PAM4	802.3bs
SR8	100m	MMF	8×50G PAM4	802.3cd

二、400G相干光模块

在100公里左右的城域DCI应用场景中，目前已经商用化的一种解决方案是100G（2×50Gb/s）QSFP28光模块，其基于直调直检PAM4，采用硅光集成芯片和28nm数字信号处理芯片，单模块功耗低于4.5W。在密集波分复用的系统中可支持单根光纤40通道的传输，总容量为4T，传输距离可达80公里。但由于直调直检系统不能在电域或数字域进行色散补偿，链路中需增加一个光色散补偿模块。

在下一代城域DCI中，目前的主流方案是低成本大容量相干系统。OIF于2016年启动了400G ZR标准的制定，将采用64Gbaud 16QAM的相干调制格式，通过简化DSP算法（含数字色散补偿）并采用7nm的CMOS工艺，使模块的功耗低于15W。该模块将支持不小于120公里的传输和16T的单根光纤总容量，预计采用QSFP-DD或OSFP的封装。400G ZR 前向纠错编码（FEC）的标准已经确定，将采用级联的Hamming和Staircase码。该FEC码的编码开销为14.8%，编码增益为10.8dB，与KP4码相比，编码增益增加3.9dB，从而将FEC误码率阈值从2.3×10-4提高到1.25×10-2。因此，系统的噪声容忍能力将大幅提升，可支持更长的传输距离和更低成本光电子器件的使用。与此同时，该FEC码的功耗约为KP4码的3倍，延迟约为其100倍。

三、T比特光模块的研究和探索

由于直调直检系统在单波速率上已经接近瓶颈，因此在该系统架构下实现下一代T比特级光模块将十分困难。目前，学术界和工业界都在积极探索新型的系统架构和传输技术以实现单波速率的大幅提升。

首先，当前的PAM系统仅调制了光的一个维度，而光信号本身具备4个维度，在相同的信号带宽下，单波速率与调制维度成正比。因此，目前的一个主流研究方向是在直检系统的架构下设计新型的多维调制和解调技术。其中，基于斯托克斯（Stokes）接收机的技术方案（SVDD）得到了广泛关注[3-5]。文章[3]提出了一种基于直检方案的二维调制系统。在该系统中，发射机将信号光和载波分别置于正交的光偏振态上，在接收端基于SVDD实现了自相干接收，实验演示了单波毛速率160Gb/s在160公里距离下的传输。文章[4]采用了双偏振PAM4的二维调制并采用SVDD对偏振进行解调，实现了单波毛速率224Gb/s信号的10公里传输。文章[5]通过在两个偏振方向上分别调制正交复用信号和PAM信号，实现了整个系统的三维调制，并实验演示了单波毛速率336Gb/s在80公里下的传输。另外，文章[6]提出了一种Kramers-Kronig（KK）直检算法，仅采用一个探测器可同时得到光信号的幅度和相位信息，支持二维调制和解调。最后，通过结合SVDD技术和KK算法，文章[7]首次实现了直检系统单波净速率400Gb/s在80公里下的传输。

此外，业界也展开了超低成本相干系统的探索。文章[8]针对DP-QPSK信号的相干接收和恢复提出了一种基于零差探测的相干接收机架构，采用模拟信号处理来实现偏振态恢复和载波相位恢复，免去了ADC和DSP的使用，可大幅降低相干系统的功耗和成本。对于56 Gbaud DP-QPSK的短距离传输，据估计，基于DSP和ADC的接收机功耗约为30W（28nm CMOS），而该文章提出的无DSP接收机的高速模拟电路功耗仅约4W（90nm CMOS）。文章[9]提出了一种可实现任意QAM信号传输的低成本相干系统架构。在该架构下，激光器发射出的光在发射机分成两束，一束进行双偏四维调制，另一束作为本振光，分别通过全双工光缆的两根光纤达到接收机做相干接收。文章实验演示了该系统单波400Gb/s速率的10公里传输。

参考文献

[1] Cisco Global Cloud Index: Forecast and Methodology, 2016–2021.

[2] X. Zhou, H. Liu, and R. Urata, "Datacenter optics: requirements, technologies, and trends," Chin. Opt. Lett. 15（5）, 120008- (2017).

[3] D. Che, A. Li, Q. Hu, Y. Wang, and W. Shieh, "Stokes vector direct detection for short-reach optical communication," Opt. Lett. 39(1), 3110-3113 (2014).

[4] M. Morsy-Osman, M. Chagnon, M. Poulin, S. Lessard, and D. V. Plant, "224-Gb/s 10-km transmission of PDM PAM-4 at 1.3 m using a single intensity-modulated laser and a direct-detection MIMO DSP- based receiver," J. Lightwave Technol. 33(7), 1417-1424 (2015).

[5] T. M. Hoang, M. Y. S. Sowailem, Q. Zhuge, M. Morsy-Osman, A. Samni, C. Paquet, S. Paquet, I. Woods, and D. V. Plant, "Enabling high-capacity long reach direct detection transmission with QAM-PAM Stokes vector modulation," J. Lightwave Technol. 36(2), 460-467 (2017).

[6] A. Mecozzi, C. Antonelli, and M. Shtaif, "Kramers-Kronig coherent receiver," Optica 3(11), 1220-1227 (2016).

[7] T. M. Hoang, M. Y. S. Sowailem, Q. Zhuge, Z. Xing, M. Morsy-Osman, E. El-Fiky, S. Fan, M. Xiang, and D. V. Plant, "Single wavelength 480 Gb/s direct detection over 80km SSMF enabled by Stokes Vector Kramers Kronig transceiver," Opt. Express 25(26), 33534-33542 (2017).

[8] J. K. Perin, A. Shastri and J. M. Kahn, "Design of low-power DSP-free coherent receivers for data center links," J. Lightwave Technol. 35(21) 4650-4662 (2017).

[9] M. Morsy-Osman, M. Sowailem, E. El-Fiky, T. Goodwill, T. Hoang, S. Lessard, and D. V. Plant, "DSP-free 'coherent-lite' transceiver for next generation single wavelength optical intra-datacenter interconnects," Opt. Express 26(7), 8890–8903 (2018).

作者简介

诸葛群碧　上海交通大学副教授，加拿大麦吉尔大学兼任教授（Adjunct Professor），Ciena公司加拿大研发总部高级工程师，麦吉尔大学博士。获OFC最佳学生论文和IEEE Photonics Society Graduate Student Fellowships等。担任OFC TPC委员等。

胡卫生

胡卫生　上海交通大学教授，主要从事光交换网络与光接入网的研究。获国家自然科学基金杰出青年科学基金，国务院政府特殊津贴，百千万人才工程，全国优秀博士学位论文导师等。先后担任区域光纤通信网与新型光通信系统国家重点实验室主任，电子工程系党总支书记等。

担任Optics Express等期刊编委，OFC等国际会议TPC委员等。参研成果获国家科技进步二等奖2项。

徐红春

我国混沌保密通信的发展

徐红春　王安帮　郭园园　王龙生
武汉电信器件有限公司
太原理工大学新型传感器与智能控制教育部重点实验室

摘　要：混沌激光保密通信是一种基于物理层的硬件加密技术，具有安全、高速、实时、传输距离长、与现有光纤通信系统兼容等优点。近年来得到各国相关研究机构的广泛关注，并取得突破性研究进展。本文简述了混沌保密通信的基本原理及实现的关键技术；总结了混沌保密通信的国内发展现状和水平；分析了混沌保密通信中存在的问题并展望了未来的发展趋势。

关键词：保密通信，混沌，混沌应用

一、引言

保密通信事关财产安全、国家安全，绝对安全的保密通信一直是人类追求的目标。

当前实现保密通信的主要手段是采用数字加密技术—公众密钥(public keys)，这是一种软件加密技术，随着计算机运算能力的不断提高，软件加密技术在理论上必然存在解码的可能。量子通信可以最终解决密钥分配问题，但目前亟待解决传输速率低和实用化技术障碍两大瓶颈。混沌同步的实现[1]，促成了混沌保密通信方案的提出[2]。混沌光保密通信是一种基于物理层的硬件加密技术，它采用混沌激光作为载波隐藏信息，可实现Gbps的高速保密通信。与现行的数字加密技术相比，混沌保密通信具有实现简单、高速和与现在广泛应用的光纤通信网络兼容等优势，对发展高速保密通信具有重要意义。

近20年来，人们对混沌光保密通信进行了大量的研究，并取得了一系列重要研究进展。其中最具标志性成果有：2005年在欧盟第五届科技框架计划OCCULT项目的资助下，德、法、英、意、西等七国研究者在雅典城实现基于光反馈半导体激光器的混沌激光保密城域网现场试验，实现速率1Gb/s、通信距离120km、误码率10^{-7}[3]。2008年第六届科技框架计划PICASSO项目研制了首个光子集成的混沌半导体激光器，2010年基于该集成混沌激光器实现2.5Gb/s、100km的混沌光通信[4]。同年，法国L. Larger教授等人在法国贝桑松实现了10Gb/s、100km混沌激光通信城域网试验[5]。

本文将简要介绍混沌光保密通信系统的原理及关键技术，总结了国内混沌保密通信研究现状，分析了混沌保密通信中存在的问题并展望了未来的发展趋势。

二、基本原理及关键技术

图1为混沌保密通信的原理示意图，它利用结构相同的一对接发机耦合产生相同的混沌载波（即混沌同步）。发射机输出的混沌信号作为载波，将待加密的信息被隐藏在混沌载波中，经光纤传输到达接收端。首先将信号分成两路，一路注入接收机，由于接收机具有对信息特有的滤波作用，使得注入信号中加载的信息被滤除，只输出与发射机同步的“混沌载波”。然后与另一路信号“混沌载波+信息”相减，即可恢复出所传输的信息。这样一来，由于信息隐藏在混沌载波中，在线路上的窃听者即使采集到信号，也无法产生同步的混沌载波，从而无法窃听到线路上传输的信息。

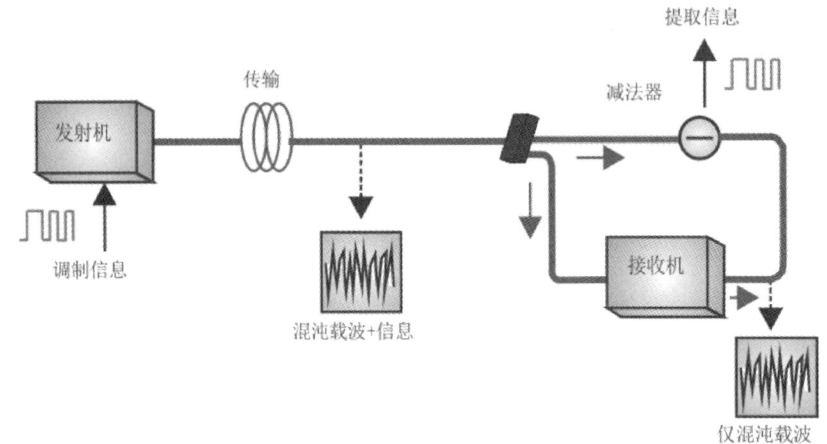

图1 混沌激光保密通信原理示意图

（一）混沌激光的产生

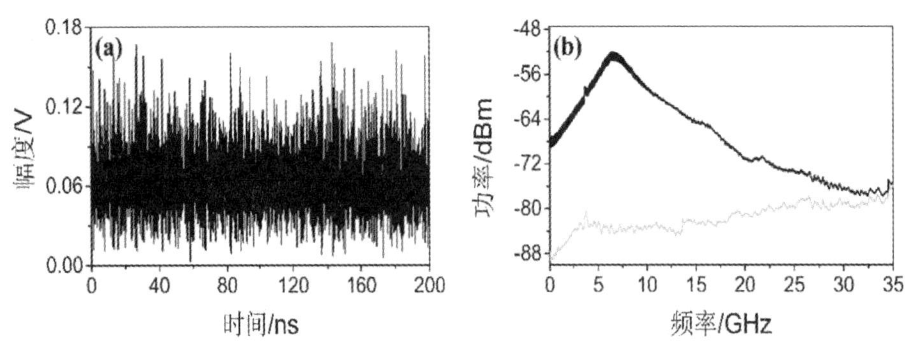

图2 混沌激光的(a) 时序与(b) 频谱

混沌激光是激光器输出不稳定性的一种特殊形式。在时域上混沌激光具有类似噪声的随机变化（如图2(a)所示），在频域上对应的频谱具有平坦、宽带的特性（如图2(b)所示），从而使其天生具备隐蔽性，可以用于保密通信中传输信号的载波。

自由运行下的激光器通常不能自发地产生混沌，要想产生混沌就必须对激光器施加外部扰动，如光注入、光反馈或光电反馈等，如图3所示。图3(a)为光注入产生混沌的方式，将一台激光器（主激光器）的输出光作为外部扰动光注入另一台半导体激光器（从激光器），通过控制注入光强度、相位以及主从激光器的频率失谐，使从激光器能够输出稳定的混沌光。光反馈产生混沌就是在半导体激光器的外部，通过放置反馈器件使得激光器的部分输出返回到激光器有源区而产生混沌，如图3(b)所示。光电反馈是指将半导体激光器的输出光经过光电探测器转化为电信号，并采用适当的电路进行处理（延时、带通滤波、放大）等，再与激光器的偏置进行叠加反馈到激光器中，控制激光器产生混沌的方式，如图3(c)所示。光反馈方法结构简单，原理上更容易产生复杂混沌。因此在混沌光保密通信中，光反馈半导体激光器成为最常用的收发机。

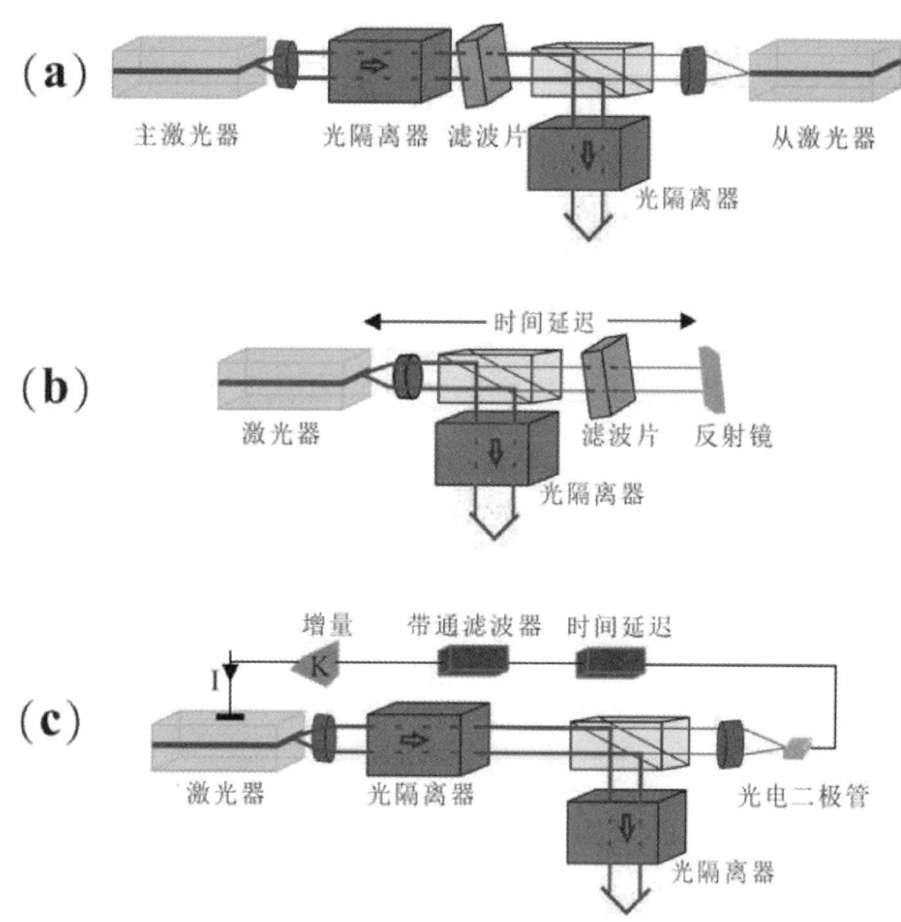

图3　混沌激光产生的三种方式：(a)光注入；(b)光反馈；(c)光电反馈.

（二）混沌激光的同步

混沌保密通信实现的关键技术是实现发射机和接收机的混沌同步。所谓混沌同步，就是让接收机的混沌载波信号和接收机输出的混沌信号相同。图4为太原理工大学王云才课题组进行实验所获得的发射与接收激光器同步的时序图及频谱图[6]，实验分析发射与接收激光器同步度的相关系数为0.84。根据耦合的方向和方式，半导体激光器混沌同步可以分为单向耦合混沌同步系统和双向注入混沌同步系统。

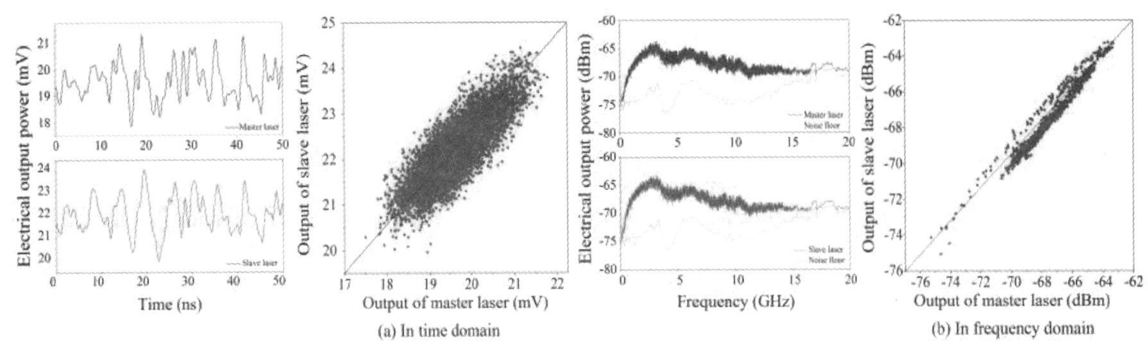

图4　实验获得的混沌同步波形和频谱图[6].

单向耦合混沌同步系统将发射机输出的混沌信号以单向的方式注入接收机，是最简单最常见的混沌同步系统。单向耦合混沌同步系统又分为开环和闭环结构，如图5(a)所示（去除虚线框为开环，保留虚线框为闭环）。开环同步是指接收激光器(SL2)无外部反馈，混沌激光由带反馈的发射激光器(SL1)产生，并注入接收激光器，使接收激光器产生相同的混沌激光。闭环同步则是指接收激光器带有外部反馈。

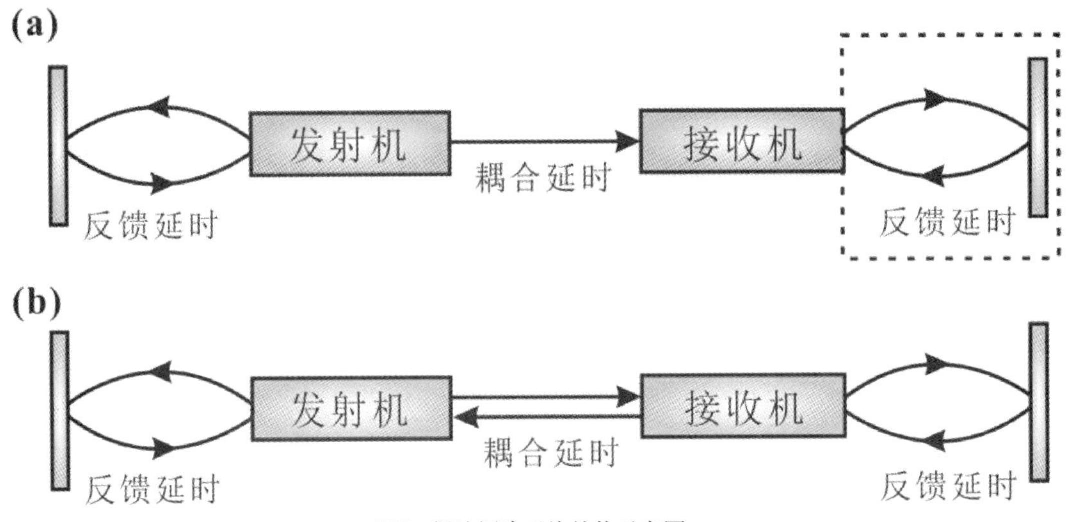

图5　混沌同步系统结构示意图.

双向互耦合系统结构与闭环系统很接近，只是去掉了光路传输中的光隔离器，使光可以相互注入。图5(b)给出了一种能够实现较好混沌同步效果的双向互耦合系统，在这种系统中，两个互耦合的半导体激光器都各自受到一个外部反射镜的光反馈作用。然而本系统要达到高质量的同步效果，必须满足一个必要条件，就是两激光器反馈延时之和等于耦合延时的2倍。

（三）**混沌激光通信的调制方式**

如何对信息进行加密是混沌激光保密通信中的另一关键技术。在混沌激光保密通信中信息的调制方式，主要有混沌隐藏(chaos masking)、混沌调制(chaos modulation)和混沌键控(chaos shift keying)3种方式。

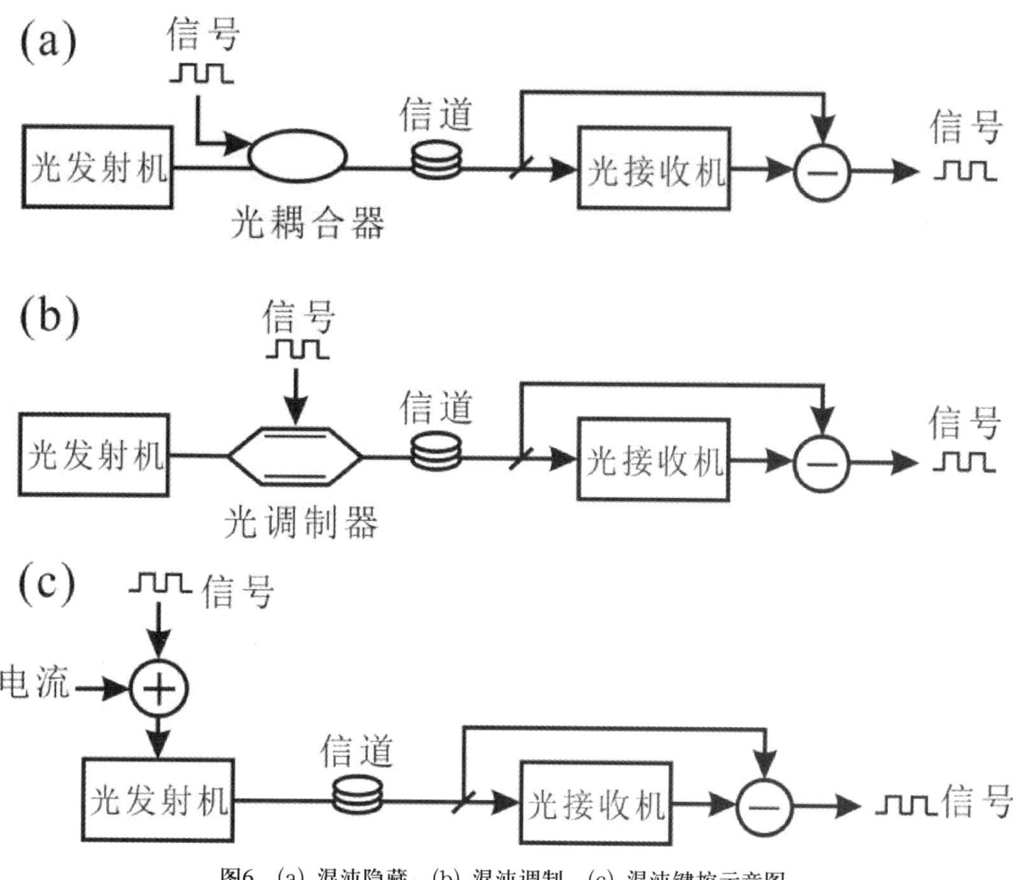

图6 (a) 混沌隐藏；(b) 混沌调制；(c) 混沌键控示意图.

1．混沌隐藏

混沌隐藏激光通信方式的原理图，如图6(a)所示。它是将幅度值很小的信息通过光耦合器与光发射机产生的幅度值较大的混沌光载波叠加，从而达到隐藏信息的目的。由于混沌隐藏加载信息实现过程简单，因此它是混沌激光通信中最常用的信息加载方式。

2．混沌调制

混沌调制激光通信方式的原理图，如图6(b)所示。该方法类似于混沌隐藏，但本质上是与混沌隐藏不同的技术。信息通过调制器加载到发射端输出的混沌载波上注入接收端，并且同时也注入发射系统中。在接收端通过相干解调出信息。

3．混沌键控

混沌键控激光通信方式的原理，如图6(c)所示。在发射机偏置电流上加载数字信息，这样发射端的混沌激光器将工作在两种偏置电流状态，而接收机用发射端偏置电流两值中的某一值恒定不变。例如：接收端采用“1”恒定不变，当发射端为“1”时，接收端与发射端工作在同一偏置电流状态，相当于相同的两个系统，所以会同步，判定发射信息为“1”。反之，当发射端为“0”时，接收端与发射端工作在不同的偏置电流状态，接收端与发射端两系统不相同，不会同步，判定发射信息为“0”。

三、国内研究进展

国际上以欧盟为首的几个知名研究团队在各个项目的资助和扶持下，较早地进入了混沌保密光通信领域的研究，为混沌光保密通信技术的基本原理和初步系统框架做了铺垫性工作。

我国也有多个课题组多年从事混沌光保密通信的研究。例如：太原理工大学王云才教授课题组采用光纤环形腔反馈激光器产生的频谱平坦的宽带混沌，实验上实现了发射与接收激光器的混沌同步[6]；仿真研究了承载1 Gb/s混沌激光保密通信信道与承载10 Gb/s的常规光纤通信的波分复用，传输距离为80 km[7]。西南大学夏光琼教授课题组利用VCSEL的偏振旋转实现了双通道混沌同步与通信，并提出了双向长距离混沌光通信的方案[8]。西南交通大学潘炜教授课题组理论研究了混沌光通信中参数失配的鲁棒性与安全问题，提出了一对多的广播通信[9]。南京晓庄学院颜森林教授课题组研究了长距离混沌光通信的全光中继及编码等问题[10]。大连理工大学殷洪玺教授课题组利用偏振复用系统实现了22.54 km、单信道速率为1.25 Gb/s的混沌保密通信[11]。北京交通大学简水生院士课题组证明在高速通信的情况下利用多模混沌半导体激光器可将保密距离提高至200 km以上[12]。上海交通大学义理林教授课题组实现了传输距离为100 km，传输速率为30 Gb/s的混沌保密通信[13]。此外，华中科技大学、电子科技大学、华南理工大学、天津大学、上海大学、国防科技大学、北京邮电大学等学校也在相关领域开展了一定的研究工作。

四、应用前景展望

混沌保密通信虽然发展快速，但还面临一系列的技术挑战需要解决，例如参数失配、信道干扰、混沌的网络同步等。

（一）**参数失配**。混沌保密通信要求发射机和接收机的参数是完全匹配或基本一致的。混沌系统参数匹配精度越高，混沌同步性能越好，解码质量就越高。但在实际工程制作过程中，发射系统和接收系统的参数是存在误差的并且不可避免。因此，研发混沌通信系统在存在一定参数失配情况下，混沌同步仍能有很好的同步性能，这是混沌通信走向实际应用的必要条件。

（二）**信道干扰**。理想的信道是混沌同步长期稳定的必要条件。事实上任何一个传输信道都存在一定程度的振幅衰减、相位的线性和非线性失真以及多径传输引起的多径干扰、频率选择性衰减、信道的时变特性干扰等，都会对混沌信号产生影响，并有可能引起混沌信号的畸变。目前混沌保密通信的研究很少涉及信道的影响。但光的传输介质与激光混沌信号的相互作用必将影响混沌激光信号，所以这些问题还有待解决。

（三）**实现混沌保密通信系统的网络化**。近年来，研究者提出大量的基于半导体激光器的混沌保密通信系统大多数集中于信息的单向和双向传输。显然，这无法满足信息社会迅速发展的需求，因而发展信息的多向乃至网络传输成了现代混沌保密通信发展的必然趋势。

参考文献

[1] L. M. Pecora, and T. L. Carroll, Synchronization in chaotic systems [J]. Physical Review Letters, 1990, 64(8): 821-824.

[2] G. D. Vanwiggeren, and R. Roy, Communication with chaotic lasers [J]. Science, 1998, 279(5354): 1198-1200.

[3] A. Argyris, D. Syvridis, L. Larger, et al., Chaos-based communications at high bit rates using commercial fibre-optic links [J]. Nature, 2005, 438(7066): 343-346.

[4] A. Argyris, E. Grivas, M. Hamacher, A. Bogris, and D. Syvridis, Chaos-on-chip secures data transmission in optical fiber links [J], Optics Express, 2010, 18(5): 5188-5198.

[5] R. Lavrov, M. Jacquot, L. Larger, Nonlocal nonlinear electro-optic phase dynamics demonstrating 10 Gb/s chaos communications, IEEE Journal of Quantum Electronics, 2010, 46(10): 1430-1435.

[6] L. Z. Yang, X. J. Zhang, A. B. Wang, et al., Experimental investigation of chaos synchronization in DFB diode lasers with unsymmetrical scheme [J]. Chinese Physics Letters, 2008, 25(11): 3883-3885.

[7] J. Z. Zhang, A. B. Wang, J. F. Wang, et al., Wavelength division multiplexing of chaotic secure and fiber-optic communications [J]. Optics Express, 2009, 17(8): 6357-6367.

[8] J. G. Wu, Z. M. Wu, Y. R. Liu, et al., Simulation of bidirectional long-distance chaos communication performance in a novel fiber-optic chaos synchronization system [J]. Journal of Lightwave Technology, 2013, 31(3): 461-467.

[9] W. L. Zhang, W. Pan, B. Luo, et al., One-to-many and many-to-one optical chaos communications using semiconductor lasers [J]. IEEE Photonics Technology Letters, 2008, 20(9): 712-714.

[10] S. L. Yan, All-optical chaotic MQW laser repeater for long-haul chaotic communications [J]. Chinese Optics Letters, 2005, 3(5): 283-286.

[11] X. Y. Dou, H. X. Yin, H. H. Yue, et al., Experimental demonstration of polarization-division multiplexing of chaotic laser secure communication [J]. Applied Optics, 2015, 54(14): 4509-4513.

[12] Z. X. Kang, J. Sun, L. Ma, et al., Multimode synchronization of chaotic semiconductor ring laser anf its potential in chaos communication [J]. IEEE Photonics Technology Letters, 2015, 27(3): 326-329.

[13] J. X. Ke, L. L. Yi, G. Q. Xia, and W. S. Hu, Chaotic optical communication over 100 km fibertransmission at 30-Gb/s bit rate [J]. Optics Letters, 2018, 43(6): 1323-1326.

作者简介

徐红春　教授级高工，华中科技大学光学系硕士毕业，现任武汉光迅科技股份有限公司传输产品业务部副总经理，武汉邮电科学研究院硕士生导师，中国电子元件行业协会专家委员，中国专利审查技术专家，从事光通信器件的研究达18年以上。

作为中国最早的单纤双向器件BOSA创始人之一，率先成功主持研发了单纤双向光电器件，产品被广泛应用于世界各地的FTTx网络中。长期致力于高端光电子器件的研究与开发，先后荣获省部级科技奖9项，发表国内学术论文40余篇、国外论文1篇，申请中国专利12项，参与起草光通信行业和国家标准12项，参加了IEEE/OIF高端光电子器件国际标准的讨论制定。

王安帮

王安帮　太原理工大学物理与光电工程学院教授，山西省高等学校优秀青年学术带头人，山西省优秀青年基金获得者，主要从事激光器动力学及其在光纤通信及传感领域的应用研究。主持和参与国家自然科学基金、科技部国际合作等项目10余项。发表学术论文50余篇，SCI他引600余次，授权发明专利12项、美国发明专利1项。先后获得山西省自然科学二等奖、山西省技术发明二等奖和山西省技术发明一等奖。

郭园园

郭园园　博士、讲师，2015年获太原理工大学物理电子学博士学位，现任太原理工大学物理与光电工程学院讲师。主要从事混沌信号的产生及其应用研究。近五年主持、参与国家自然科学基金，山西省自然科学基金等项目4项。发表国内外学术论文13篇，申请中国专利4项。

王龙生

王龙生　博士、讲师，2017太原理工大学物理电子学博士学位，现任太原理工大学物理与光电工程学院讲师。主要从事激光器非线性动态，高速密钥产生与分发，保密通信等研究。近5年主持、参与国家自然科学基金，山西省自然科学基金、“十三五”国家密码发展基金等项目4项。发表国内外学术论文15篇，申请中国专利3项、软件著作权1项，国内外学术会议报告20余次。

高军诗

中国移动4G/5G无线基站前传方案探讨

高军诗　王迎春
中国移动通信集团设计院有线所

摘　要：本文主要介绍5G前传组网的需求、各种技术方案和各种技术方案各自适用的场景，并预见5G前传将会在一定程度上保持对光缆和光电混合缆的应用需求。

关键词：5G，前传

一、背景

由于基站选址困难、机房成本高，从4G新建基站开始，中国移动不少省公司已经采用基带处理单元（BBU）和射频拉远单元（RRU）两级结构的网络架构，形成基站接入的前传和后传建网模式，即所谓的CRAN模式的建设。所以，无线接入网（RAN）的前传承载网建设已经不是新鲜的概念。

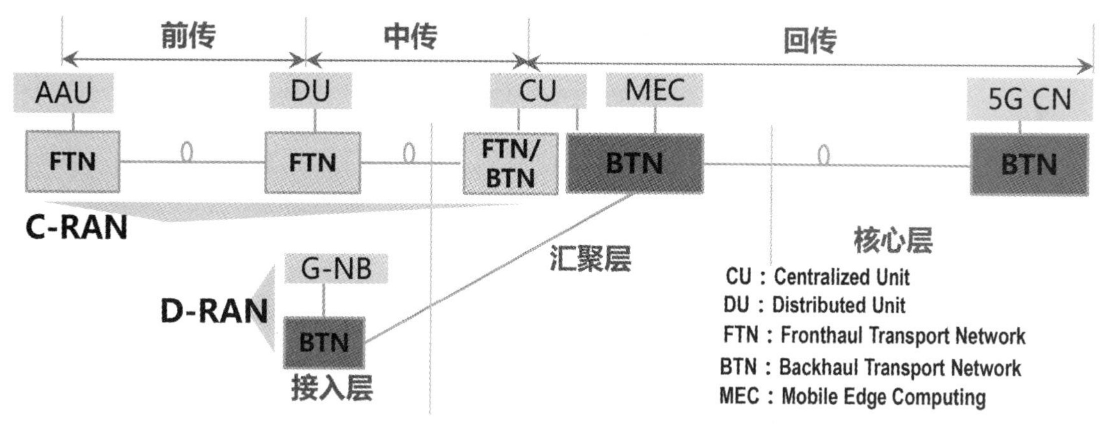

图一　5G网络架构

5G网络支持5G新空口的G-NB可采用集中单元（CU）、分布单元（DU）和有源天线单元（AAU）三级结构，形成如图一所示的网络架构。且5G采用更高的频段，蜂窝覆盖更小，所以基站更密，为站址选择和基站设备安装条件的提供造成更大的困难，所以采用AAU拉远模式更加具有网络建设优势。随着5G网络建设进入实质阶段，无线基站的前传方案越来越受到关注。由于无线基站的前传解决方案直接影响未来机房、电源、管线等的规划和建设，因此，有必要在5G正式商用之前进行前传方案的研究和探讨。

二、前传的几种解决方案

中国移动正在建设的无线基站目前主要是4G和将要商用的5G，4G的前传速率为10G，5G目前公认的前传速率为nx25G，但其解决方案比较一致，在部分方案中稍有区别；具体说来，有以下几种解决方案：

（一）方案一：光纤直驱

前传方案中一般首选光纤直驱，即在BBU/DU与每个RRU/AAU的端口间全部采用光纤直连，点到点组网，可实现快速低成本的部署，但光纤资源消耗大，BBU/DU侧光纤管理要求高，适用于光纤资源丰富和BBU/DU小规模集中场景。也可以通过RRU/AAU级联来减少光纤资源的消耗。无线侧设备通过前传信号自身可完成光纤直驱线路的保护、OAM和网络管理。 这种方案最大的特点是部署成本比较低，但受限于末端光纤资源。

（二）方案二：WDM/OTN

如果光纤资源有限，一般的前传会选择采用WDM/OTN方案。

1．WDM承载方案

WDM技术已经非常成熟，采用无源合分波+彩光直驱方案，BBU/DU和RRU/AAU上的光模块分别采用带波长的彩光模块，在BBU/DU前端配置光合分波器OMD，RRU/AAU节点配置光分插复用器OAD，采用WDM技术，可以大幅节约光纤资源的消耗。WDM设备对前传业务采用纯透传处理，因而对时延特性影响极为有限。缺点在于：彩光光模块会对RRU/AAU基站管理提出新的要求，无法采用信号复用技术提高波长利用率，业务的OAM管理功能有限。另外，每个BBU/DU与RRU/AAU波长连接在物理上是点对点的连接，因此功率预算是彩光直驱需要考虑的关键问题。目前CCSA正在讨论制定“城域接入型波分复用（WDM）系统技术要求”，使其更适合无线基站前传需求。

2．OTN承载方案

RRU/AAU和BBU/DU提供白光接口，接入OTN设备客户侧，映射和复用成高速的OTN信号并转换成彩光接口，进行波分复用后在一根或一对光纤中传输，大幅节省光纤资源。采用OTN技术进行信号复用还可以提高波长利用率，利用OTN开销字节提供更丰富的OAM功能和故障诊断能力，并可以支持网络保护，同时RRU/AAU和BBU/DU设备不需要彩光光模块，避免了无线设备进行波长分配和管理的复杂性。组网方面比较灵活，可支持环形、树形和MESH型等多种网络结构。采用OTN承载方式需要考虑到其不足之处：OTN设备是有源的，在前传的场景中，绝大多数是无机房的应用，小型化的OTN设备需要采用工业级器件，增加温控能力，考虑更为严苛的环境应用和复杂的安装条件；另一方面，传统OTN设备的成本较高，用于前传网络中，如果规模部署，OTN设备用量巨大，相关功能采用ASIC实现，可以大幅降低设备成本；在OTN下沉到边缘的情况下，利用前传网络的带宽资源综合接入固网宽带、专线等多种业务，可以进一步摊薄成本。

（三）方案三：WDM-PON

采用PON做前传是比较少用的方式，但在满足5G前传时，WDM PON具有以下优点：

1．线路速率0.6~10GBps，单PON口支持多速率，用户侧支持多种接口类型。考虑运营商有多张无线网络共同发展，通常采用多种制式基站共站址方式。例如在同一机房内，基站包含GSM、WCDMA、LTE等多种制式，这就要求WDM-PON具备多速率承载的能力，在同一个PON口下，不同波长可以对应不同的传输速率，以满足不同无线制式基站承载的要求。

2．传输距离10~40km。根据CPRI V6.0规范要求，CPRI接口传输距离要求不小于10公里。根据运营商实际建设情况，综合考虑BBU/DU集中规模，城区BBU/DU-RRU间的光缆传输距离一般在4公里以内；农村地区BBU/DU-RRU间的光缆传输距离一般在10公里以内。

3．传输时延<200us，频率抖动<0.002ppm，频率同步±0.05ppm，时间同步<±8.138ns。WDM-PON设备应具备完善的同步接口，支持时间和频率同步功能。

4．此外，WDM PON系统用于移动前传，还需要具备转发功能、纠错功能、成帧功能、保护功能和光链路诊断功能。

总之，WDM PON 提供了丰富的带宽、时延小并且安全性好，能很好地满足5G基站前传的带宽需求，可作为未来前传的主要技术选择之一。但目前业界WDM-PON尚缺成熟商用技术，器件成本高昂，大规模应用需要降低系统成本和无色ONU技术。

（四）方案四：IP+光

前传网中也可采用IP+光方案，可以满足无线基站前传在带宽和时延方面的需求：

在业务带宽能力方面：IP+光方案为各种无线基站前传提供了灵活的承载方案，一方面利用IP的特性适应各种带宽需求场景，IP分组技术使BBU/DU和RRU/AAU之前的带宽利用利更高，前传网络的资源得到高效应用；另一方面，用光层刚性管道的大带宽提供能力适应前传的大带宽需求。

在业务时延保障方面：针对低时延的前传要求，IP+光解决方案也分别在IP层和光层都有自己的专属低时延解决方案。在IP层采用设备级超低时延转发技术，在设备转发芯片内，通过以太帧的前导码将报文分为普通和加速两类，对加速类报文采用抢占普通报文资源和Cut-through转发方式，可将节点的电层处理时延从几十毫秒减低到几毫秒。即在光层采用光层穿通的方式，仅对需要接入或落地的业务波长进行电层处理，其他波长直接在光层穿通，实现业务一跳直达。

IP+光方案在前传网无论从带宽的满足性还是时延的满足性上都能很好地适应前传网的承载需求，给运营商具体的方案部署提供了灵活的选择。

（五）方案对比

前传网光纤直驱、WDM/OTN、WDM-PON、IP+光主案的比较，必须结合运营商本身的网络情况综合考虑，中国移动无法再利用原来无线回传的光纤网络，统筹规划接入光缆成为运营商的必须。

从满足前传的需求方面看，光纤直驱、WDM/OTN、WDM-PON方案较适合提供承载刚性管道的能力，而IP+光由于本身具体分组和光的能力，可以适应5G的所有的场景；另一方面，在时延满足度上看，上述几种方案都可以很好地满足时延的要求，只不过由于光器件引入的时延略有差异会导致传输距离不完全相同，但是总体上说都在一个数量级别。

从组网灵活性上看，光纤直驱、WDM-PON方案适合点到点组网、链型组网，而WDM/OTN、IP+光方案适合点到点组网、链型组网和环型组网等多种组网方式，同时支持单纤双向和双纤双向传输方式，满足无线网络各种组网方式的需求。同时，环型组网时能够实现线路侧1+1保护，提高了业务的安全性。

从光纤资源消耗上看，直驱光纤消耗资源最多，其他方案相当。但如何部署需要结合现有网络光纤及系统建设情况，如：对于规模部署了PON网络的区域来说，合理利用现网的资源加以改造，WDM-PON也是一个很好的选择；而对规模部署了无线基站前传的区域说，结合当前的前传方案开展4G/5G前传的规划则是更加明智的选择。

从前传网管理上看，直驱光纤方案的前传管理只能依赖RRU/AAU和BBU/DU单元本身，相关的故障检测也只能依赖于RRU/AAU和BBU/DU有限的监控管理字段，其他几种方案借助相应的字节开销、OSC、ESC等手段在网络管理方面的能力则较强，在故障管理、性能管理、安全管理、配置管理、维护管理和系统管理等方面更加便捷。

表1　前传方案对比表

前传方案	时延满足度	组网灵活性	光纤消耗	管理能力	站址条件要求
光纤直驱	满足	点到点、链型	多	弱	低
WDM-PON	满足	点到点、链型	多	强	较低
WDM/OTN	满足	点到点、链型、环形	适中	强	高
IP+光	满足	点到点、链型、环形	适中	强	高

基站采用分离架构，进而采用前传承载方式的主要驱动力就是工程建设条件的限制。前传传输设备的小型化或者无形化（融入无线设备）才能切中上述建设要点。尽管以上方案各有优缺，适用的场景也各不相同，在实际网络部署时，可能需要根据实际场景选择合适的技术和方案，但是光纤直驱方案可能是最为应用广泛的建设方式。

三、目前家宽光缆资源与5G前传需求的关系

中国移动采用把城市划分成数平方公里不等的综合业务接入区的方式，以汇聚机房为中心，进行光缆预覆盖，为家庭宽带的进一步实施，做足了资源储备。目前将综合业务接入区进行微网格化分覆盖，使光纤资源覆盖到任意街道和胡同。微格化过程

保持了对光缆强劲需求。

5G前传的需求与基站CU和DU的部署方式有极大关系。如果采用CU和DU合设的大集中建设模式，前传网络建设规模则很大，但受限于CU/DU集中机房的条件；如果CU和DU分离布局，则前传网络规模相对较小，但受限于DU机房的条件，如果DU安装在现基站内，不但受限于铁塔公司的机房管理控制，且与现有家宽光缆网络的结构不一致。从机房条件看，上述第二种建设方式是比较合适的，但现有家宽光缆网络需要由以汇聚机房为中心向以基站为中心调整，此调整可能会保持对光缆的使用需求。

如果为了进一步降低对AAU站点建设条件的需求，则电源远供是一个有效的方式。目前《通信用光电混合缆工程技术规范》电信行业标准编制已接近完成，在保证安装与运维安全的情况下，光电混合缆在5G前传网络中将会有一定规模的应用。

四、小结

中国移动的5G网络建设在即，如何合理的规划部署前传网络，也是5G网络建设的重要一环，以上方案仅根据目前的技术和网络情况略作探讨，仅供大家参考，未来随着技术的进步和网络部署的实施，前传网络将会有更加明确的方案。

参考文献

（略）

作者简介

高军诗　教授级高级工程师，中国移动通信集团设计院有线所所长。1992年邮电大学硕士研究生毕业后一直供职于中国移动通信设计院。主导过多个城域光传送网、国内干线光传送网以及国际海底光缆网络的规划设计。

王迎春

王迎春　毕业于南京邮电学院通信工程专业，教授级高级工程师，中国移动通信集团设计院资深专家，中国移动网络领域专家组成员之一。长期致力于有线通信网络的技术研究、方案咨询、规划设计、标准制定等工作。

李俊杰

骨干传输网新技术发展与应用探讨

李俊杰　中国电信股份有限公司北京研究院
杨玉森　中国电信集团有限公司技术部

摘　要：业务发展对网络带宽的快速消耗为运营商光网络发展带来了新机遇。首先是对光网络容量需求的不断提升，100Gb/s WDM传输技术已经从骨干网向城域网延伸，400Gb/s WDM传输技术也即将商用。其次是随着DICT时代业务模式的变化，对光网络灵活性提出了更高要求，基于ROADM的光层组网技术迅速普及。本论文将深入分析400Gb/s WDM传输、新一代CD/CDC ROADM等光网络新技术的发展趋势和应用前景。

关键词：骨干传输，波分复用（WDM），400Gb/s，ROADM，CD-ROADM，CDC-ROADM

一、前言

根据网络覆盖率、用户接入带宽、数据业务使用量等指标综合评估，我国已跻身世界先进行列。根据中国宽带发展联盟最新发布《中国宽带普及状况报告》，我国固定宽带家庭普及率已超过欧盟国家75%的平均水平（2017年末）；移动宽带用户普及率在35个经合组织（OECD）国家中排到第16位。

相应的，我国骨干光传输网络技术水平和网络规模也取得了长足进步。光波分复用（WDM: Wavelength Division Multiplexing）系统从1998年广深4×2.5Gb/s WDM系统起步，短短20年，经历了2.5Gb/s、10Gb/s、40Gb/s和100Gb/s等4个阶段，单系统容量提升近百倍。2017年，我国首个基于可重构光分插复用设备（ROADM: Reconfigurable Optical Add-Drop Multiplexer）的全光调度省际骨干网络——中国电信长江中下游地区ROADM网络建成投产，标志着我国骨干传输网迈出了从点到点传输向网状组网的重要一步。

二、400Gb/s WDM传输技术方案及应用探讨

（一）2×200Gb/s PM-16QAM方案

2×200Gb/s PM-16QAM方案是最早商用的400Gb/s WDM技术方案，由于波特率相同，它可以重用100Gb/s PM-QPSK方案的大部分关键技术。随着模数转换（DAC）技术逐渐用调制，主流厂商均支持100Gb/s PM-QPSK和200Gb/s PM-16QAM两种技术的平

滑升级。该方案优点是兼容50GHz间隔WDM系统，频谱效率提升1倍。缺点是传输距离短，一般在500公里以内，适用于城域网运用。

业界开始研究引入星座图整形（CS: Constellation Shaping）技术，用于提升相位调制系统的传输性能。各厂商CS技术商用化进程非常迅速，有望在未来2年内率先应用到2×200Gb/s PM-16QAM方案中，传输距离从目前的~500公里提升到800~1000公里。

（二）2×200Gb/s PM-8QAM方案

2×200Gb/s PM-8QAM方案波特率在43Gbaud左右，通道间隔扩展到100GHz甚至125GHz，其传输距离大约800公里，满足一般的骨干网省会之间无电中继传输需求。

该方案的前景受到引入CS技术的2×200Gb/s PM-16QAM方案的有力挑战。但是CS技术会在一定程度上提升波特率，整形的16QAM调制和非整形的8QAM调制之间的界限比较模糊。因此，作者认为未来这两种方案将逐步融合，形成一种兼容50GHz间隔、单波长速率200Gb/s的WDM技术方案，频谱效率为当前100Gb/s PM-QPSK方案的2倍，传输距离在现网G.652光纤中达到800~1000km，满足骨干传输网的中等距离传输需求。

（三）2×200Gb/s PM-QPSK方案

2×200Gb/s PM-QPSK方案需要采用更高的波特率（64Gbaud左右），对电芯片的要求更高，预计大规模商用化需要到2019年或更晚。该方案通常需要150GHz的波道间隔，频谱效率与100Gb/s PM-QPSK方案相差无几。其优势是超长距传输，目前可以达到1500公里。未来预计能达到2000公里，与当前100Gb/s ULH WDM系统相当。

（四）400Gb/s单载波方案

随着数据中心互联（DCI）等应用场景的崛起，城域将成为400Gb/s WDM 传输的另一个重要战场，此时单载波400Gb/s方案有了用武之地。

业界认为PM-16QAM @ 64Gbaud将成为主要技术选择，它采用与2×200Gb/s PM-QPSK方案相同的波特率，因此ADC、DAC、DSP等重要芯片和关键光器件都有重用可能。星座图整形技术也将被用于单载波400Gb/s传输，但需要更高的波特率，对核心芯片和器件的要求更高，预计还需要3~5年的时间来成熟和商用。

（五）400Gb/s WDM系统的应用与展望

表 1对此前文介绍的四种技术方案进行了汇总，并对其应用场景进行了分析。星座图整形技术预计将率先在16QAM调制系统中应用。由于400Gb/s WDM系统不同方案对应不同的通道间隔，因此近期运营商部署ROADM网络应支持灵活栅格（Flex-Grid），保证未来可支持400Gb/s业务。

表1 常见400Gb/s WDM传输技术方案汇总表

方案名称	2×200Gb/s PM-16QAM	2×200Gb/s PM-8QAM	2×200Gb/s PM-QPSK	1×400Gb/s PM-16QAM
载波数量	2	2	2	1
载波速率	200Gb/s	200Gb/s	200Gb/s	400Gb/s
调制方式	PM-16QAM	PM-8QAM	PM-QPSK	PM-16QAM
波特率	~32Gbaud	~43Gbaud	~64Gbaud	~64Gbaud
星座图	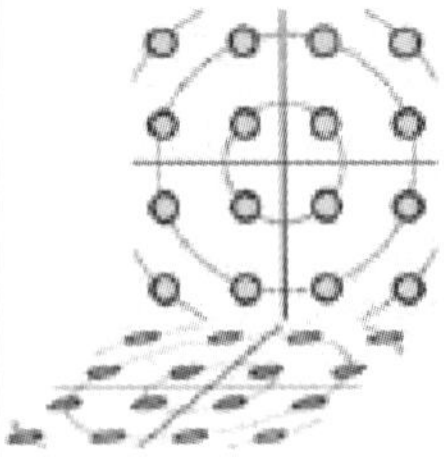	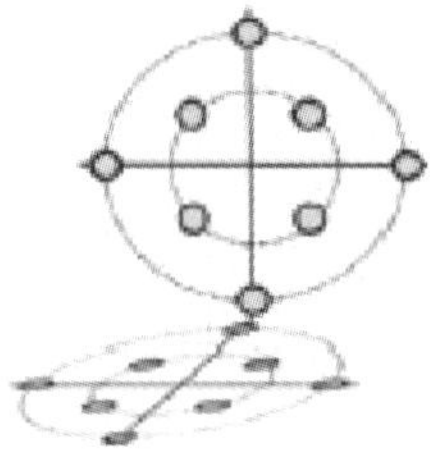	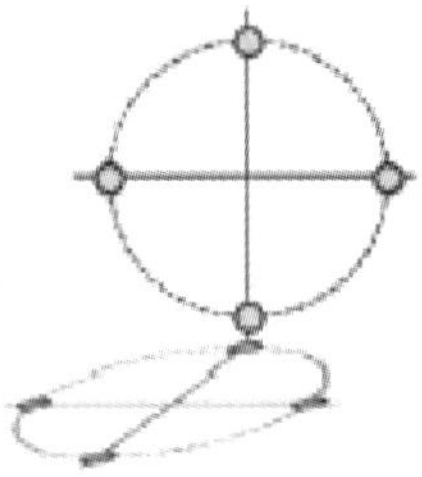	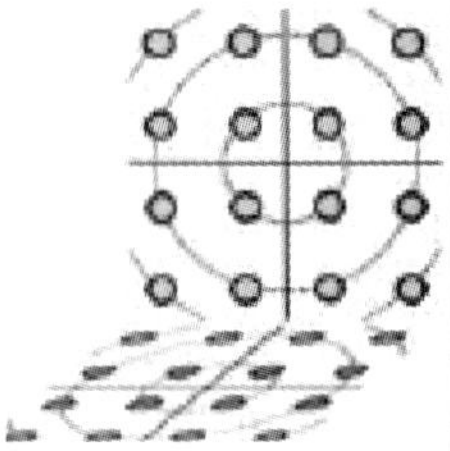
通路间隔(400Gb/s)	75~100GHz	100~125GHz	125~150GHz	62.5~75GHz
频谱效率	4~5.3bit/s/Hz	3.2~4 bit/s/Hz	2.67~3.2bit/s/Hz	5.33~6.4bit/s/Hz
传输距离 SMF+EDFA	当前：~500km 未来：800~1000km	~800km	当前：~1500km 未来：~2000km	~500km
应用场景	城域	骨干中短距离	骨干中长距离	城域

三、新一代ROADM技术方案及应用探讨

（一）新一代CDC-ROADM技术方案

虽然D-ROADM和CD-ROADM设备是目前主流ROADM设备形态，但CDC-ROADM具有更大的组网灵活性，完全适应SDN的发展，实现完全无人工干预的光层灵活配置，代表未来发展方向。

目前商用CDC-ROADM设备的上下路端口采用了MCS（广播光开关Multicast Switch）技术，典型结构如图 1所示（8×16 MCS）：8个线路方向分别配置一个1×16的分光器/耦合器，分光后连接16个1×8光开关，每个光开关对应一个上下路端口，用于选择关联的线路方向。MSC方案的突出问题是插损过大，需要放大器进行功率补偿。而且单个MCS支持的上下路端口数有限，若线路WSS富余维度不够，需要在每个线路方向配置一个专门的扩展WSS来进一步提升上下路端口数量。如图 1就展示了通过每个线路方向配置1个1×24 WSS扩展出24组8×16 MCS实现支持8个线路方向、384个CDC上下路端口的结构。

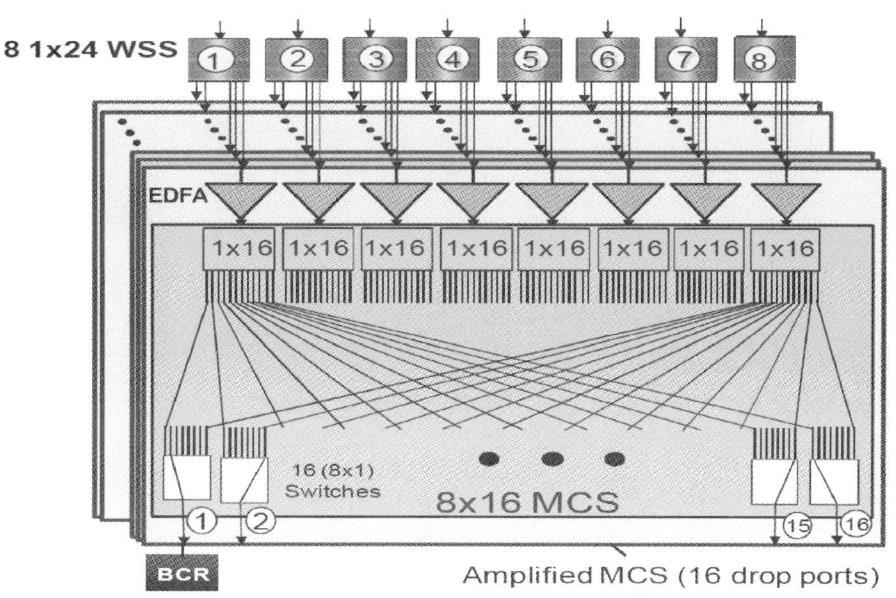

图 1 基于MCS的CDC-ROADM上下路端口结构示意图

业界还在研究新一代CDC ROADM技术方案，主要技术路线有两条：1）进一步优化MCS的结构，降低功耗和成本，提高可靠性；2）研究引入新的功能器件，例如多维N×M WSS，单器件实现支持N个方向的M个CDC上下路端口。

N×M WSS基本结构与MCS类似，但将第一级1×M分光器/耦合器换成了1×M WSS，可以选择所需波长去相应的上下路端口，不像MCS一样广播，因此插损性能显著提升；第二级与MCS一样，是M个1×N光开关，用于选择上下路端口对应的线路方向。N×M WSS的插损非常接近1×N WSS器件，而且第一级WSS已经完成了波长选择，不再需要配置TOF，结构简单，预计将带来成本优势。目前个别厂商已经提供了N×M WSS器件样品，未来两年有望投入商用。

（二）ROADM设备和组网技术发展分析

ROADM设备需要在各线路方向WSS以及上下路模块之间实现全连接，设备上需要有数百甚至上千对光纤连接，给工程和维护带来困难。因此ROADM设备发展亟须解决的问题之一就是连纤简化和自动化管理。目前有MPO（多光纤跳纤：Multi-fiber Push-On）+光纤预连接盒、光背板等两种解决方案。特别是光背板方案将复杂的光纤连接纳入预制背板内部，设备板卡通过背板MPO接入光路系统，减少了人工连纤的差错。目前主要设备厂商均已将光背板作为重要的发展方向，有利于提高ROADM设备的易用性。

由于无电中继传输距离、波长一致性、波长连续性等限制因素，ROADM网络中的电再生和波长变换功能必不可少。中国电信提出并率先在网络中应用了可灵活配置为业务上下路、电再生或波长变换功能的多功能OTU板卡，实现了板卡归一化，简化了工程和运行维护，并且为工作和恢复路由的选择提供了更大的灵活度。

ROADM组网效能的发挥离不开智能化，基于GMPLS WSON技术智能控制平面实现了光层的业务自动调度和恢复。但是分布式WSON控制平面的扩展性存在一定限制，如何在大规模组网条件下保证网络性能，是ROADM组网技术未来重要的研究方向之一，需要得到运营商和设备商的高度重视。

四、结束语

目前骨干光传输400Gb/s WDM系统技术方案已经明确，标准化工作基本完成，初步具备商用能力。目前尚未被运营商广泛采用有3个原因：1）技术方面，传输距离不如100Gb/s WDM系统，无法满足超长距传输需求；2）成本方面，400Gb/s客户侧和线路侧光模块的单位比特成本还明显高于100Gb/s；3）需求方面，骨干路由器设备尚未明确提出400GE部署需求。后续随着业务容量的进一步提升和400Gb/s光模块成本的下降，400Gb/s WDM传输技术将很快走向商用。

ROADM设备已经开始在骨干传输网规模部署，目前以D-ROADM和CD-ROADM为主要设备形态，未来随着业务调度灵活性需求的进一步提高，新一代CDC-ROADM设备、光背板、支持大规模组网能力的智能控制平面等新技术将逐步成熟并引入现网应用，进一步提升骨干光网络的调度能力。

作者简介

李俊杰　男，工学博士，教授级高级工程师，现任中国电信股份有限公司北京研究院网络研发与运营支持部副主任。李俊杰分别于2000和2005年在清华大学电子工程系获得工学学士和工学博士学位，多年来一直从事光通信和光网络技术和应用研究，多次获得国家级和省部级科技奖励，曾任中国通信学会青年工作委员会委员，国际标准组织光互联论坛（OIF）董事等职务，担任OECC2016、OFC2018和OFC2019等国际学术会议的技术与程序委员会委员。

杨玉森

杨玉森　男，工学硕士，高级工程师，现任中国电信集团有限公司技术部综合管理处处长。分别于1996和1999年在南京邮电大学获得工学学士和工学硕士学位，多年来一直从事光通信和光网络技术和应用研究，多次获得国家级和省部级科技奖励。

贺永涛

运营转型与光网络发展

贺永涛　中国联通中讯设计院

摘　要： 在风云激荡的当今时代，中国通信运营领域既手握“大物移云”等新兴业务蓬勃发展的战略契机，又面对传统行业不断推进数字化改造和OTT企业持续拓展先锋应用的强大压力，因此，借助多方面的资金、管理、执行等合作资源，融合和跨界形成新的卓越能力和进取精神，成为中国运营商的全新征程。作为基础承载部分，光网络的发展也应与这一趋势相契合，通过网络开源、SDN/NFV技术提升网络的智能性、异构能力、端到端的面向业务的服务能力，将AI技术逐步引入到管理和控制系统中，推动网络进化出高智能大脑；在底层物理设施方面，将ROADM、WSON逐步引入WDM网络，以G.654E大有效面积超低衰减光纤结合400G及以上高速传输技术，打造高性能光网络，才能直面5G和云网一体的伟大时代。

关键词： 光网络，网络开源，SDN/NFV，ROADM，WSON

一、运营转型的时代背景

人类通信信息事业发展到当今时代，已经成为推动社会进步的革命性力量，深刻改变着世界的面貌，由此带来了国家发展的新机遇、百姓生活的新空间、社会治理的新领域、产业升级的新动能和国际竞争的新疆域。因应这一世界潮流，中国国家十三五规划和习近平总书记在全国网络安全和信息化工作会议上的重要讲话，阐述了建设网络强国的伟大战略思想，成为我国提升综合国际竞争力的决定性举措之一。

面对这一宏大的历史进程，我国通信信息领域从顶层设计和组织领导、基础设施建设、互联网应用、先进技术和关键设备自主创新等方面综合部署，精诚合作，全力投入。而作为网络服务提供者的基础通信运营商，也面临广泛的运营转型：一方面，ICT大行业和数字经济蓬勃发展，通信需求迅猛、流量快速增长，各类云、大数据、物联网、人工智能、区块链、虚拟现实和增强现实、5G移动通信等ICT技术创新和跨界融合带来新的行业机遇，加上网络强国、两化融合、自主创新等国家政策强力驱动，成为我国信息通信行业蓬勃发展的内生因素；另一方面，基于人口红利的个人市场已经接近饱和，通信运营业的量收剪刀差持续扩大，行业地位下降、市场竞争激烈，业内寄予厚望的5G技术的运营模式和投资回报还在努力探索中，网络重构和业务转型也给运营业带来了巨大挑战。

二、业务创新呼唤先进技术

传统的通信和信息业务目前已经不能适应网络强国建设的需求，以智慧城市、政企ICT、大数据智能化、通信云、人工智能和产业互联网为代表的新业务形态和模式不断涌现，会同5G时代来临，信息采集、存贮、分发和传送过程的变化使得传统的通信枢纽转向数据中心化，创新业务对通信网络提出了前所未有的要求，催生了CUBE-Net2.0+和SD-WAN等架构的出现。

业界对光网络的未来发展进行了充分的探讨，就可见的先进技术有了初步的共识，即以SDN技术提升网络的智能性、异构能力、端到端的面向业务的服务能力；将人工智能技术逐步引入到网络的管理和控制系统中，推动网络进化出智能大脑；原有波分复用网络引入ROADM、WSON实现网络化和自动化；以400G乃至更高速率的光调制技术配合G.654E低损耗大有效面积光纤打造基础传送平台，并探索多芯和少模光纤的实践应用。

三、网络从OTN向SDN演进

软件定义网络SDN是相对于原有的固态通信网的一种重构，体现的是一种思想体系的转变和软件控制技术的进展。当传统客户对现有网络技术的僵化和低效不满时，具备网络能力开放和用户自我控制的SDN自然应运而生。

未来SDN技术将使光传输网络的OTN层与WDM层的解耦，促成简单的OTN白光口组网，实现OTN接口跨厂家互通，同一复用段两端及光层解耦、光模块与设备解耦，对用户来说可以做到最终业务端到端的自动化指派和性能管理，即使这一业务经过了多个网络和多个厂商。这一技术和运营模式的改变，将对现有的网络设备供应商格局造成冲击。

目前OTN的SDN发展还在探讨和发展中，网管和控制器一体化的趋势逐渐明显，但在北向接口标准、信息模型、跨厂家调度能力等方面还需继续完善，也期待更多的厂商参与。我国三大电信运营商基于自身需求和网络特点，已开始进行区域化和专业化的SDN部署，以更好适应不同的客户需求。

四、人工智能打造网络中台

智能网络是指具备认知智能、支持能力开放、可实现智能应用的新一代网络，是通向未来网络的关键步骤。

随着技术的不断进步，机器学习佐证了算法理论，新一代并行计算和边缘计算解决了算力问题，而大数据为机器训练与推理提供了广阔的素材和想象空间。智能体系的发展，加上5G和物联网产生的大数据，以及SDN/NFV作为网络可控的物理基础，催生了人工智能在通信网中的部署，从传统的态势感知和人工干预起步，逐步过渡到具备专家系统能力、预测未来趋势、智能认知和智能实时调整的网络中台。

在光网络领域，未来设想的人工智能应用可实现对光缆线路、光传输系统的历史经历和业务负载进行综合分析，实时监测系统运行状态和功率衰减误码等关键信息，以神经网络技术对故障和告警进行溯源和关联挖掘，通过人力无法完成的比对分析深度学习算法，不但能寻找故障根本原因，还能实现网络长期自动监测、分析预警和自动工单，乃至自动赋值QoS和业务开放，实现网络运行和监控的高度智能化。

五、WDM化身ROADM-WSON

传统的波分复用系统基本相当于单条光链路的线性传输系统，需要大量的解复用和跳接才能实现网络调度和路径重构，这导致了网元复杂多样、维护调度困难的弊端。ROADM技术可从总体上减少OTU数量，对波道级业务提供可靠、高效的保护，对业务和路径进行灵活调度，简化、优化运行维护，从而降低网络成本，提升市场竞争力，成为网络智能化的重要一环。

目前该领域技术发展的重要方向是智能控制系统和关键光器件。根据中国运营商已经部署的试验系统的探索，智能控制系统目前正在不断完善，规划工具预计可实现智能的网络拓扑优化和规划建议，提前预警网络局部拥塞段落，智能化中继配置和保护方式；管控系统可实现面向用户的业务配置与下发逐步解决控制平面与网管平面的结合、WSON与OMSP的协同、参数的优化和智能化配置等问题，传输性能具备充分的保证；而体现关键元器件技术水平的WSON信令和主控、合分波、WSS等已经不断取得进展，但随着光网络在城域网不断下沉，大量增加的ROADM需求将对自动智能系统的要求越来越高，而且对成本非常敏感。

ROADM技术只有在充分连接的Mesh网络中才能良好发挥技术潜力并具备高度的灵活性，这在客观上对通信系统的管线、光纤光缆、机房和电源等底层资源提出了更高的要求。

六、迈向400G和更高速率

以100G单波速率为代表的WDM技术取得了巨大的成功，更高速率的光通信技术也已蓄势待发。总体上看，400G相关的国际标准和行业标准陆续在2017～2018年完成和发布，标准化基本完成。

400G调制技术目前仍呈多流派趋势，尚没有统一和明确，PM-16QAM、PM-8QAM和PM-QPSK都在持续研究中，其中双子载波PM-16QAM技术和产品上较为成熟。典型的16QAM和8QAM适应于城域和骨干网，QPSK适用于骨干网长距离传输；对于城域网内短距传输（100km以内），也可采用单载波技术（16QAM）。在SDN/WSON/规划软件等技术成熟完善后，还可以通过SDN的智能计算和规划能力，采用灵活栅格部署。

不同光纤上400G系统传输性能差异大，G.654优于G.652，G.652优于G.655，同样调制编码方式下，最佳入纤光功率和标准跨段传输距离不同；长距离400G系统不建议采用G.655光纤。

考虑到400G和100G的并行、G.654E和G.652D光纤的混合组网，在实际的网络部署中是较为复杂的，需保证OMSP主备用路由的性能，否则会存在采用不同光纤路由切换后系统无法工作的风险：在不同速率混传（100G与400G）时，需考虑不同速率时的无电中继传输能力差异；相同速率不同调制方式（双载波16QAM与8QAM等）时，需考虑不同调制格式传输能力差异；主备用路由不同光纤类型时，需要考虑不同光纤上400G系统传输能力差异。

目前400G速率已可试商用，中国三大运营商在国内开通了若干本地和长途实验网；单通道的600G或者双通道的1.2T传输速率也已在业内发布，但尚不支持长途传输。

七、新型光纤铸就未来光网络的基石

增大光纤有效面积、降低光纤衰减系数，是提升传输性能和延长传输距离的重要手段，也是当前新型光纤技术发展的主要方向，由此产生了G.654E型光纤的陆地应用问题。

2015年中国联通开始建设的哈密—巴里坤、济南—青岛两个试验段是世界上第一次实际部署G.654E陆地光缆干线，自然地理和气候环境复杂，敷设方式多样，可以涵盖全球99%以上的光纤光缆施工和运行环境。

国内外新锐光纤企业纷纷参加了这两个试验项目，在同一条光缆内将G.652D和G.654光纤分别安排在不同松套管中，采用相同的成缆及施工敷设工艺，验证了G.654E光纤可以采用与G.652光纤相同的光缆生产制造工艺，G.654E光纤的衰减、宏弯、机械/环境等性能均保持良好；G.654E光纤接续要求与接续性能，与G.652光纤相同；G.654E光纤的引入，并不会在光缆生产制造以及施工敷设中增加建设成本，也不会在接续维护中增加后期的维护成本；目前常用光缆结构下，G.654E光纤可适用于复杂陆地工作环境，包括架空及管道敷设。这些验证成果证明了新型光纤能够满足中国大部分地区的敷设和工作环境要求，具备环境普适性。

基于业内研究和外场试验，适应于陆地传送系统的ITU - TG.654.E标准，已于2016年9月发布；中国标准拟进一步缩小G.654.E光纤有效面积范围，建议为120～130um^2；MFD范围12.5±0.5um，光纤衰减系数，应充分考虑技术先进性引导、技术实现难度以及成本，建议不大于0.17dB/km。

目前G.654E光纤已经开始规模化进入长途干线传输网的建设，可以预见，随着G.654E研发和生产技术的逐渐普及，以及近年来光纤企业大规模扩产的趋势，G.654E的价格会进入合理的区间，产业逐渐成熟，具备可采购性；在未来一段时间内，长途传输网将逐步用大有效面积超低衰减光纤对原有老旧干线光缆平行替换，铸就未来骨干传输网的基石。

在云化、宽带化、多元化的业务需求和市场压力下，中国通信运营业又一次站在了运营转型的风口浪尖。为此，光通信行业针对网络IT化、产品定制化、服务电商化的网络发展趋势，在技术领域必须迎难而上，充分提高网络的智能性、异构能力、端到端的面向业务的服务能力，以SDN/NFV、大数据和云应用作为未来发展的切入点，并融合人工智能AI技术，建设高性能光网络，力争在通信运营转型的历史浪潮中发挥巨大作用，实现2020年5G商用、城镇1000Mbps以上光网覆盖、98%的行政村光纤通达和4G覆盖的国家行动计划目标。

参考文献

（略）

作者简介

贺永涛　中国联通中讯设计院国际传输总监，长期耕耘于项目实践和理论研究一线，从事国内外光纤通信工程设计与建设管理，参加多项标准规范和政策性文件编写工作，全国优秀通信设计工作者。

赵 霞

分布式光纤传感技术在隧道盾构结构监测中的应用

赵 霞 方 玄 宁 强 冯维一
江苏法尔胜光电科技有限公司

摘 要：桥梁、隧道、铁路等城市生命线往往以巨大的网络系统存在于城市空间中，这些重大土木工程结构的健康安全也越来越受到关注。本文以无锡地铁盾构隧道为例，介绍了基于BOFDA的光纤传感器在结构安全监测中的实际应用情况，围绕分布式光纤应变传感器的感知特点、隧道结构力学分析和光纤传感网络布设等问题开展了研究，验证了DOFS技术在长距离运营隧道结构安全监测的可行性和有效性，该方法具有广阔的应用前景。

关键词：光纤传感，分布式，结构监测，智慧城市，DOFS，BOFDA

一、引言

随着我国大型基础设施，如桥梁、隧道、大坝、高铁、电力通信网络和油气管道等地不断建设和投入使用，对其生产运营过程中的安全健康监测显得尤为重要，以确保国家和人民生命财产安全、避免灾害事故发生。国家住建部、国家发改委在全国城市基础设施建设“十三五”规划中明确提出推进智慧城市基础设施建设，提高安全运行管理水平，着重打造城市基础设施工程。要开展基础设施信息化、智慧化建设与改造，建设基础设施安全运营维护管理平台，构筑物联网自动化监测系统，让城市基础设施具有自感知，自诊断的功能。但这些大型基础工程项目的结构诊断、事故预警等安全健康监测具有监测距离长、精度高、位置隐蔽、实时性和分布式等要求，使得传统的监测手段难以胜任。

分布式光纤传感技术是20世纪70年代末发展起来的，其最显著的优点就是可以准确地测出光纤沿线上任意一点的温度、应变、振动和损伤信息，而且具有损耗低、耐腐蚀、抗电磁干扰、易埋入等传统传感器不具备的优越性能，从而成为能源、水利、电力、航空、建筑、交通、安防等诸多领域最为理想的大型设施无损监测技术，能够实现大范围长距离的测量场中分布信息的获取。随着光纤制造技术及配套监测设备的发展，目前光纤传感器已经被越来越多地使用在各类监测中，并受到了用户的认可与好评。在美国，大多数基础设施开支用于包括物联网相关的“智慧城市”或“智能基础设施”。2017年，光纤传感协会（FOSA）发布了关于世界各地分布式光纤传感（DFOS）系统安装数据的细节。DFOS系统涉及了城市各个安全监测领域，包括：输电系统（22.2%）、隧道（20%）、管道（13.5%）和周界（8.4%）。

本文所探讨的布里渊光频域分析(BOFDA)是一种基于频域分析的分布式光纤传感技术，相对于时域分析技术（BOTDA），该技术具有高空间分辨率、低探测光功率等优点。本文利用该技术已在地铁和水利盾构结构的隧洞中做了大量的工程应用，可以得到光纤沿线的应变和温度分布信息，取得了良好的监测效果。

二、BOFDA在隧道结构监测中的应用

（一）工程简介

本文以无锡地铁盾构隧道为例，介绍了基于BOFDA的光纤传感器在结构安全监测中的实际应用情况。无锡地铁一号线中南禅寺——谈渡桥段地质情况复杂，特别是下穿越古运河，可能会由于淤泥及淤泥质土地基产生的不均匀竖向变形从而引起的隧道变形。此外该区段附近有频繁的土木工程项目，需要实时监测临近施工可能的影响，因此需要对该段地铁隧道解结构进行实时监测。

本文采用应变感测光缆作为感测元件，通过计算光纤的冲击响应函数确定光纤沿线的温度和应变信息，从而利用监测所得的数据，结合隧道结构模型进行分析，实现对隧道应力、竖向变形、管片裂缝、管片间错位等常见病害的长期实时监测。

（二）实施方案

为达到工程现场使用标准，在产品研发阶段，研发了应变感测光缆产品，搭建了隧道模型对应变感测光缆的施工工艺和数据处理机制进行了测试，最后通过优化算法实现对数据准确的自动采集与处理。在该项目中，应变感测光缆布设于隧道结构侧壁、顶部及道床上。其中侧壁与顶部采用应变感测光缆夹具进行安装固定，道床采用直埋敷设的方式进行安装固定，如图1所示。

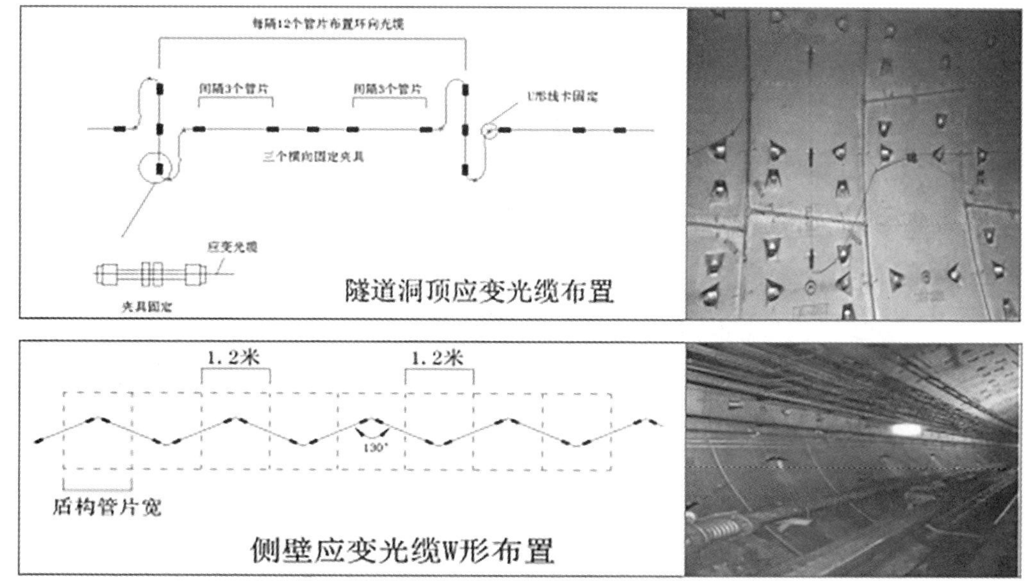

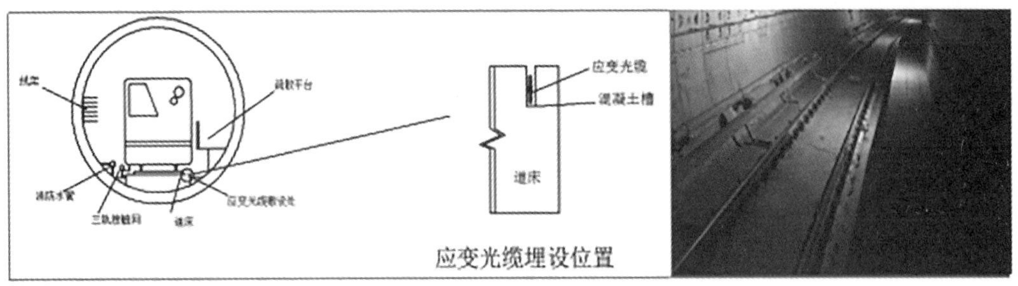

图1 隧道内分布式应变光缆布设方式

隧道环向光纤布置主要监测隧道管片的管片内力、管片间接触应力、管片间接缝变化情况。隧道侧面布置光纤用于监测隧道纵向变形。光纤布置在隧道侧壁，隧道的竖向变形可以转化为光纤收到的拉伸力。通过换算，可以计算隧道相邻管片换之间的相对错位，描绘出隧道的竖向变形曲线，反映隧道的竖向变形情况。道床进行应变感测光缆敷设可实时监测道床的内力分布情况，描绘出道床的变形曲线，弥补人工检测耗时、间隔较长的弊端。

三、安全健康监测结果

（一）无锡地铁1号线安全健康监测系统平台

在无锡地铁1号线分布式光纤传感监测项目中的软件平台采用基于B/S架构的网页形式浏览结构安全信息，并搭建了3D现场还原模型，让用户能够身临其境的感受监测成果，直接查看各个传感位置的监测数据，如图2所示。其数据查询分析功能主要包含实施数据查看、历史数据查询、单一数据分析与相关数据分析4个部分。当发现某一段数据出现异常后，可与具有相关性的数据（相邻部位、应力与温度等）进行对比分析，对比相关数据变化趋势，实现初步排查数据异常原因、进而对结构安全状态的作出初步判断。

图2 监测系统平台

（二）数据分析

本项目中采用分布式光纤传感技术对无锡地铁1号线进行监测，数据采集时间为2017年2月到6月的数据。滤掉行车、交叉施工等对数据造成的突变影响后，分析了隧道结构应力监测数据、管片位移监测数据、竖向变形监测数据和道床变形监测数据。通过计算分析后得到：无锡地铁1号线南禅寺——谈渡桥区间在监测期内最大沉降变化量为-1.95mm，最大沉降变化速率为-0.013mm/d；管片应力最大变化量为-4.94MPa，管片应力最大变化速率为-0.04MPa/d；管片位移最大变化量为-0.11mm，管片应力最大变化速率为-0.0008mm/d；道床最大应变变化值为-151.65με，折合应力值为-4.929MPa，道床最大应变变化速率为值为-1.0832με/d，折合应力值为-0.0352MPa/d。根据《城市轨道交通工程监测技术规范GB50911-2013》《盾构隧道管片质量检测技术标准》以及《建筑变形测量规范》JGJ8-2007相关要求，这些数值变化远小于规范要求的隧道结构变化量，说明该段隧道结构处于稳定、健康状态。

为说明监测系统有效性，该项目中将基于光纤传感的自动化监测数据与人工检测数据进行对比，将隧道沉降值做成曲线图，如图3所示。

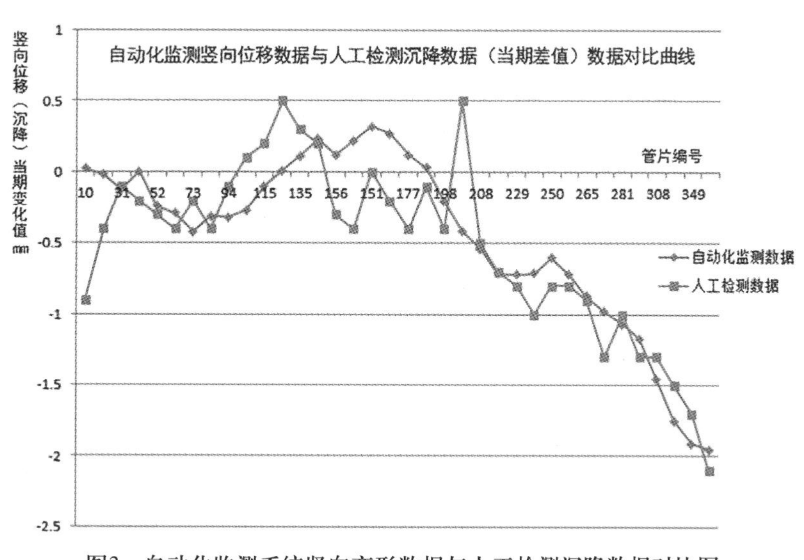

图3 自动化监测系统竖向变形数据与人工检测沉降数据对比图

由图3看出，基于分布式传感技术的自动化监测得到的隧道竖向变形数据与人工检测沉降数据趋势基本一致，且曲线更平滑，符合隧道实际情况。

五、结束语

分布式光纤传感技术可对大型结构进行长距离分布式的应变和温度检测，具有很好的应用前景。本文以无锡地铁盾构结构的健康监测，结合实际监测数据分析，表明了基于分布式光纤传感技术的隧道结构安全健康监测系统准确可靠，能够满足隧道等大型工程结构的安全健康监测需求。

参考文献

[1] Bernini R, Crocco L, Minardo A, et al. All frequency domain distributed fiber-optic Brillouin sensing. IEEE Sensors Journal, 2003, 3(1): 36-43.

[2] Bernini R, Minardo A, Zeni L. Accurate high-resolution fiber-optic distributed strain measurements for structural health monitoring. Sensors and Actuators A, 2007, 134: 389-395.

作者简介

赵　霞　高级工程师，江苏法尔胜光通信科技有限公司科技质量中心总监，江苏法尔胜光电科技有限公司总经理。江苏省“333”工程高层次人才学术技术带头人、江苏省十大科技之星、江苏省青年双创英才、无锡市劳动模范、无锡市有突出贡献中青年专家、无锡市十大杰出青年、江阴市十大杰出青年等荣誉称号。已经从事光纤传感技术及特种光纤技术研究9年。她带领团队先后承担了15项国家和省部级重点项目，其中包括中央军委装备发展部预研和型谱项目2项、国家重点研发专项4项、省级保偏光纤重点项目5项等。获授权专利37件，其中发明7件，发表专业论文42篇，科技成果鉴定及新产品鉴定共7项。获得中国专利优秀奖、中国国防技术发明二等奖、江苏省青年科技奖、江苏省科技进步二等奖。

方　玄

方　玄　江苏法尔胜光电有限公司商务经理，2011年参与国家863项目“大芯径能量光纤及医用弥散器件研究和应用”，主要负责其中光纤弥散器研究以及大芯径能量光纤的性能测试；2012年参与实施山西浮山电力开关柜触头测温项目，顺利完成项目验收；国网山西省临汾供电公司“电力设备在线测温预警系统”项目负责人，2015年6月完成项目验收；无锡市支撑“大功率光纤光缆跳线”项目主要负责人。

宁　强

宁　强　1983年生，工程师。2006年毕业于武汉理工大学，后从事结构安全健康监测工作。2013年加入江苏法尔胜光电科技有限公司，主要应用光纤传感技术为桥梁、隧道、电力、石化行业搭建定制的安全监测系统平台。

冯维一

冯维一　法尔胜泓昇集团博士后，担任法尔胜光电科技有限公司技术支持工程师。2017年博士毕业于南京理工大学光学工程专业，主要研究光学成像技术与应用，参与研制和开发光谱成像仪和图像处理算法。进入公司后开发了高功率纤芯熔接自动校准算法，目前主要研究安全健康监测数据的处理和分析。

基于塑料光纤的折射率传感器

胡学浩

胡学浩　张玉兰　罗彬彬
Christophe Caucheteur　赵明富　钟年丙
重庆世纪之光科技实业有限公司塑料光纤传感研究所
比利时蒙斯大学
重庆理工大学光纤传感与光电检测重庆市重点实验室，现代光电检测技术与仪器重庆市高校重点实验室

摘　要：塑料光纤(POF)由于具有生物相容性等诸多优点可被制作成生物传感器。本文分析了3种类型聚甲基丙烯酸甲酯（PMMA）塑料光纤折射率传感器，分别是基于倾斜光纤布拉格光栅(TFBG)，具有薄金层的TFBG和无包层POF三种技术。这三种传感器对环境折射率十分灵敏，显示出生物化学传感的巨大潜力。

关键词：PMMA，塑料光纤，生物传感器，光栅，蚀刻

一、引言

与传统的二氧化硅光纤相比，尽管POF的损耗很高，但它们具有和玻璃光纤一样的优点，比如重量轻和抗电磁干扰。一般来说，POF的价格要比玻璃光纤低。POF作为传感器还具有高弹性应变极限、高断裂韧性、高弯曲柔韧性以及对应变和温度的非常敏感的优势。POF在生物化学传感应用中具有巨大潜力[1]。

自从在1999年第一个塑料光纤光栅被制作出来[2]，光栅质量和制作效率都得到很大提高，光纤布拉格光栅(FBG)被广泛应用于传感领域，如温度传感、应变传感和湿度传感等。倾斜光纤布拉格光栅 (TFBG) 的光栅周期接近500nm，属于短周期光栅，用于C+L波段。与普通布拉格光栅相比，TFBG的栅面与光纤轴向不是完全垂直而是呈小角度倾斜。耦合特性因倾斜角度不同而不同，主要包括两种耦合，分别是纤芯模式的自反向耦合和纤芯模式与不同包层模式之间的反向耦合[3]。对于反向耦合，不同包层模式共振对环境折射率(SRI)呈现其不同的灵敏度。

表面等离子体共振(SPR)技术是用于检测金属和电介质(或分析物)界面处浓度变化的可靠技术，主要用于微流体系统中的生物化学传感。SPR激发依赖于衰减全反射(ATR)技术，即在周围的电介质中产生消逝波。当入射光的电场极化处于入射平面(所谓的径向模式或P极化)时，最大能量可以从包层模式转移到表面等离子体波。此外，当包层模式的有效折射率等于表面等离子体的有效折射率时能量发生转移并伴随吸收区域即SPR特征。等离子体的有效折射率取决于SRI实际值[4]。我们通过对SPR特征的跟踪实现较大范围的折射率传感。

FBG和TFBG在传感应用方面具有许多优势，但通常需要激光来刻录，制作工序复杂。其他POF传感器的制作方法有机械加工，飞秒激光加工和侧面抛光，这些方法通过去除包层甚至部分光纤纤芯来增强灵敏度[5]。然而，这些方法成本较高，操作复杂，难以控制光纤直径和表面形态。基于此，本文提出一种蚀刻方法，采用超声波作用乙酸水溶液对光纤进行腐蚀进而减小纤芯直径，表现出良好的透光性和在不同的葡萄糖溶液中较高的折射率灵敏度。

二、TFBG折射率传感器

6mm长倾斜角为3°的TFBG是通过扫描相位掩模板技术和325nm的He-Cd激光光刻来实现的[6]。该光纤由香港理工大学制作，其纤芯直径为8.2μm，包层直径为150μm。在透射谱中，在1530nm和1548nm之间的波长范围内出现多个包层模谐振。为了验证SRI，将TFBG浸入具有已知折射率值(Cargille油)的不同校准液体中来测量3° TFBG的透射谱变化。每次在浸入新的折射率液体之前用缓冲液清洗光栅。光栅对于折射率的反应是瞬时的。图1表示了折射率在1.42和1.49范围内变化时透射光谱的变化情况。从图中可以看出，当SRI值增加时，包层模式谐振从光谱的左侧至右侧开始消失。与石英光纤TFBG类似，这种现象是由于当增加的SRI与包层模的有效折射率一致时，包层模式不再在包层和周围介质界面上被反射，而是辐射出去，其波长称为截止波长[4]。因此，当SRI不低于包层模式的有效折射率时，透射谱是十分平滑的。

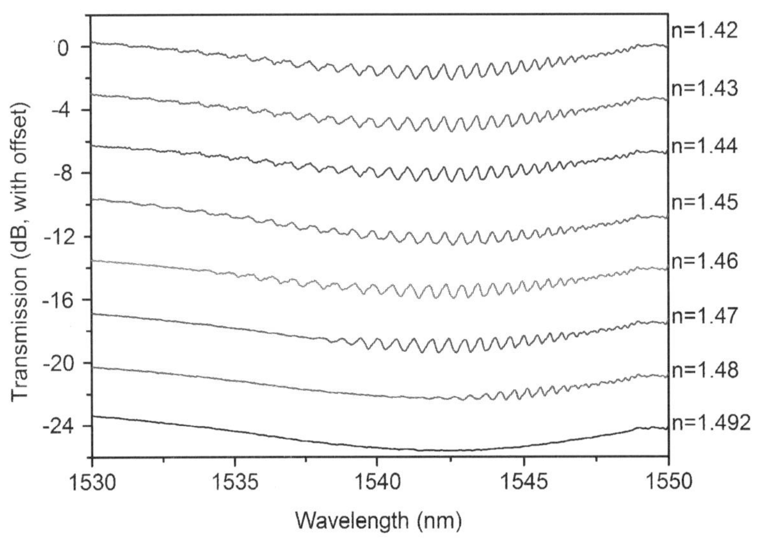

图1 SRI在1.42–1.49范围内透射谱的变化。

根据图1数据，我们采用两种常用的方法计算TFBG的折射率灵敏度[4]。第一种方法是通过对包层模式包络间的区域进行积分（图2），来实现其与SRI值的函数关系（图3）。在给定SRI范围中其函数呈单调递减趋势。当折射率超过n = 1.45时，TFBG灵敏度达到最大值。

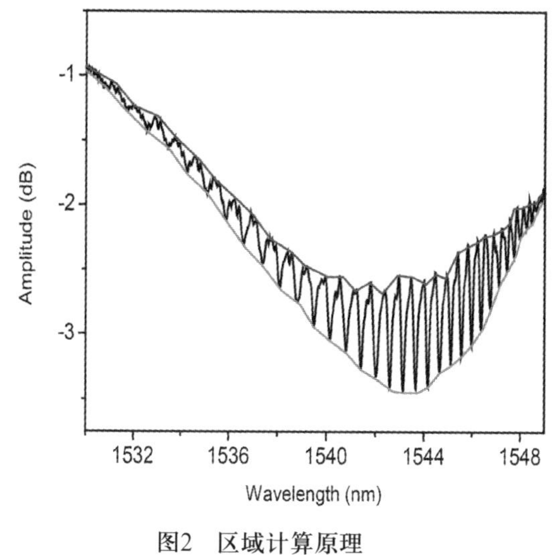

图2 区域计算原理

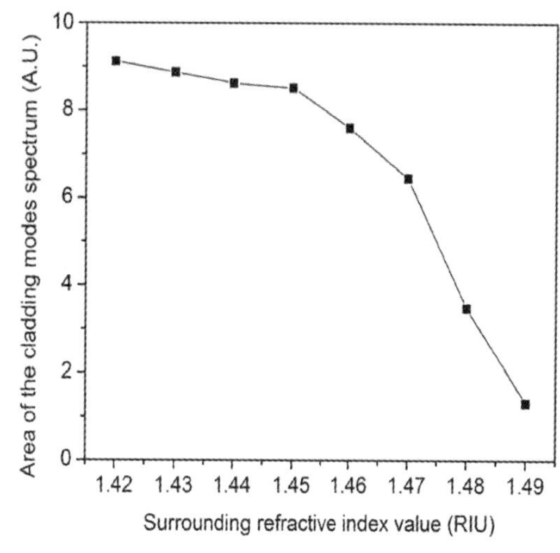

图3 透射谱包层模式界定区域面积值与SRI值的关系

第二种方法是基于包层模式波长漂移与SRI的函数关系。图4表示了3个共振的相应结果，分别约为1535nm，1540nm和1545nm。从图4观察可知，不同包层模式在给定的SRI范围内呈现出不同的折射率灵敏度。当达到截止波长时，在灵敏区域的上限获得最大灵敏度。例如，在1535nm附近的包层模式，最灵敏的区域接近1.46 折射率单位（RIU）。它的灵敏度约13nm / RIU。

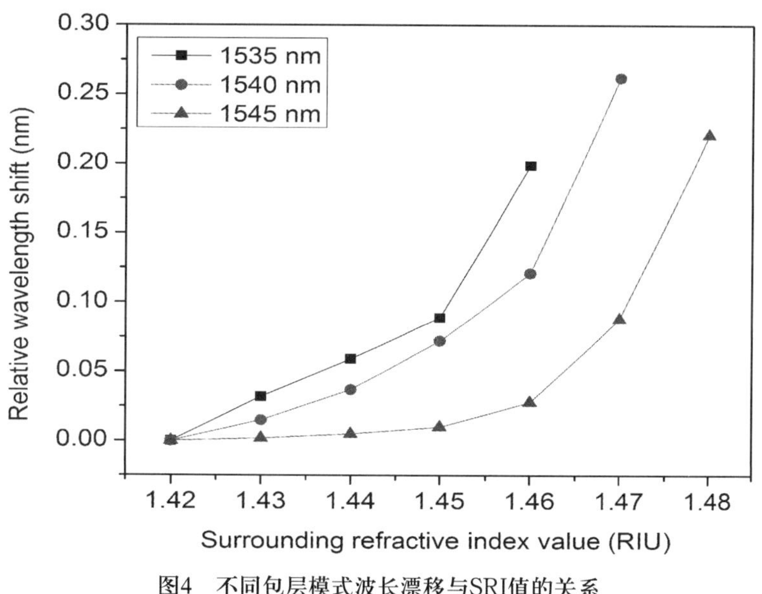

图4 不同包层模式波长漂移与SRI值的关系

三、镀金TFBG折射率传感器

首先，6mm长倾斜角为6° 的TFBG是通过静态相位掩模板技术和325nm的He-Cd激光光刻来实现的。然后，使用溅射方法对TFBG进行金涂覆，厚度约50nm。在光源和TFBG之间使用线性偏振器用以将输入光调整为P偏振态。图5表示了浸入不同校准液体(Cargille油)的6° TFBG的透射光谱的变化，其中SRI覆盖2.5×10^{-2} RIU的较大范围。通过对SPR波长红移的跟踪和对原始数据进行的线性拟合，其折射率灵敏度等于553±35nm / RIU（图6）。

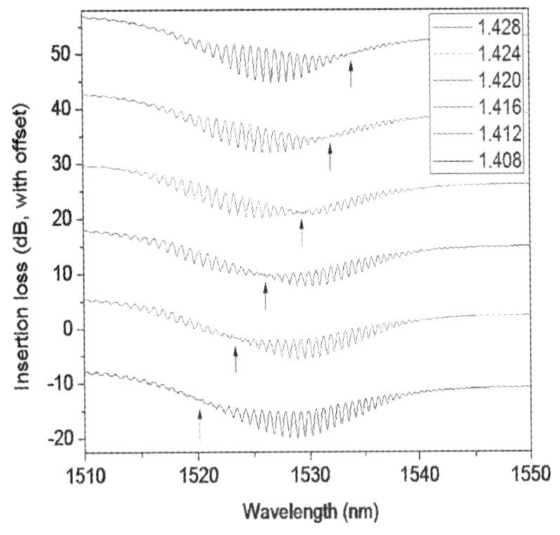

图5　50nm镀金6° TFBG在不同SRI值的透射谱变化

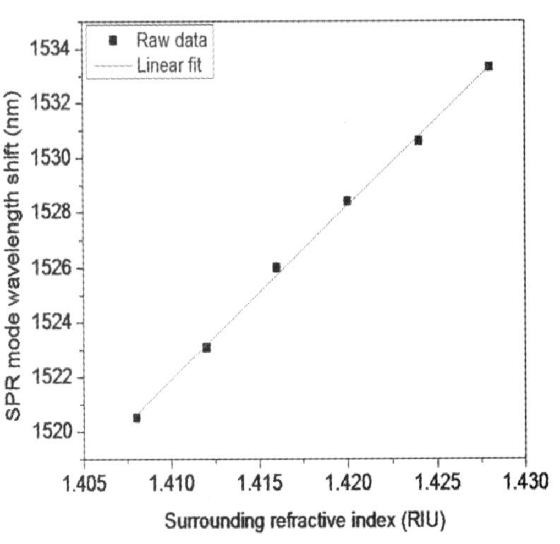

图6　SPR波长漂移与SRI值的函数关系

四、无包层POF折射率传感器

POF包括保护套，包层和纤芯，直径分别为3500μm，2000μm和1950μm。纤芯和包层分别采用PMMA材料和氟化聚合物材料，数值孔径为0.5，纤芯折射率(RI)为1.492，工作温度范围为-50℃至70℃。为了研究蚀刻参数对蚀刻速率、蚀刻POF表面形态和蚀刻POF传感器性能的影响，在其中心区域中去除长度为15mm的POF的保护套。为确保能完全去除包层，使用粗糙度为0.5μm的抛光纸将POF的直径减小到1900μm[7]。然后，用大量蒸馏水洗涤POF并用氮气干燥。蚀刻剂是乙酸的水溶液，即乙酸(纯度≥99.8%)和蒸馏水的混合物。

蚀刻系统如图7所示，主要包括蚀刻反应器(体积为340mm×50mm×50mm)、超声波清洗器(频率为40kHz，功率为80-200W)、自吸泵(2L/min)、恒温水池和温度计。用塑料软管连接超声波清洗器和水池，由水泵控制水的循环，蚀刻温度的精度在实验中保持在±0.2℃。在蚀刻过程之后，立即取出POF并用去离子水清洁10分钟。

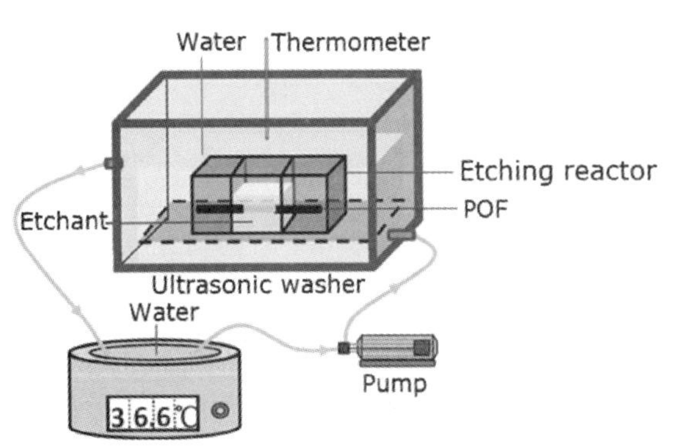

图7　超声波蚀刻系统的示意图

对于没有超声波作用的静态蚀刻技术，蚀刻光纤的直径随着蚀刻时间线性减小。若使用较低浓度的蚀刻剂蚀刻相同直径的光纤，则需要更长的时间。蚀刻速率随着蚀刻剂温度的增加而增加。然而，当乙酸水溶液浓度低于60%时，POF几乎不溶解。

我们使用光学显微镜观察蚀刻POF的

表面形态，发现大量的蚀刻物(白色泡沫)附着在POF表面的蚀刻区域上。它们主要是POF表面破碎的PMMA分子[8]。实际上，即使在不同的蚀刻速率下，通过静态蚀刻方法(没有搅拌)蚀刻POF时，我们难以获得光滑的蚀刻表面。特别是快速的蚀刻速率导致蚀刻物在蚀刻的POF表面上大量累积，导致较厚的蚀刻物膜覆在被蚀刻的POF表面上。综合考虑蚀刻速率和POF表面形态， 浓度为80%的蚀刻剂和25℃ (蚀刻速率2.5 μ m/ min) 为最佳蚀刻条件。被蚀刻后的POF的图像如图8(a)所示。

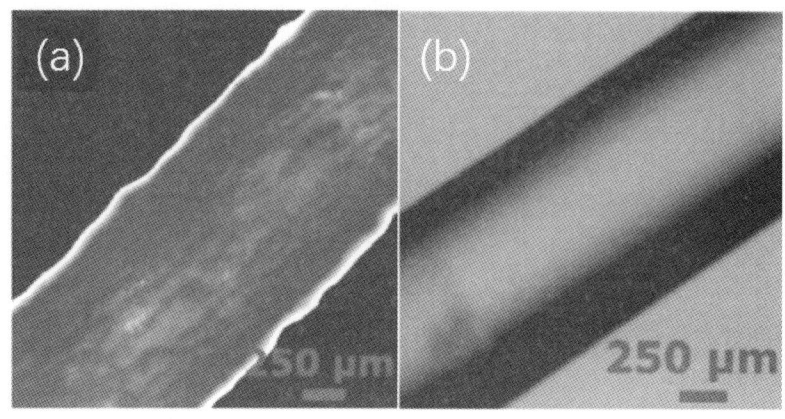

(a)没有超声波搅拌　　(b)超声波功率为130W

图8　POF表面形态的显微镜图像

蚀刻的表面形态受蚀刻速率和蚀刻物从POF表面分离速率的影响[8]。因此，为了得到光滑和清洁的POF表面，我们采用功率为130W超声波。这不仅提高了蚀刻速率，还提高了被蚀刻POF的表面光滑度。超声波可以有效且快速地将蚀刻物从POF表面分离，这将大大改善POF的表面形态。在超声波条件下被蚀刻的POF图像如图8(b)所示。

虽然超声波可以改善蚀刻过程中的光纤表面质量，但是POF的光传输和传感器的灵敏度还不清楚。为了评估所制备的POF传感器在不同超声波功率下的性能，首先使用直径为1000 μ m被蚀刻的POF作为传感区域来分析所制备的传感器的光透射率。实验结果如图9(a)所示，蚀刻条件为温度25℃，浓度80%和功率范围0-160W。当利用更高功率的超声波时，POF表面上附着的白色泡沫则更少。这将减弱在光纤和蚀刻物界面对光的吸收、散射和折射，被蚀刻的POF的光谱传输特性逐渐改善。从图9(a)中可知，当超声波功率高于130 W时，被蚀刻的POF与未被蚀刻(正常)的POF具有非常接近的透射光谱分布。

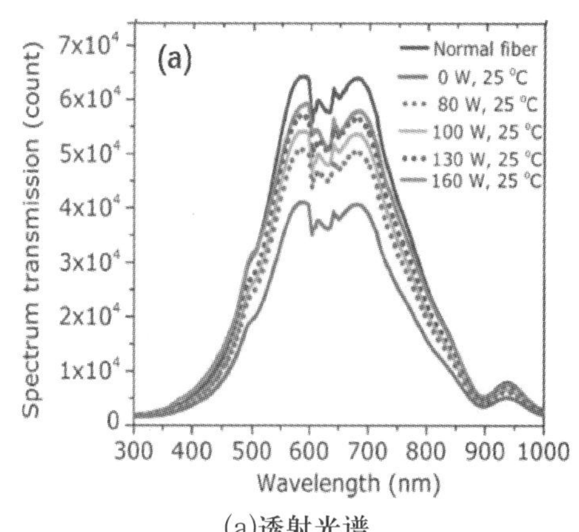

(a)透射光谱

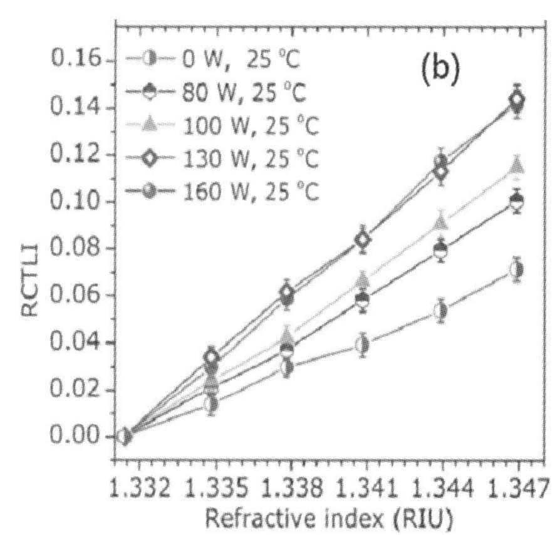

(b)经超声搅拌的蚀刻POF的灵敏度

图9　透射光谱和经超声搅拌的蚀刻POF的灵敏度

为了获得高灵敏度的POF传感器，我们使用葡萄糖溶液进行测试。通过透射光强度(RCTLI)的变化分析传感器的灵敏度。RCTLI =(Ii-I0)/ I0，其中I0是溶液的输出功率，对应折射率（RI）为1.3314(葡萄糖溶液浓度为0)，Ii为溶液的输出功率，RI范围为1.3314至1.3469(葡萄糖溶液在0-12.5g / 100ml范围内)。如图9(b)所示，RCTLI随葡萄糖溶液的RI增加而线性增加。通过分析可知，溶液的RI增加降低了光纤和葡萄糖溶液之间的RI差异，导致更多光模式耦合到光纤从而使输出光强度增加[9]。此外，POF传感器的灵敏度随着超声波功率在给定范围内增加而增加。然而，当蚀刻剂浓度为80%，温度为25℃，超声波功率在130W以上时，传感器的灵敏度保持不变，其值为9.1 / RIU。

五、结论

本文介绍了3种分别基于TFBG，镀金TFBG和无包层光纤的折射率传感器。它们提供了不同的方法来感知周围的折射率，显示出生物化学传感的巨大潜力。

参考文献

[1] K. Peters, “Polymer optical fiber sensors—a review”, Smart Mater. Struct., 20, 013002, 2011.

[2] Z. Xiong, G. D. Peng, B. Wu, P. L. Chu, “Highly tunable Bragg gratings in single-mode polymer optical fibers”, IEEE Photon. Technol. Lett., 11, 3, 352-354, 1999.

[3] T. Erdogan, J. E. Sipe, “Tilted fiber phase gratings”, J. Opt. Soc. Am. A, 13, 2, 296-313, 1996.

[4] J. Albert, L. Y. Shao, C. Caucheteur, “Tilted fiber Bragg grating”, sensors Laser Photon. Rev., 7, 1, 83-108, 2013.

[5] G. Liu, D. Feng, “Evanescent wave analysis and experimental realization of refractive index sensor based on D-shaped plastic optical fiber”, Optik, 127, 2, 690-693, 2016.

[6] X. Hu, C.-F. J. Pun, H. Y. Tam, P. Mégret, C. Caucheteur, “Highly reflective Bragg gratings in slightly etched step-index polymer optical fiber”, Opt. Express, 22, 15, 18807-18817, 2014.

[7] N. B. Zhong, Z. K. Wang, M. Chen, X. Xin, R. H. Wu, Y. Y. Cen, Y. S. Li, “Three-layer-structure polymer optical fiber with a rough interlayer surface as a highly sensitive evanescent wave sensor”, Sens. Actuators B, 254, 133-142, 2018.

[8] D. F. Merchant, P. J. Scully, N. F. Schmitt, “Chemical tapering of polymer optical fibre”, Sens. Actuators A, 76, 1-3, 365–371, 1999.

[9] N. B. Zhong, Q. Liao, X. Zhu, M. F. Zhao, Y. Huang, R. Chen, “Temperature-independent polymer optical fiber evanescent wave sensor”, Sci. Rep., 5, 11508, 2015.

作者简介

胡学浩　本科与硕士分别毕业于吉林大学物理学院光信息科学与技术专业和光学专业，曾在中国电子科技集团公司第十一研究所从事固体激光器的研发工作，博士毕业于比利时蒙斯大学塑料光纤传感方向，现就职于重庆世纪之光科技实业有限公司下属信息科技产业研究院，负责塑料光纤传感器的开发工作。

《年鉴》2017年版优秀作品奖选登篇

戚　卫

大容量光纤通信用新型光纤技术发展趋势预测

戚　卫　烽火通信科技股份有限公司线缆产出线副总裁　高级工程师
罗文勇　烽火通信科技股份有限公司　高级工程师
杜　城　烽火通信科技股份有限公司　工程师

摘　要：随着通信网络传输容量的不断提升，光纤通信也发展到了一个新的高度。但当前常规单模光纤传输容量已面临香农极限，继续扩展光纤通信容量密度的潜力面临瓶颈，因此为了进一步发挥光纤通信的极宽频带、抗电磁干扰、低传输损耗等优点，面向大容量通信的多种新型传输光纤应运而生。本文简要介绍了以超低损耗光纤、多芯光纤、少模光纤、轨道角动量传输光纤为代表的新型光纤及其关键技术。

关键词：大容量通信，超低损耗光纤，多芯光纤，少模光纤，轨道角动量传输光纤

一、前言

信息技术已是我国国民经济发展最重要的生产力来源之一，我国信息系统的规模与扩展速度居世界前列。光纤通信技术是最具代表性的信息技术，光纤作为光通信的核心基础材料，是光通信系统不可或缺组成部分，其技术水平关乎光通信系统传输容量的发展。随着社会信息化的发展，传统的光纤技术已难以满足信息容量的飞速发展需求，诸多为发展大容量信息通信的新型光纤技术开始涌现。本文将主要介绍当前大容量通信领域研究与应用热度较高的超低损耗光纤、多芯光纤、少模光纤、轨道角动量传输光纤为代表的新型光纤及其关键技术。

二、超低损耗单模光纤

随着全球信息化的爆发式增长，通信系统的数据流量近年来以50%～80%的年复合增长率快速增长，这要求光通信技术向超大容量、超长距离、超高速率方向发展。400G乃至超400G技术已成为世界主要大国和跨地区的重点通信网络建设方案。

而在主干网高速光网络远距离传输中，光纤的衰减问题难以避免，超低损耗光纤的推出则为解决这一难题提供了新的思路。超低损耗光纤技术最先由日本住友、藤仓、古河，以及美国康宁在实验室开发出来，国外商用生产光纤的损耗已经达到0.162dB/km，实验室水平达到了0.149dB/km。

国内包括烽火通信科技股份有限公司(以下简称烽火通信)等多家光纤企业也相继针

对我国实际需求特点开展了超低损耗光纤的研制，2015年，经过数年的技术攻关与努力，烽火通信等企业相继开发出了衰减系数在0.16-0.17dB/km的商用化超低损耗单模光纤产品，并与运营商一起对光纤进行了开展了重点考察有效面积以及衰减系数的传输验证试验，主要是解决超100G超长距离传输中链路瓶颈。

超低损耗光纤如要大规模应用，还需要在技术指标、价格、供应能力上全面突破，从而更好地为我国通信发展建设服务，推动我国信息化发展。

三、多维复用传输光纤

（一）少模光纤

近年来，标准单模光纤的传输容量瓶颈问题促使模分复用技术再次成为研究焦点，相关器件和理论研究进展迅速。模分复用光传输最关键的技术就是实现光纤中传导模式的精确控制，将多路信息加载到少模光纤中的不同空间模式上，并在接收端进行分离。其中少模光纤是关键的传输器件。

自 Roland Ryf 等2011年首次利用少模光纤和多输入多输出数字信号处理（MIMO-DSP）实现 3 个空间模式的复用传输以来，少模光纤的研究如雨后春笋在全球开展起来。2015 年召开的 OFC 会议上，美国OFS 公司和Prysmian 公司分别提出了不同结构的支持9 个LP 模式的少模光纤，具有较低的差分模式时延，空间模式数目高达15 个。

作为复用模式的传输波导，少模光纤的性质对复用信号的传输质量影响很大，因此少模光纤的设计尤为重要，损耗是重要参数。为了能够应用于大容量模分复用光传输，少模光纤通常需要支持较多模式的低损耗传输，降低光纤的差分模式损耗（即不同的模式的损耗差，DMA）。

（二）多芯光纤

多芯光纤是一种在共同的包层区中存在的多个独立纤芯的新型光纤，目前在光纤传感、光纤通信以及光纤激光领域都有较为广泛的应用。尤其在大容量通信领域，国内基于多芯光纤的通信技术不断刷新世界纪录。2017年2月4日，经过持续攻关，烽火科技在国内首次实现560Tb/s超大容量波分复用及空分复用的光传输系统实验，传输容量是日常用标准单模光纤传输系统最大容量的5倍。通俗地讲就是：可以实现一

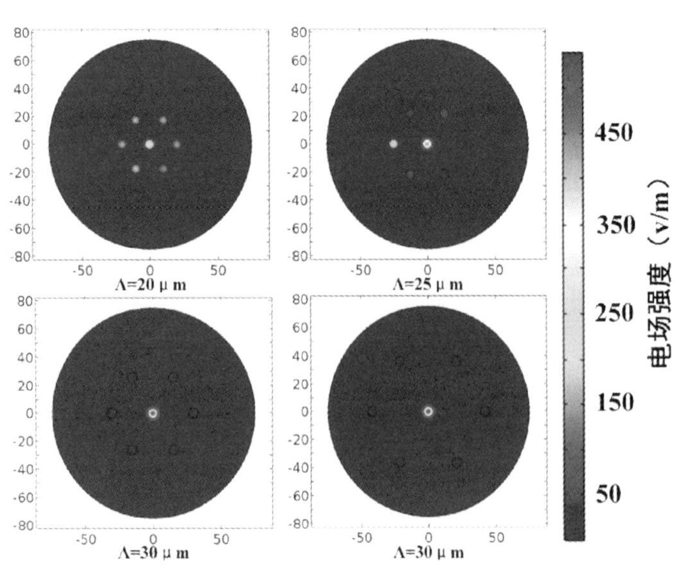

图1 七芯型多芯光纤仿真模拟图

根光纤上67.5亿对人，也就是135亿人同时通话，其光场分布如图1所示。

四、轨道角动量传输光纤

随着接近非线性香农极限的单模光纤100-Tbit/s光纤传输容量的实现，留给现有技术进一步提升通信容量的空间已经越来越少了。为了进一步可持续性提高通信容量和频谱效率，势必需要寻找新的途径，这需要回归到光波最基本的维度资源上来。因此近年来基于轨道角动量（OAM：Orbital Angular Momentum）模式的空分复用技术在国内外引起了广泛关注。

光子轨道角动量具有一个很重要的特性：具有不同阶数（l）的光子轨道角动量是正交的，并且l 的取值在理论上可以是（$-\infty$，$+\infty$）内的任意整数值。类似在光通信发展过程中获得重大成功的波分复用（不同波长取值多样且正交）技术，不同光子轨道角动量的取值多样性及其正交性使得光子轨道角动量也可以应用于复用技术，即光子轨道角动量模式复用。通过复用携带不同信息的多个光子轨道角动量模式共轴传输，也可以为光通信系统的可持续性扩容提供新途径。

光子轨道角动量光通信在自由空间传输方面，由于受到光波传播衍射发散和大气湍流等影响，难以实现长距离传输，且传输光路不灵活。因此难以实现长距离传输和广泛应用。从光通信发展经验来看，大规模通信网的建立必须依赖于光纤，光子轨道角动量通信要想进一步发展也不例外，必须融入现有光纤通信体系中。因此，发展光子轨道角动量光纤通信是必然趋势，是决定光子轨道角动量光通信是否可以进一步推广应用的关键所在。

已有多个验证实验表明，由于轨道角动量模式特殊性，传统的单模光纤和多模光纤会导致模式串扰，无法支持光子轨道角动量模式长距离传输。因此光子轨道角动量光纤通信迫切需要新型光纤，特别是可以支持多个通道光子轨道角动量模式传输的低损耗光纤，以及中继器需求的匹配增益光纤。

2012 年美国南加州大学和华中科技大学合作实现了双偏振模16个光子轨道角动量模式的复用传输，频谱效率达95.7 bit/s/Hz，传输容量为2.56 Tbit/s，相关成果发表在Nature Photonics上。进一步利用光子轨道角动量模式复用融合已有复用技术，2014 年华中科技大学和烽火通信科技股份有限公司合作通过双偏振22 个光子轨道角动量模式复用实现了230 bit/s/Hz高频谱效率，通过双偏振26 个光子轨道角动量模式并覆盖C+L波段实现了1.036 Pbit/s通信容量。图2是一种OAM光纤的相位特性图。

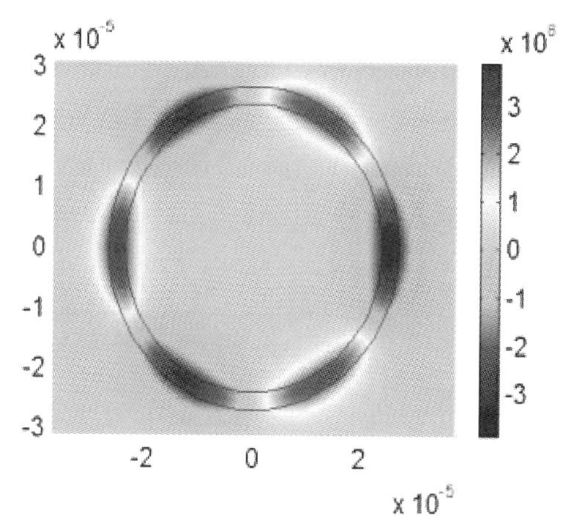

图2　单环OAM光纤相位特性示意图

OAM光纤制造工艺相对比较复杂，需要通过环形纤芯折射率突变控制和内应力消除等技术，解决高折射率环形纤芯结构光纤预制棒应力损伤难题，实现结构均一的大尺寸环形纤芯结构OAM光纤制备

五、结论

在过去20年，随着世界各地网络运营服务的不断渗透，全球网络流量保持了每年30-60%的增长速度。依赖于物联网和云计算的新应用、大型数据中心的出现可能会进一步加速这一增长过程。云服务正在让网络越来越多地扮演着分布式计算机接口的角色，这类型应用所需的网络带宽和数据处理能力是极大的，已接近每年90%的增长速度。根据目前的发展速度，整个网络的容量将在未来10年至少提升100 倍，而同期常规单模光纤通信系统容量的提升将会落后网络流量增速一个数量级。如何可持续提高通信系统容量，以应对不断增长的容量需求，已成为了光通信亟待解决的关键问题。超低损耗光纤、多芯光纤、少模光纤、轨道角动量传输光纤等新型光纤技术将是未来光纤通信传输技术的重要发展方向。

参考文献

[1] A. D. Ellis, J. Zhao, and D. Cotter, “Approaching the Non-Linear Shannon Limit,” J. Lightw. Technol.,vol. 28, no. 4, pp. 423-433, 2010.

[2] B. Thidé, H. Then, J. Sjöholm, K. Palmer, J. Bergman, T. D. Carozzi, Y. N. Istomin, N. H. Ibragimov, and R. Khamitova, “Utilization of photon orbital angular momentum in the low-frequency radio domain,” Phys. Rev. Lett.,vol. 99, no. 087701, 2007.

[3] Wenyong Luo，Shiyu Li，Weichen，etc，“Low-loss Bending-insensitive Micro-structured optical fiber for FTTH” 2012 12 61st IWCS.

[4] N. Bozinovic, Y. Yue, Y. Ren, M. Tur, P. Kristensen, A. Willner, and S. Ramachandran, “Orbital angular momentum (OAM) based mode division multiplexing (MDM) over a km-length fiber,” presented at the ECOC’2012, Amsterdam, The Netherlands, Jun. 2012.

[5] J. Wang, J.Y. Yang, I.M. Fazal, N. Ahmed, Y. Yan, H. Huang, Y. Ren, Y. Yue, S. Dolinar, M. Tur, and A. E. Willner, “Terabit free-space data transmission employing orbital angular momentum multiplexing,” Nature Photon.,vol. 6, pp. 488-496, 2012.

作者简介

戚　卫　高级工程师，已从事光纤光缆技术研究达25年；现为烽火通信科技股份有限公司线缆产出线副总裁。曾获2014年度中国通信学会科学技术一等奖、2015年度国家科技进步二等奖。

罗文勇

罗文勇　高级工程师，已从事光纤光缆技术研究达15年；曾获2014年度中国通信学会科学技术一等奖、2015年度国家科技进步二等奖、2015年度中国专利奖优秀奖。

杜　城

杜　城　工程师，从事光纤新技术和光纤新产品项目的研发工作。参加或主持国家项目10余项，曾获军队科技进步一等奖、中国专利优秀奖。

陈 伟

传感光纤技术未来50年发展趋势预测

陈 伟 江苏亨通光纤科技有限公司总工程师 教授级高工 博士

摘 要：物联网是继计算机与互联网之后的第三波信息产业浪潮，而光纤传感是物联网的感知层、网络层与应用层的核心技术，传感光纤作为光纤传感的关键载体对于发展物联网及解决行业技术难题具有重要意义。展望未来，高端传感光纤可望向着“微纳化”“耐受多极限环境化”“阵列分布式化”“多芯化”“光子晶体光纤化”5个技术方向演进，并将推动新兴科学技术的进步，促进信息化、智能化及人工智能的加速发展，其技术进步将对人类生产和生活产生积极而深远的影响。

关键词：光纤传感，传感光纤，物联网，人工智能，光子晶体光纤，微纳光纤

一、引言

光纤作为光通信的基础而关键传输载体，在高琨科学家成功预言并实践应用的“第一个50年”得到了快速发展。我国作为光纤的后起之秀，经过科学界与产业界的刻苦攻关与共同努力，形成了规模化的产业集群，并且我国光纤年产量与消费量已经超过全球的57%，中国光纤光缆在全球的光纤光缆行业占据举足轻重的地位。在“第一个50年”的历史长河中，光纤在光纤通信领域得到了规模化地广泛应用，促进了全球宽带信息高速公路的发展，拉近了全世界人民的距离，改善了整个人类的生活生态环境。

光纤传感技术与光纤通信技术相伴而生，光纤通信技术的高速发展也促进了光纤传感技术的发展。进入21世纪，物联网（IoT）技术的发展大大拓展了光纤的新应用范围，物联网需要大量的光纤进行“传与感”，物联网将是光纤的第二个“杀手级”的规模化应用。展望未来，光纤与光将无所不在，物联网将是光纤在“第二个50年”中再次发挥其超凡魅力的新的历史舞台，也必将对人类智能化生活产生积极而深远的影响。

二、光纤传感需求与市场容量分析

物联网是继“计算机”和“互联网”之后，被称为第三波信息产业浪潮。根据美

国计算机技术工业协会（CompTIA）与全球物联网观察预测，全球物联网在2016年市场规模达到229亿美元，预计到2022年达到670亿美元（图1所示）。我国在大力发展物联网，华为、中兴等正进行NB-IoT（窄带物联网）的产业布局，国内三大运营商的物联网连接数总计已接近1亿个。而据中国科学院物联网研究发展中心预计，2016年国内物联网行业的整体收入接近1万亿元。物联网技术在各个行业应用的比例在逐年提高，广泛渗透到生产制造、交通物流、健康医疗、消费电子、零售、汽车等行业，万物互联的时代正以极其迅速的脚步走进我们的生活。

在物联网中，光纤传感器扮演者关键的角色，光纤是物联网中关键基础的传输材料，也是关键的感知器件，是一种功能化的新型传感器。根据ElectroniCast预测[1]，从2013年到2018年，全球光纤传感器市场（包括纤维光学点式传感器和分布式传感器）的消费规模以年均18%复合速度增长，即由2013年的18.9亿美元增长到2017年的43.3亿美元，预计到2020年可望达到60亿美元的规模（图2所示）。

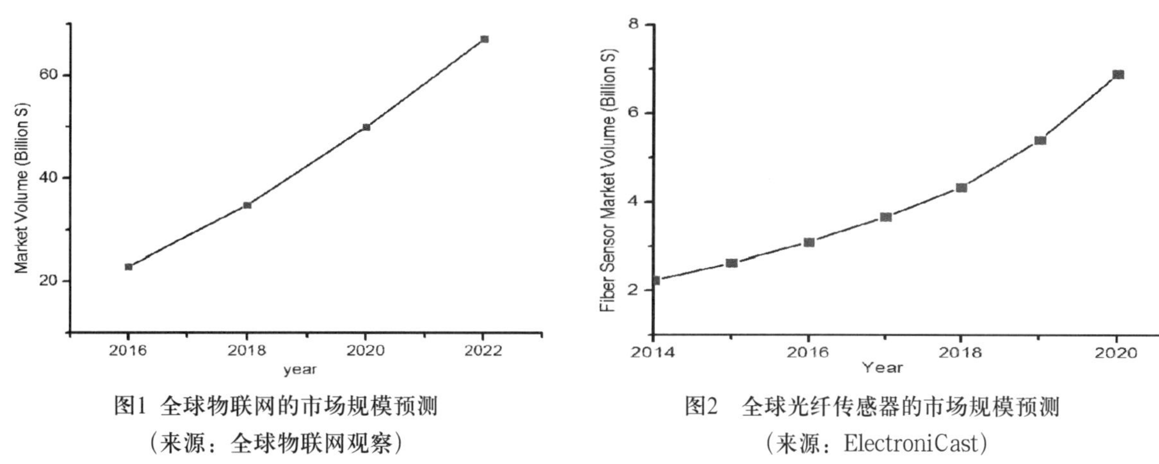

图1 全球物联网的市场规模预测
（来源：全球物联网观察）

图2 全球光纤传感器的市场规模预测
（来源：ElectroniCast）

三、传感光纤技术发展趋势

光纤属于非金属材料，采用光纤制造的传感器具有抗电磁干扰、耐腐蚀、电气绝缘、体积小、重量轻、外形灵活可变等优异性能，因此，光纤传感器迅速得到了广泛的应用。根据光纤在传感器中的不同作用，可将光纤传感器分为传感性和传光型两大类。在传光型传感器中，光纤的角色为传输光信号的作用，不起感知功能，这种光纤一般情况下使用常规的单模光纤产品。传感型光纤传感器利用外界因素改变光纤中光的强度（振幅）、相位、偏振态或波长（频率），从而对外界因素进行计量和数据传输的，称为传感器（或功能型）光纤传感器，它具有“传感一体化”的特点，信息的“获取和传输”都在光纤中进行，是具有多种学科综合交叉的含金量高的高科技。

光纤传感涉及国民经济和国防上的重要领域，并已经并正在改变着人类的日常生活方式。光纤传感器尤其可以安全有效地在恶劣环境中使用，可以有效地解决许多行业多年来一直存在的技术难题。传感光纤技术的进步必将对物联网与光信息科学等领域的科技进步产生深远影响。展望未来，传感光纤技术具有如下5个方面的发展趋势。

趋势一 传感光纤从常规尺寸向微纳化演进

提高传感光纤对外界变化量的敏感性是传感技术的一个重要课题，因此，几何尺寸的微纳化是传感光纤技术发展的一个方向。传感光纤微纳化的方法3种（图3），第一种是抛磨法（图3(a)），将光纤的包层抛光研磨去掉一部分，让纤芯中的光能够充分的泄露到包层外面；第二种方法是拉锥法（图3(b)），将光纤在加热熔熔融的状态下，两端拉伸，形成一个锥形部分，这样让光波电磁场能够泄露，从而能够感受外界的变量；第三种方法是扁平表面法（图3(c)），制造D形的预制棒，光纤芯非常接近边界，然后拉制成光纤。拉锥微纳光纤随着锥部光纤直径的减小，光功率渗透的比例逐渐增大（图4）。当锥部直径为1.4微米时，光功率渗透达到10%；当锥部直径为1.1微米时，光功率渗透达到20%；当锥部直径为0.5微米时，光功率渗透超过90%，利用这一特性可以显著提高光纤水听器对声波应变的灵敏度（图4(a)和图4(b)）。

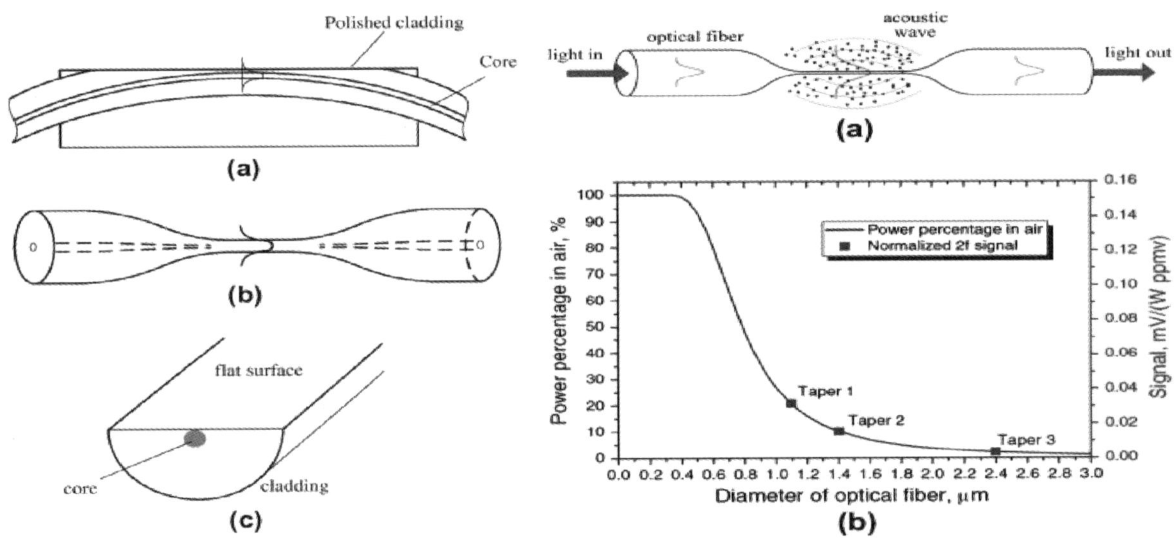

图3 三种微纳光纤的制造方法
图3(a)抛磨法，图3(b)拉锥法，图3(c)扁平表面法

图4 拉锥微纳光纤强倏逝场效应与泄露功率曲线
图4(a)光信号在拉锥光纤与声波作用
图4(b)不同拉锥长度下微纳光纤的光功率泄露曲线

光纤水听器是海洋领域对船舶军舰探测的关键技术，发展对水声波高度敏感的光纤传感器是一项重要课题。中国华中科技大学Wenjun Li等[3]研究了一种TC-ULPFG(薄芯-超长周期光纤光栅)的传感光纤（图5和图6），利用微纳光纤的强倏逝场效应，其声压灵敏度达到1.89V/Pa，比膜片式换能器灵敏度提高2个数量级，其曲率敏感度97.77dB/m。

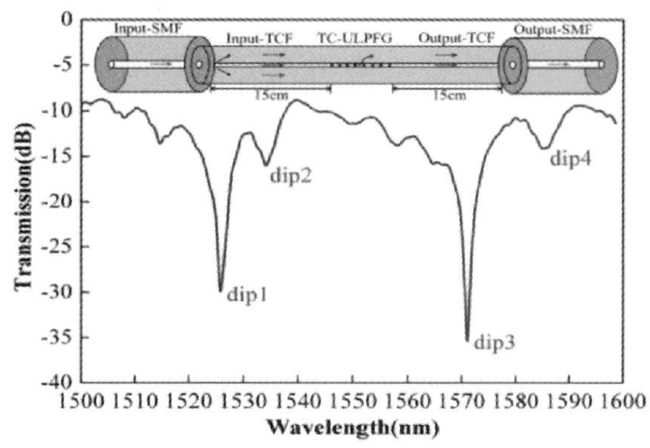

图5光纤传感器图及其传输波谱

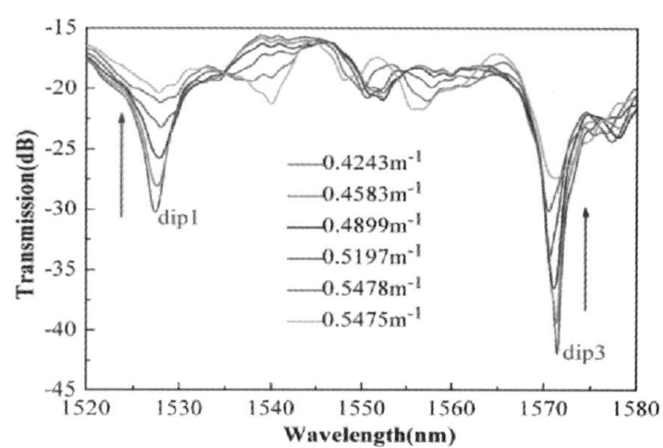

图6 不同曲率下的传输功率变化曲线

因此，传感光纤将从常规尺寸向着微纳化的方向演变，是提高光纤灵敏度，开发高端光纤传感器重要技术路径。

趋势二 常温传感光纤向“耐多极限环境”传感光纤演进

光纤传感器由于具有传统传感器不可比拟的优越性，可以安全有效地工作在恶劣环境中，成为解决长期以来各个行业技术难题的高端技术。航空发动机、高温油气井、热力管道、高温锅炉、核辐射、宇宙空间等高低温与辐射极端环境对传感器提出了新挑战，这就需要光纤能够适应不同传感应用场景的严格要求。

常规光纤的紫外固化丙烯酸树脂涂覆在高于85℃的环境下工作，会发生热老化；耐高温型紫外固化丙烯酸酯涂覆能保证光纤在150℃正常工作；硅胶涂层光纤可使光纤在200℃空气环境下长时间稳定使用；聚酰亚胺涂层光纤可使光纤在300℃空气环境下长期使用；在400℃以上采用金属涂层光纤技术，铝涂层光纤工作温度可以达到450℃，铜合金涂层可以达到600℃，金涂层可以达到700℃以上。

耐“多极限环境的”传感光纤是未来更高端传感光纤的发展与演进的技术方向，耐高温、耐腐蚀、耐极寒、耐辐射等综合环境耐受性要求新型高端传感光纤不断创新，以满足未来光纤传感多极限环境下的应用。

趋势三 单点式传感光纤向阵列分布式传感光纤演进

分布式光纤传感近来发展的势头超过了点式的传感器[4]，分布式适合大型结构，更适合光纤传感的应用，世界上发达国家使用的安全防卫系统就是基于分布式光纤传感网络系统的安全防卫技术。传统传感光纤刻写光纤光栅时，需要将光纤涂层剥开，在紫外曝光下进行刻写，刻写出的光栅然后用胶进行封装保护，这种点式刻写技术不能较好地形成高可靠的阵列分布式光栅。制造高光敏性的传感光纤预制棒，在拉制的裸石英光纤上，边拉丝边进行连续刻写光栅，通过控制刻写间距与周期，可以方便灵活地调控光栅阵列的周期，光栅的反射与透过波长，实现纵向延伸的多参量阵列光纤光栅的刻写。可以预见与未来，阵列分布式传感光纤技术是今后光纤传感技术的重要发展方向之一。

趋势四 单芯传感光纤向多芯传感光纤演进

面对更加复杂的应用环境，单芯传感光纤已不能满足多维度多参量传感的新需求，而多芯光纤为解决这一新需求提供了一个崭新的技术途径，并可以有效提高光纤传感的灵敏度[5]。西班牙科学家Javier Madrigal等[6]在7芯光纤上刻写3种不同周期的长周期光纤光栅（图7），同时实现多维度参量的光纤传感（图8）。

多芯传感光纤可以实现多维度、多参量的同时传感，并且可以采用其中一个芯作为参考通道，巧妙地消除环境背景噪音，大幅度提高光纤传感器的灵敏度，单芯传感光纤向多芯传感光纤技术是未来高端传感光纤技术演进方向之一。

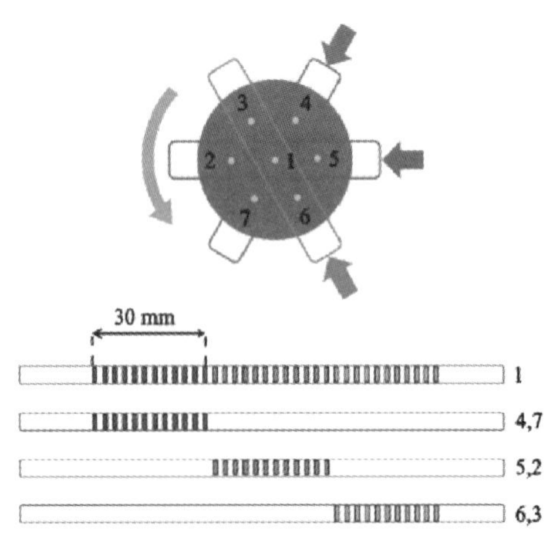

图7 七芯传感光纤结构示意图

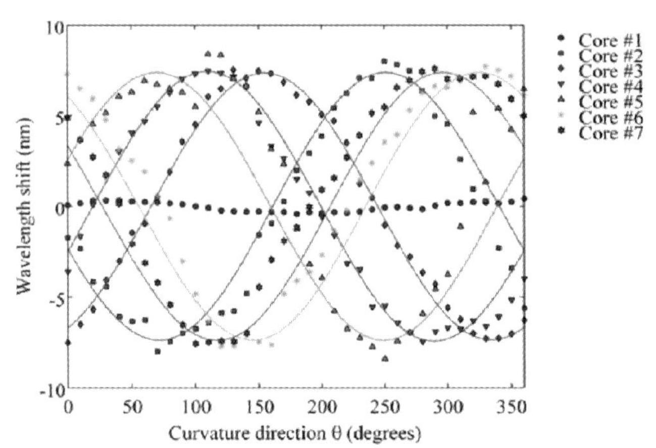

图8 七芯传感光纤的波长位移曲线

趋势五 常规传感光纤向光子晶体传感光纤演进

光子晶体光纤由于采用空气与石英的复合结构，调整结构参数可以获得常规光纤所不能获得的光学性能，如色散、非线性、截止特性、模场特性、耦合特性等。在光子晶体光纤的空气微孔中，填充各种特性的液体、气体、固体，可以实现多种液体、气体、磁场与电场的感知，光子晶体光纤传感器在医疗、液体传感、气体传感方面的应用研究越来越多[7,8]，并取得了较好的研究成果。

光子晶体光纤可以应用在惯性制导领域，采用光子晶体光纤制造的光纤陀螺仪（FOG）具有常规陀螺仪所不具备的优越性。M．Delgado-Pinar等[9]利用光子晶体光纤技术研究出一种高双折射的保偏光纤（图9（a）），该光纤在1550nm波长的群双折射高达2.1×10-3，光在光纤中的远场光强呈现明显的椭圆形（图9（b））。

光子晶体光纤传感器在基因快速检测、毒素检测、抗原抗体相互作用检测等领域的应用研究是近年来的研究热点，也是生物物理技术发展的一个重要领域。加拿大渥太华大学Altaf Khetani等[10]采用空心光子晶体光纤(图10(a))，利用表面增强拉曼散射（SERS）实现对人体白血病细胞的监控，并能够区分活性细胞、凋亡细胞与坏死细胞(图10(b))。

面对未来多参量传感的光纤传感需求，利用光子晶体光纤对液体和气体传感的独特优势，将光子晶体光纤与实芯光纤相结合，极大拓展光纤传感的感知能力，光子晶体传感光纤是新一代高端光纤传感器的重要方向之一。

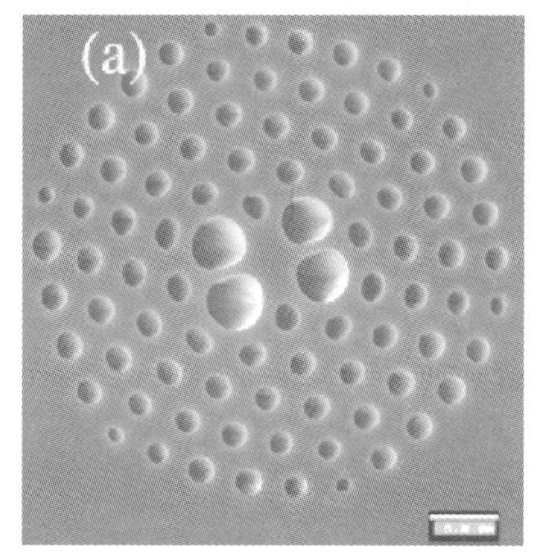

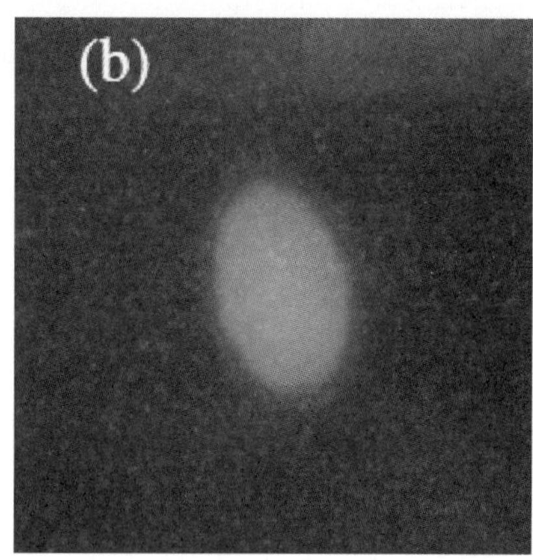

图9 光子晶体保偏光纤的端面图（a）和远场光强图（b）

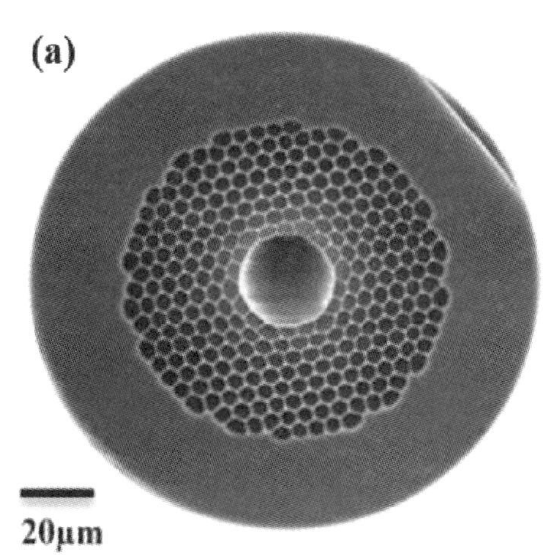

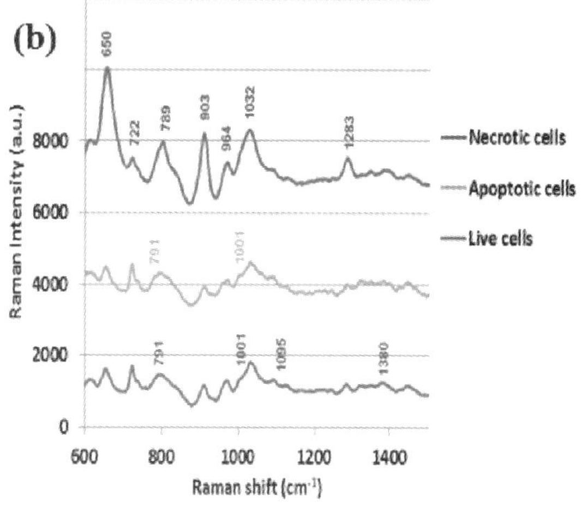

图10（a）空心光子晶体光纤端面图；　　（b）白血病细胞的Raman位移

四、结论

物联网是继计算机与互联网之后的第三波信息产业浪潮，而光纤传感是物联网的感知层、网络层与应用层的核心技术，传感光纤作为光纤传感的关键载体对于发展物联网及解决行业技术难题具有重要意义。展望未来，高端传感光纤可望向着“微纳化”“耐受多极限环境化”“阵列分布式化”“多芯化”“光子晶体光纤化”5个技术方向演进，并将推动新兴科学技术的进步，促进信息化与智能化及人工智能的加速发展，对人类生产和生活产生积极而深远的影响。

参考文献

[1] Montgomery Jeff D.ElectroniCast,Fiber Optic Sensors Global Market Forecast &Analysis 2013-2018, [EB/OL].Http://www.electronicast.com.

[2] W. Jin, H.L.Ho, Y.C.Cao, J.Ju,L.F.Qi,Gas detection with micro- and nano-engineered optical fibers,Optical Fiber Technology,2013,19(6), Part B,741-759.

[3] W Ni, P Lu, X Fu, S Wang,Y Sun, Highly Sensitive Optical Fiber Curvature and Acoustic Sensor Based on Thin Core Ultralong Period Fiber Grating, IEEE Photonics Journal, 2017,9 (2) :1-9.

[4] S Zhang, H Gong, Z Qian, Y Jin, X Dong, Fiber curvature sensor based on Mach–Zehnder interferometer using up-taper cascaded long-period grating, Microwave & Optical Technology Letters, 2016,58 (1) : 246-248 .

[5] P Saffari, T Allsop, A Adebayo, D Webb, R Haynes，Long period grating in multicore optical fiber: an ultra-sensitive vector bending sensor for low curvatures, Optics Letters, 2014, 39 (12) :3508-3511.

[6] J Madrigal, D Barrera, J Hervás, H Chen, S Sales, Directional curvature sensor based on long period gratings in multicore optical fiber, International Conference on Optical Fiber Sensors, 2017 :103233A.

[7] GA Cárdenas-Sevilla,V Finazzi,J Villatoro,V Pruneri, Photonic crystal fiber sensor array based on modes overlapping,Optics Express, 2011,19 (8) :7596-602.

[8] C Tao, R Chen,J Li, Photonic crystal fiber sensor based on surface-enhanced Raman scattering for explosives detection, Spie/cos Photonics Asia, 2016:100251H.

[9] M．Delgado-Pinar, A.Diez, S.Torres-Peiro, Waveguiding properties of a photonic crystal fiber with a solid core surrounded by four large air holes. Optics Express, 2009,17(9):6931-6939 .

[10] A Khetani， A Momenpour， EI Alarcon， H Anis，Hollow core photonic crystal fiber for monitoring leukemia cells using surface enhanced Raman scattering (SERS)，Biomedical Optics Express, 2015 , 6 (11) :4599-4606.

作者简介

陈　伟　博士，教授级高级工程师。2001年4月～2015年4月，烽火通信科技股份有限公司。2015年5月～至今，江苏亨通光纤科技有限公司，总工程师。

中国通信学会高级会员与第七届委员、国标委科技标准化科技专家、国家知识产权局科技专家、军用电子元器件首席专家。

先后承担或主持国家973、863计划项目科技支撑计划；自然科学基金项目；重大仪器仪表专项课题。获授权发明专利18项、国际专利PCT专利2项，牵头制定国家标准2项，参与行业标准制定2项、军用企业标准7项。

何珍宝

光纤预制棒工艺未来50年的展望

何珍宝　长飞光纤光缆股份有限公司　教授级高工　博士

摘　要：本文简单回顾了光纤通信的发展历程和近年来信息容量的增长规律，对光纤预制棒未来可能的发展趋势进行了展望。同时，简单阐述了预制棒产业的市场前景以及循环经济为发展方向的预制棒成本竞争战略。

关键词：光纤，预制棒，未来50年，PCVD，外包，循环经济

一、信息大爆炸时代

20世纪80年代，全球信息量每20个月就增加近一倍。进入20世纪90年代，信息量继续以几何级别增长；到20世纪90年代末，伴随着互联网和移动互联网的出现，信息真的开始爆炸了。当今时代，每年全球信息容量以不低于40%的速率增长，每2年信息容量就要增长1倍。

IDC预计，2010年，人类拥有的信息总量大约是1.2ZB，到2020年，世界上的数据存储总量将超过40ZB[1]。

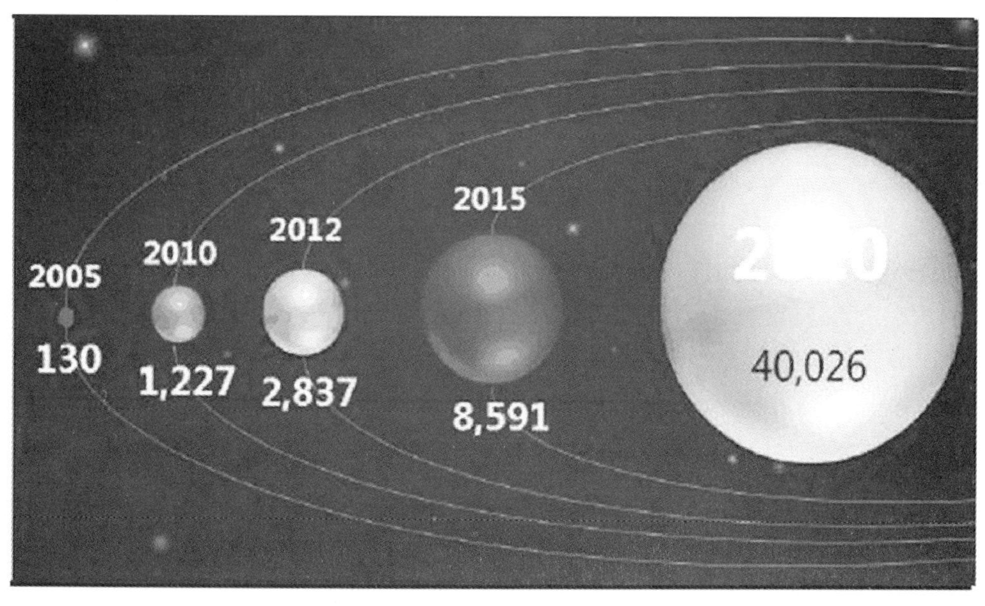

图1 数据流量出现爆发式增长（单位：EB）

二、香农极限与信息流量堵塞

光纤通信传输系统已经由20世纪70年代中期第一个商用通信系统45Mbps的传输速率，发展当今接近单芯光纤的香农极限，100Tbps的传输速率。40年时间，传输速率增长近2,200,000倍，复合增长率约40%。但最近10年，信息容量的年增长率超过40%，而传输速率的增长速率已经降到20%左右。如果没有突破性技术诞生，要不了多久，光纤网络容量极有可能出现饱和。互联网所产生的数据流量将超过光纤网络信息传输容量。

三、突破香农极限可能的解决方案

目前认为突破单根光纤的香农极限技术主要有：空分和模分复用技术、轨道角动量技术和量子态传输技术。

（一）空分和模分复用技术

空分(SDM)和模分(MDM)复用技术就是利用多芯和少模光纤将单芯光纤的包层空间和光纤的模式空间进行复用，使得单根光纤和单模光纤变成多芯光纤和多种模式的少模光纤，而每个纤芯和模式的传输速率仍然受香农极限的约束，但是单根光纤总的传输速率则突破了香农极限。但这种技术目前仍然存在很多技术难点需要突破，充其量只是将单根光纤的香农极限提高了几倍至几十倍，仅仅为权宜技术并非突破性技术！

（二）轨道角动量技术

轨道角动量（orbital angular momentum，OAM）作为一项新型技术，拥有高效频谱利用率和抗干扰能力。目前还没有见到OAM技术受制香农极限的报道，因此OAM技术极有可能成为光纤通信突破香农极限的潜在技术。

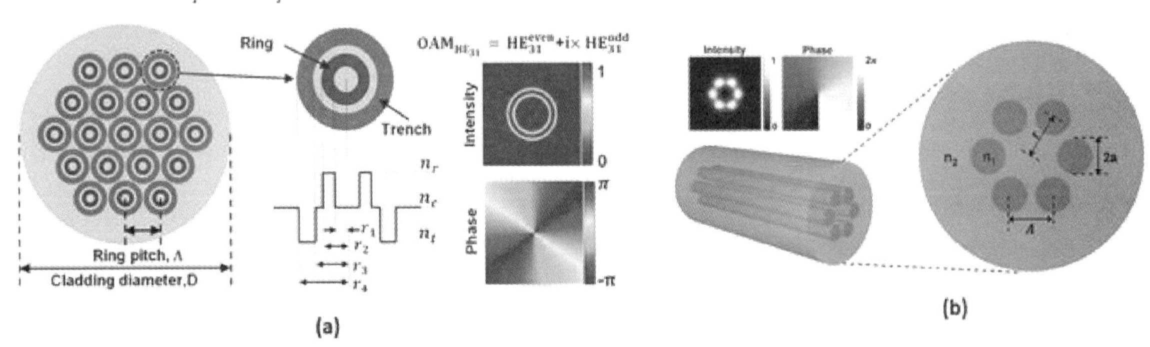

图2 (a)多环多OAM光纤结构(b)超模OAM光纤结构

1992 年，Allen 和他的合作者[3]指出拥有方位角相位为 exp(ilΦ)（l 为整数）的光学近轴圆柱形光束在其传播方向上每个光子具有离散的轨道角动量值 l。带有明确角动量的光束高斯-拉盖尔（LG）光束引起人们的广泛关注。1993 年，Beijerbergen 等人提出一束本无角动量的高斯-厄米（HG）光束经过一对柱面透镜变换后可以转换为具有轨道角动量的 LG 光束[4]。

具有轨道角动量的 LG 模，能够定义无限维的 Hilbert 空间，这样就为量子态纠缠打下了基础。

为了实现高速、大容量、高频谱效率、稳定的OAM传输，王健团队[5]设计了支持OAM复用传输的多环多OAM光纤结构，该结构为实现Pbit/s量级的OAM复用提供了可能。

（三）量子态传输技术

量子态传输是一种全新通信方式，它传输的不再是经典信息而是量子态携带的量子信息，是未来量子通信网络的核心要素。利用量子纠缠技术，需要传输的量子态，在一个地方神秘消失，不需要任何载体的携带，又在另一个地方瞬间神秘出现。

量子信息学就是以量子力学为基础，重新审视主流的计算和通讯理论及其实现技术的尝试。

量子隐形传态技术就是正在新兴的通讯领域，利用量子纠缠现象，可以实现不发送任何量子位而把量子位的未知态（即这个态包含的信息）发送出去。

四、未来光纤技术的发展方向

随着传输速率的提高，光纤的非线性因素显得越来越重要。因此，低衰减及大有效面积光纤是未来的超高速通信系统400Gpbs及以上的未来选择。

突破香农极限的可能技术来看，空分和模分复用技术所使用的光纤并非常规G.652光纤。轨道角动量技术最好的光纤是圆偏振保持光纤或者其他如环形剖面光纤等，也并非常规G.652光纤。

可以预见，未来简单折射率剖面结构的G.652光纤将失去现在一统江湖的地位，逐渐被其他具有复杂折射率剖面类型光纤所取代。因此具有规模量产的光纤品种将越来越多，通信光纤品种多样性和复杂性趋势将不可逆转。

五、未来光纤预制棒技术的发展方向

（一）光纤预制棒技术的简介

光纤预制棒制备技术是光纤制备技术中的核心技术。目前光纤预制棒主流制造技术包括MCVD、OVD、VAD和PCVD等工艺。无论是哪种工艺，实现光纤预制棒的制备，都采用“二步法”，即第一步是制备光纤预制棒的芯棒部分；第二步，即是制备光纤预制棒的包层部分。

除MCVD工艺,因成本因素排除在外，PCVD、OVD、VAD工艺目前成为主流光纤产品G.652光纤（占据市场份额90%以上）的制造工艺。

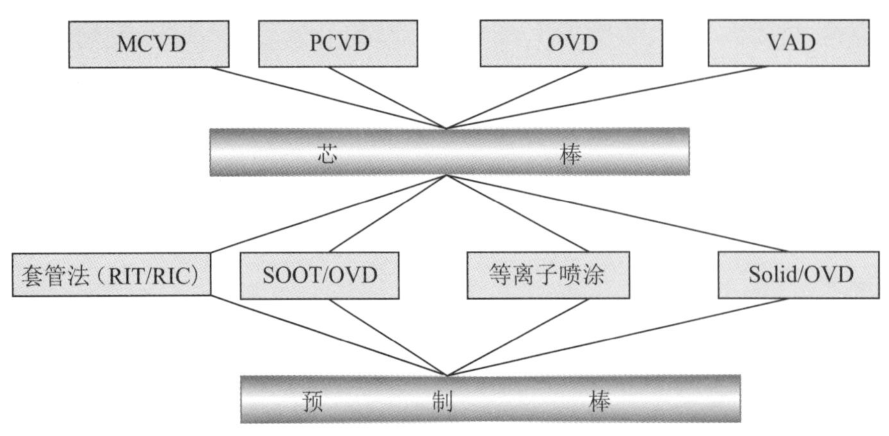

图3 光纤预制棒制造工艺示意图

（二）**PCVD工艺将空前发展**

PCVD工艺是一种采用微波低压等离子体进行化学气相沉积制造光纤预制棒的方法。PCVD工艺的特点是：等离子区域温度很高（高达6000K），所有参与反应的分子都处于活化状态，反应转化率高。由于反应生成物（等）具有很高温度，这些物质在沉积温度下直接沉积透明玻璃，而且每层的厚度非常薄。由于形成一个完整的折射率剖面过程，需要数千层沉积，锗、硼、氟等元素掺杂效率高，因此PCVD特别适合制造折射率剖面结构复杂的光纤。PCVD工艺将是光纤多样性和规模化生产的最佳工艺！

（三）**光纤外包技术的发展趋势**

1．降低成本是趋势的必然选择

近年来，外包工艺外包技术的发展一直在向大尺寸，高沉积速率，低成本方向发展，其核心立足点是低成本。随着世界各地对环保的要求也不断加强，光纤预制棒制造过程中三废处理成本也在不断上涨。降低三废处理成本的方法有两种，一种是减少其产生量尤其是废气的产生量；另一种方法就是实现循环经济，将三废进行循环利用，实现零排放。

将四氯化硅改成D4（八甲基环氧四硅烷），可以减少尾气排放。但是，使用D4会带来原材料成本的上升，且D4属于易燃易爆有毒化学危险品，运输和存储成本也会增加。

2．循环经济才是企业的战略选择

现在比较先进的生产工艺，是将预制棒或者预制棒外包生产工厂选在氯碱化工厂旁边，利用循环经济模式来解决原材料和三废处理问题[6]。

六、中国预制棒产业大有可为

（一）**中国市场地位举足轻重**

按照CRU数据分析，近10年来（2007～2016年），中国光纤需求总量增长了6.5

倍，达到了2.43亿芯千米，全球占有率由27.8%增长到57.3%，市场规模已经超越全球一半。

（二）移动互联网建设是最大引擎

从2002年以来，中国光纤光缆的市场规模基本呈现出这样的规律，每3年，其市场规模就要上一个小台阶，每六年上一个大台阶，而这个规律与移动数字接入网络的建设周期基本一致（2003～2008）2G建设、（2009～2014）3G建设、（2015～今）4G建设等。从2002年到2016年，中国光纤光缆市场规模增长了23倍，复合增长率为23.6%，而同期不包括中国的全球其他区域的市场规模增长了2.8倍，符合增长率9.3%。含中国市场的全球市场规模增长了6.3倍，符合增长率14.1%。由此可以看出，中国光纤光缆行业对全球光纤光缆行业贡献巨大，在全球发生着主导作用，必将引领全球的发展。

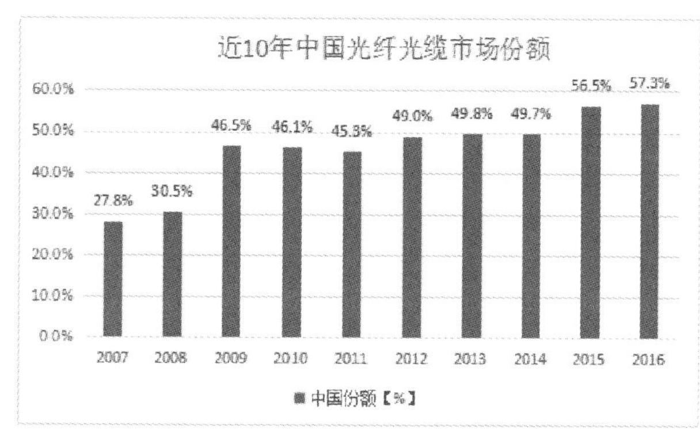

图4 中国光纤在全球市场的占有率

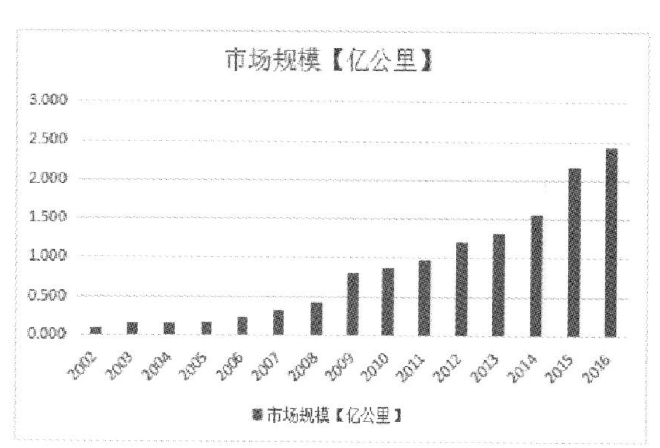

图5 中国光纤市场的成长曲线

（三）中国预制棒产业大有可为

中国是目前已经全部掌握光纤预制棒四大制造工艺的少数国家之一，不仅如此，经过最近10多年的发展，中国以长飞公司为代表的企业不仅掌握消化了光纤预制棒四大制造工艺技术并且还可以自主生产该类工艺所需要设备，设备国产化率接近100%。在巨大市场和良好技术平台支撑下，中国光纤预制棒产业必然迎来更大的发展。

七、总结

未来光纤预制棒技术的发展趋势的预测是非常艰难的事情，本文作者以自己认知水平阐述了一些不成熟的、贻笑大方的鄙见，希望能对中国光纤预制棒产业未来的发展能有所帮助。经过30多年的发展，已经取得了重大突破，无论是市场规模和生产能力都已经跃升至全球第一。但是预制棒市场的竞争和成本压力也越来越大，如何提升企业持续生存能力？循环经济模式则是预制棒生产企业的最佳战略选择。

参考文献

[1] 邬贺铨院士，《信息化新时期的网络演进趋势》，2014海峡两岸光通信论坛.

[2] A.D. Ellis, J. Zhao, and D. Cotter, Approaching the non-linear Shannon limit [J], J. Lightwave Technol, 2010 Vol.28, No.4, pp423–433.

[3] L. Allen, M. W. Beijersbergen, R. J. C. Spreeuw, et al． Orbital angular momentum of light and the transformation of Laguerre-Gaussian laser modes [J]． Phys. Rev. A., 45: 8185-8189 (1992).

[4] M. W. Beijersbergen, L. Allen, HELO van der Veen, et al． Astigmatic laser mode converters and transfer of orbital angular momentum [J]． Opt. Commun., 96: 123-132 (1993).

[5] 我国光纤轨道角动量光通信取得系列研究进展.
http: //fiber.ofweek.com/2016-01/ART-210007-8300-29056181.html.

[6] 何珍宝.《光纤预制棒技术和产业取得重大发展》. 光纤通信50年年鉴.

作者简介

何珍宝　1990年毕业于浙江大学，获得化学工程专业硕士学位；2006年毕业于华中科技大学，获得物理电子学博士。1990～1998年期间，在武汉科技大学任教。现在工作于长飞光纤光缆有限公司，任研发中心副总经理。长期从事光纤及特种光纤的研发、销售和管理工作，先后发表论文数十篇，申请中国发明专利10余项，并获得首届武汉市十大专利发明者称号（2002）。

黄小明

光纤二次被覆材料的发展

黄小明　江阴爱科森博顿聚合体有限公司总经理兼总工
王寿泰　上海交通大学教授

摘　要：本文介绍了室外光缆用光纤二次被覆材料的现状和发展，着重对PBT、MPP、PTEE和PTT等4种材料作一分析，提出PTT是更有发展前景的二次被覆材料。

关键词：光纤二次被覆材料，松套管，PBT，MPP，PTEE，PTT

二次被覆材料是光纤防水防力的关键材料，用量较大，是光缆制造的主干材料。下面重点介绍室外光缆用二次被覆材料（即松套管）。至今为止，用量最大的是PBT材料，随着干式光缆的不断发展，MPP得到了较大的应用，特别是美、日、欧等国。而从综合经济技术性能来看，PTT（聚对苯二甲酸丙二醇酯）具有更大的优越性。

一、PBT（聚对苯二甲酸丁二醇酯）

有间歇式固相缩聚增粘和熔融扩链增粘PBT,大量应用的是前者。

（一）采用固相增粘法制得的光缆带缆专用PBT材料，其特征在于：该材料包括以下重量百分比材料：对苯二甲酸丁二醇酯90%～95%，聚碳酸酯3%～8%，聚丙烯1%～5%，荧光增白剂0.01～0.05%，复合催化剂0.01～0.05%，所述复合催化剂为有机锡化合物和钛酸四异丙酯（0.4～1）:（0.6～1）混合而成。所述方法是将上述原材料按比例加入到不锈钢真空聚合锅里，在真空度为-0.2Mpa～-0.06Mpa，反应温度在150℃～250℃，反应时间6～16小时的条件下，进行一锅合成聚合，然后冷却包装制得。本产品具有分子量大、高强度、高韧性、低收缩、加工工艺性能良好的优点，满足光缆带缆专用料要求。

（二）采用熔融扩链增粘法制造PBT料，可制得一种耐水解、高黏度聚对苯二甲酸丁二醇酯的复合物。该复合物是由(重量份数)聚对苯二甲酸丁二醇酯树脂100份、复合扩链剂1～15份、封端剂0.1～5份、成核剂0.1～5份、其他加工助剂0.1～5份，经熔融反应挤出而成。本复合物采用化学扩链增粘和封端技术,耐水解性能优异、高黏度、加工稳定性好。特别适用于光纤二次套塑的松套管材料。

二、MPP（改性聚丙烯）

（一）光纤用二次被覆改性PP材料及制造方法，该材料包括如下质量百分数的组分：聚丙烯含量80%～90%，聚乙烯（PE）含量3%～10%，钛白粉（TiO2）1%～5%，纳米碳酸钙（CaCO3）3%～10%，成核剂1%～5%。本发明采用PP材料和PE材料复合，与钛白粉、纳米碳酸钙、亚甲基双磷酸酯铝盐材料共混，采用特殊的加工工艺技术双螺杆挤出改性法，取得的光纤用二次被覆改性PP材料具有分子量大、高强度、高韧性、低收缩、加工工艺性能良好的效果。

（二）光缆松套管用聚合物合金材料及其制备方法，和在制备机械性能优良且成型后尺寸变化小、外观光滑、耐热性优良的光缆松套管中的应用。该合金材料包括以下质量分数的组分：共聚聚丙烯30％～70％；PPR管道专用料10％～30％；高黏PBT5％～45％；增容剂5％～15％；抗氧剂0.2％～0.6％；润滑剂0.1％～2.0％；偶联剂0.2％～3％。此种光缆松套管用聚合物合金材料既保持主体材料原有的良好刚性及韧性，同时又大大改善了吸水性，特别是其缺口冲击性能优良，应用于光缆光纤中可避免施工过程中的断裂，是较理想的光缆松套管材料。

三、PTEE

热塑性聚酯弹性体（TPEE）俗名是聚酯类橡胶或聚酯类热塑弹性体，是以结晶性高熔点聚酯嵌段作为硬段（结晶相）和玻璃化转变温度较低的无定形聚醚或聚酯嵌段作为软段（非晶相）的嵌段共聚物。TPEE材料兼具橡胶材料的良好的柔软性、弹性与热塑性工程塑料的刚性以及加工便捷性。软段的玻璃化温度与硬段的结晶温度之间的范围很宽，在这个温度区间内，材料的塑性产生，可以采用比较简单的工艺进行加工。

热塑性聚酯弹性体的废料可以回收利用，解决了一些橡塑制品无法回收利用的难题，使其成了标准性、世界化、环境友好型材料，符合绿色环保的发展要求。

在光缆行业，TPEE可以用来生产制备光缆用松套管，包覆在光纤表面，为光纤提高理想的机械保护，使光纤的微弯损耗敏感性减小。传统用于生产制备光缆松套管的材料主要是聚对苯二甲酸丁二醇酯(PBT)和改性聚丙烯（PP），这两种材料成型收缩率和硬度都较大，不易控制光缆松套管尺寸，同时容易造成光纤产生应力损伤，缩短其使用寿命。TPEE成型收缩率小，同时材料柔软.

此技术提供了一种光缆松套管用聚酯弹性体的成核改性方法，通过对TPEE进行改性，促进基体结晶，提高材料强度。

关键技术是将未改性的纳米二氧化硅或硅烷偶联剂KH570改性过的纳米二氧化硅通过熔融共混的方法改性热塑性聚酯弹性体。反应温度170～250℃，优选190℃。该温度下既能保证热塑性聚酯弹性体熔融后具有良好的塑化效果，同时也能防止热塑性聚酯弹性体和硅烷偶联剂热降解。

有益效果：节能环保，制作简单，提高聚酯弹性体的结晶速率和结晶温度，进而提高了聚酯弹性体的强度及缩短成型周期。

四、PTT

对苯二甲酸丙二醇酯(PTT)具有优异的性能，其弹性、尺寸稳定性和染色性均优于PET和PBT，已成为五大高性能聚酯树脂之一，市场前景十分乐观。随着PTT工艺的不断完善、生产成本的下降和应用市场的开拓，它将在性能、价格上与PET、PBT、PA66等进行竞争。我国聚酯的生产和消费均列世界前茅，PTT将会有广阔的发展前景。PTT的价格可与PET相当。PTT的耐热性和气体阻隔性不如PET，抗张强度和弹性模量介于PBT与PET之间，PTT加工性好，吸湿性小，尺寸稳定性高，物性变化小,因此PTT兼有PET的高性能和PBT的易加工性，其结晶速度快、加工周期短，各项加工性能与PBT相近。它的一个突出特点是弯曲模量高，为PBT的1.5倍，在潮湿环境中的尺寸稳定性和重复加工性能优于PBT,是更为理想的光纤二次被覆材料。

参考文献（略）

作者简介

黄小明　1989年毕业于兰州大学化学系。1990年在中原油田工作，从事石油助剂、精细化工的生产技术和研发工作。1995年返回兰州大学学习高分子材料，1997年在江苏扬州市江都从事光缆PBT材料的研发，1999年光缆用PBT材料技术取得了成功，2000年获得国家发明专利，并将该技术应用于规模工业化生产，使光缆用PBT材料国产化，打破了同类进口产品的市场垄断地位。为国内光缆企业实现材料国产化作出了重要贡献。2000年至今一直从事于光缆通信材料的生产和研发，取得了3项发明专利、9项实用型发明专利。目前已经研发出能替代PBT松套管的改性PP材料，取得了重要进展。

王寿泰

王寿泰　教授，上海交通大学介电与功能材料研究所副所长。

1956年毕业于上海交通大学电气绝缘与电缆技术专业。自1956年以来，一直在上海交通大学从事光电传输与介质工程、功能材料、量子理论与计算等领域的教学与科研工作，发表论文200余篇，获发明专利10项、国家科技进步三等奖。

安俊明

光纤到户光器件技术发展趋势

安俊明 王亮亮 张家顺 吴远大 尹小杰 王玥 胡雄伟
中国科学院半导体研究所
河南仕佳光子科技股份有限公司

摘　要： 光纤到户（FTTH）经过10多年的发展，已经成为拉动全球经济、提高人民生活水平的基础性设施。目前，我国已成为全球最大的FTTH用户市场，FTTH用户达到2.55亿。FTTH的建设，极大地促进了我国无源光网络（PON）核心光器件的发展，PLC光分路器芯片、10Gbps及以下激光器芯片及探测器芯片实现自主生产。面对未来，FTTH将向高速率、低成本发展，探讨了高速率、低成本FTTH对光无源、有源芯片及组件技术的要求，展望未来核心芯片发展方向。

关键词： 光接入网，FTTH，PON，光无源芯片，有源芯片，集成芯片

一、前言

光纤到户（FTTH）宽带建设已成为拉动全球经济、提高人民生活质量的重要基础设施。来自Point Topic的数据显示，截至2016年底，全球固网宽带用户接近8.56亿，FTTH用户达3.82亿，预计2022年宽带用户将超过10亿；从接入技术来看，FTTH用户增长最快，年增幅高达56.3%。我国于2013年启动了“宽带建设”国家战略，FTTH宽带接入有了长足的发展，工信部数据显示，2017年5月末，我国3家基础电信企业的固定互联网宽带接入用户总数达3.18亿户，光纤宽带加快普及，光纤接入(FTTH/O)用户总数达到2.55亿户，占固网宽带接入用户总数的80.2%，已成为全球最大的FTTH用户市场。根据我国宽带战略规划，2020年宽带接入用户将达到4亿户。随着高速视频业务的普及，部分地区带宽达到了500Mbps，未来将提速到1000Mbps。

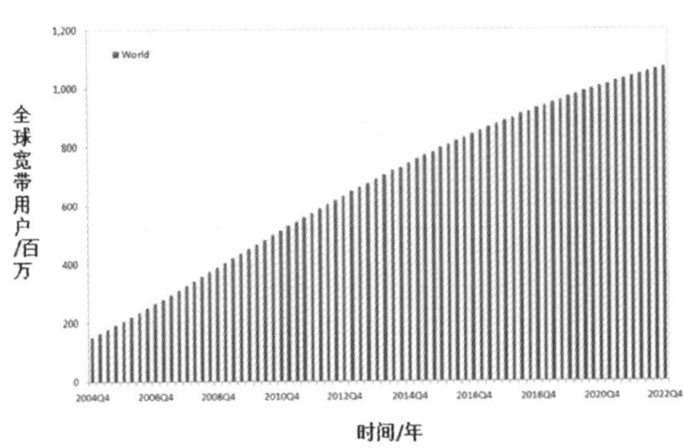

图1　Point Topic 预测世界宽带用户数

FTTH宽带建设的大力推广，促进了无源光网络（PON）核心芯片及组件技术的发展，本文在总结我国FTTH PON核心芯片、组件技术取得突破的基础上，对未来TWDM PON及WDM PON芯片及组件需求进行了分析和预测。

二、FTTH PON核心芯片取得的突破性进展

2005年由烽火和武汉电信合作在武汉开展了全国第一个FTTH试验工程，2010年国务院常务会议决定加快我国FTTH三网融合发展，2013年8月17日，国务院发布了“宽带中国”战略实施方案，部署未来8年宽带发展目标及路径，意味着“宽带战略”从部门行动上升为国家战略，宽带首次成为国家战略性公共基础设施。

PLC光分路器FTTH无源光网络中的核心芯片，但是2013年以前，光分路器芯片全部从国外进口，开发自主知识产权的芯片刻不容缓。“十二五”期间，我国PLC光分路器晶圆、芯片技术取得重大突破，系统掌握了平面光波导回路（PLC）光分路器晶圆、芯片理论设计、关键工艺技术及产业化可靠性多层级核心技术。引进先进的PLC晶圆生产、测试设备，建成国际一流的PLC光分路生产线，成功开发出具有自主知识产权的PLC光分路器晶圆。产品自2013年7月批量化投放市场以来，以其优异的性能、可靠的质量，获得了市场的广泛认可，已经为国内外上百家光分路器封装企业提供全系列光分路器芯片，产品在我国三大运营商及世界各地光纤到户建设中广泛使用，2016年出货量达到2000万个，约占全球市场的50%。该产品打破了国外垄断，填补国内空白。当前，我国已成为全球最大的PLC分路器芯片供应商和全球最大的光通信无源芯片研发生产基地。

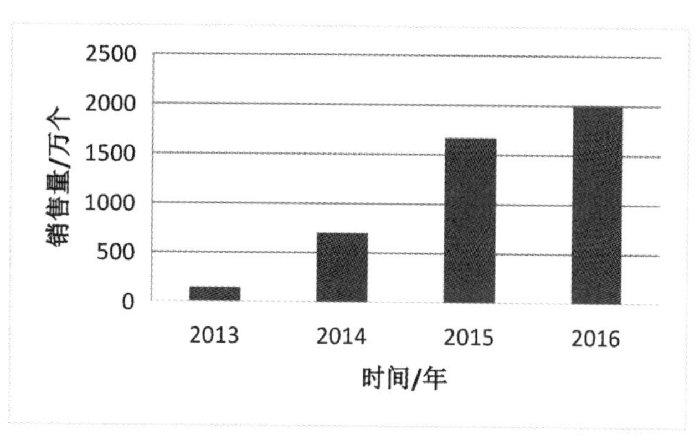

图2　我国PLC光分路器芯片出货量

同时，针对PLC光分路器封装相关的6维精密调节架耦合设备、多通道光功率计开发也取得了突破，实现了国产化，大大降低了PLC光分路器封装成本，目前，约90%以上PLC光分路器模块在我国生产，成为全球光分路器封装大国。

在EPON、GPON及10 GPON接入网中，1.25Gbps/2.5Gbps/10Gbps激光器芯片和探测器芯片是核心的有源芯片，我国已建立了多条III-V 族InP基激光器及探测器材料外延

生长及后工艺生产线，可批量供应10Gbps及以下激光器和探测器芯片及单纤双向、三向组件，有源芯片国产化率约10%，初步奠定了有源芯片国产化的基础。

三、未来FTTH核心芯片发展趋势

随着高清视频、VR技术、互联网+、大数据、云服务等快速发展，带宽需求急剧增加，极大地刺激了FTTH PON新技术的发展，已经从现有EPON和GPON成功过渡到10GPON。这些接入技术都是基于时分复用，下载和上传波长为固定波长。

为适应未来高带宽和大覆盖范围的需求，ITU于2015年发布了40 GPON（XGPON2）标准。IEEE于2015年成立了下一代EPON(NG-EPON)任务组，制定100 GEPON的标准，同时400G以太网方案也在研究之中，未来终将发展为WDM PON接入方式。这些接入技术中，时分复用和波分复用相结合，下载和上传为多波长复用，现有的接入网中芯片将不再适用未来高速、低成本要求，新型的集成技术将得到应用。

（一）多波长发射及接收集成芯片及组件

在40 GPON、100GEPON及未来的400GEPON、WDM PON接入网中，目前金属壳紧凑封装的单纤双向和单纤三向组件不再适用，取而代之的是4×10 Gbps、4×25 Gbps、8×50 Gbps以及更多波长的集成发射、接收芯片和组件。这一方面需要突破25Gbps及 PAM4 50Gbps单元激光器、探测器芯片技术；另一方面需要开发结构紧凑、低成本多波长集成芯片和组件技术。基于自由空间滤波片分立器件集成、PLC硅基二氧化硅波分复用器混合集成、InP基单片集成3种技术都将有机会得到应用。自由空间滤波片分立器件集成技术，具有插入损耗低的优势，但每个波长都需要人工组装一个滤波片，随着波长数增加插入损耗会增加，组装成本也会增大；PLC硅基二氧化硅混合集成技术，优势在于插入损耗适中，且不会随通道数增加，硅基二氧化硅波分复用器芯片成熟、成本较低，在成本控制要求苛刻的接入网会有一席之地；InP基单片集成技术，省去了有源—无源耦合环节，但需要在同一衬底上进行多次的材料生长、对接，同时实现波长的准确控制。存在成品率低、无源复用器损耗大及大面积InP片成本高等问题，从而影响其在接入网中的使用。

（二）热不敏感低成本波分复用器

随着接入网速率进一步提升，在未来WDM PON接入网中，会为不同用户分配不同波长的光信号，密集波分复用器芯片将会逐步替代现有的PLC光分路器芯片。密集波分复用阵列波导光栅（AWG）芯片热敏感，输出波长随温度漂移，目前主要采用温度控制（有热型）和机械补偿（无热型）两种封装形式克服AWG温度漂移问题。在接入网中，有热型封装AWG模块需要外部供电，不再适用。而目前40/48通道数无热型AWG模块价格，远高于相同通道数PLC光分路器模块价格。我国目前仅有热敏感的AWG芯片，还没有开发出芯片级热不敏感AWG。同时，基于未来成本因素，需要开发超高折射率差硅基二氧化硅AWG芯片，以减小芯片尺寸。

（三）相干技术将迁移到接入网

未来50年，将是一个光网络技术快速发展的时代。借助相干发射及接收技术，接入网单波长速率有可能超过100Gbps。目前的相干发射及接收系统，需要将25Gbps的窄线宽可调谐激光器、平衡探测器等有源芯片及偏振分束器、相干混频器等无源芯片集成，价格昂贵。针对接入网，需要开发短距离的相干发射及接收集成芯片，以降低成本。

（四）低成本硅光子技术将在接入网中得到使用

接入网是通往千家万户、连接世界的“最后一千米”，物联网、智能家居、高清视频业务的普及，都关系到居民便捷性的切身体验，高效、快速及低成本是每个用户关心的问题。多波长、相干发射及接收芯片的低成本化是走向接入网的关键所在。硅光子技术是基于CMOS工艺开发的光领域应用技术，利用目前成熟的、规模化的CMOS生产线，大批量全自动生产光电子芯片，将是光电子芯片走向民用消费的途径之一，有可能彻底解决目前光通信中光电子芯片成本占比较大，用户费用较高的问题。为此，需要发展低成本的硅光子光纤接入集成芯片，以实现光纤接入用户速率由500Mbps向1Gbps及更高速率升级。

四、总结

速率10Gbps及以下的PON技术仍是未来5年主要的光纤接入方式，40Gbps、100Gbps、400Gbps、WDM PON及相干接入标准也在制定和研究，25Gbps激光器及探测器芯片、低成本热不敏感AWG芯片、多波长集成发射及接收芯片、短距离的相干发射及接收集成芯片是支撑未来FTTH接入网升级的核心所在，也是我国光通信产业薄弱环节。展望未来，我国不仅是全球FTTH用户最多的国家之一，而且还要是全球FTTH接入网中核心芯片研发和产业基地，以提高我国光通信核心竞争力，保障我国信息安全。

参考文献

[1] 安俊明，吴远大，张家顺等. 光纤到户平面光波回路(PLC)光分路器产业化[J]，科技促进发展，2015, 11(2):184-188.

[2] LiangLiang. Wang, JunMing An, et al, Design and fabrication of novel symmetric low-loss 1×24 optical power splitter[J], Jounal of lightwave technology，2014, 32(18):3112-3118.

[3] Liangliang Wang, Junming An, Jiashun Zhang, et al, Design and Fabrication of Optical Power Splitter s with Large Port Count [J], Chinese Optics Letters, 2014, 12(9): 092302-1-092302-5.

[4] Liangliang Wang, Junming An, Yuanda Wu, et al, A Compact 1×64 Optical Power SplitterUsing Silica-based PLC on Quartz Substrate[J], Optics & Laser Technology, 2014, 61(9)：45-49.

[5] Liangliang Wang, Junming An, Yuanda Wu, Jiashun Zhang, et al, A Compact and Low-Loss 1×8

Optical Power Splitter using Silica-based PLC on Quartz Substrate[J], Optics Communications, 2014, 312:203-209.

[6] ITU-T Recommendation ITU-T G.989 “40-Gigabit-capable passive optical networks (NG-PON2): Definitions, abbreviations and acronyms”. (Geneva, 2015)

[7] ITU-T Recommendation ITU-T G.989 .1 “40-Gigabit-capable passive optical networks (NG-PON2): General requirements”. (Geneva, 2015)

作者简介

安俊明　博士，中科院半导体研究员，博士研究生导师。

1992年、1998年和2004年分别在内蒙古大学、大连理工大学和中国科学院半导体研究所获得学士、硕士和博士学位。在SiO2、SOI及InP系列AWG及无源器件设计制备及PLC混合集成方面，开展了系统深入的设计及工艺技术研究。在973、863和国家自然科学基金项目资助下，设计制备出硅基二氧化硅AWG、混合集成PLC单纤三向器、SOI纳米线AWG及InP AWG。近年来积极开展PLC光分路器、SiO2 AWG及VOA等无源器件产业化推广，主持设计的1&2xN、1x3,6,12,24等多个系列20多种规格PLC光分路器成功实现产业转化。主持科技部“863”和国家自然科学基金面上项目4项。发表论文60余篇，授权专利10项，撰写中文著作AWG一章。PLC光分路器产业化研究成果获2014年中国科学院科技促进发展奖-科技贡献奖一等奖。

诸葛群碧

数据中心光互连与光交换技术发展预测

诸葛群碧　上海交通大学电子工程系 副教授
　　　　　加拿大麦吉尔大学 兼任教授
胡卫生　　上海交通大学电子工程系 教授 博士生导师

摘　要：数据中心呈几何级数地暴发，成为信息社会的重要基础设施和信息服务的新沃土。光互连新技术的发展对下一代数据中心的建设起着至关重要的作用。数据中心光互连包括数据中心间（inter）互联和数据中心内（intra）互联。前者通常是指城域网内通信距离小于100千米的数据中心互联。另外，光交换有助于简化光纤布线，增强交换网络的吞吐能力。本文将从上述3个方面进行技术分析和发展趋势的预测。

关键词：数据中心，光纤通信，光互连，光交换，发展趋势

大智移云席卷全球各个角落，未来将万物互联，形成人机物全互联的信息网络空间。短短几年间，数据中心呈几何级数地暴发，成为信息社会的重要基础设施和信息服务的新沃土。根据思科白皮书的预测，数据中心的通信流量将在未来几年内保持近30%的复合年增长率，并于2020年达到15.3 ZB，其中超大规模（hyperscale）数据中心在2020年将占据近50%的服务器数量。从全球范围来看，数据中心的规模和数量都在迅速扩张，并朝着超大型（Mega）的方向发展。如图1所示，全球数据中心在连接设备端口的数量、链路速率、地域范围3个维度上都出现了量级上的跃升。

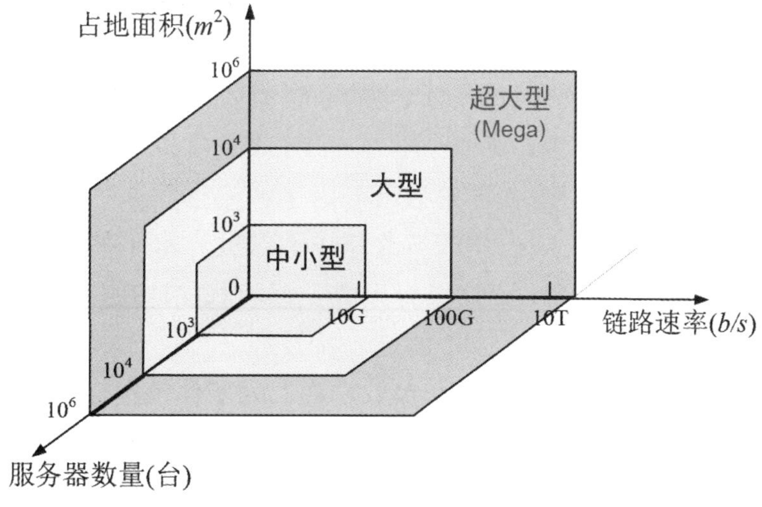

图1　数据中心规模的变化，从小型到大型，向超大型（Mega）发展。

光互连满足了数据中心对超大带宽的需求，而光互连新技术的发展对下一代数据中心的建设也起着至关重要的作用。数据中心光互连包括数据中心间（inter）互联和数据中心内（intra）互联。前者通常是指城域网内通信距离小于100千米的数据中心互联。（注：此文将不讨论广域网的数据中心互联。）另外，光交换有助于简化光纤布线，增强交换网络能力。笔者将从以下3个方面进行分析：

一、数据中心间光互联

目前市场上同时存在直调直检和相干两种解决方案。在直调直检方案中，双波长PAM4可以实现100千米传输距离下的100G QSFP28光模块，并将功耗限制在4.5W内。该方案中的光纤色散需要在光域进行补偿，在100GHz的信道间隔下单根光纤的总容量可达4T。而与此同时，市场上也已经出现基于32QAM或64QAM的单波长400G相干产品，单根光纤总容量可超过30T。相干技术目前主要受限于复杂数字信号处理（DSP）和软判决FEC的功耗，但随着7nm CMOS技术的商用化，相干ASIC芯片的功耗将大幅降低。

在此应用场景下，信号的频谱效率是决定系统成本的关键因素之一。因此，笔者预测，相干光传输在未来几年内将迅速成为数据中心间光互联的主流技术，并且实现模块化和标准化。比如OIF已于近期启动了相干400G标准的制定。该标准将很可能采用单波长16QAM实现400G低功耗相干光模块，并逐渐从CFP2-ACO（外置ASIC芯片）过渡到CFP2-DCO（内置ASIC芯片），单根光纤总容量将接近20T。其中，相干DSP和FEC也将被标准化来实现厂家之间的互通互联以降低成本。与此同时，各厂家也将研发各自的单波长1T相干光收发机。

在传输距离<100千米的应用场景下，相干光系统主要受限于自身噪声，其中包括DAC和ADC的量化噪声、电放大器的非线性、系统的频率响应等。随着器件设计、工艺和封装的进步，结合先进的DSP算法对器件损伤进行补偿，相干光收发机自身噪声将会进一步降低，使得128QAM和256QAM的高频谱效率调制格式的广泛商用成为可能。笔者预测，在未来3～5年内，单波长1 Tb/s的光收发机将实现商用化。

此后，由于系统容量已经接近理论极限，为了继续推动速率上升，多波长的相干系统集成将成为关键，通过大规模集成多路相干系统的光电子器件以达到最小化体积和功耗的目的。此外，单块ASIC芯片里将集成多路波长的DSP和FEC。为了将功耗限制在可接受的范围内，除了CMOS技术的进一步发展之外，还需要在多核的情况下对DSP和FEC进行优化，来实现最高容量和最低功耗。为了使单根光纤传输更高的容量，C波段之外的其他波段（L、S和O波段等）都将被利用起来。此外，整个光通信系统也将向空分复用发展，采用多核多模光纤提高系统容量，在空间这个维度上集成相干光收发机和光放大器等关键部件来降低成本。

二、数据中心内光互联

100G光模块已经成功商用化，目前通常采用4路OOK的解决方案。在此基础上，采用PAM4的技术可以在相同的光电子器件带宽下将速率提高一倍以实现200G的传输速率。同时400G的标准已经制定，将采用4路或者8路的PAM4来实现。接下来关于800G标准的讨论已经启动，预计2020年左右将实现商用化。增加每个波长的波特率可以降低器件成本，但是信号的滤波效应将同时加强，这种情况下，需要加入FFE/DFE均衡等DSP来提高信号质量，同时也有通过使用MLSE等解调算法来减少码间串扰。

由于光电子器件带宽的增长速度相对缓慢，对于实现Tb/s的光模块，继续采用低频谱效率的直调直检技术将变得十分困难。因此，笔者预测相干技术将在接下来五年左右进入到数据中心内。第一代产品将以QPSK为主，实现单波长200G，4路集成达到800G。因为QPSK对噪声有较高的容忍度，DSP的设计将通过牺牲性能来降低功耗，同时将使用硬判决的标准化FEC。此外，相干光模块对激光器的波长稳定性和线宽有着较高的要求，因此设计满足要求的低成本激光器也将成为关键技术难点之一。

随着相干光模块技术的进一步成熟，我们将在2030年之前使用16QAM来实现单波长400G，4路波长1.6T，和8路波长3.2T的相干光模块。由于相干收发机的结构要比直调直检复杂得多，光电集成的发展将成为实现相干光模块的关键。在这一问题上，硅光子被寄予厚望，但是目前的主要挑战是激光器与硅光子器件的集成。笔者预测，在未来5～10年内，光源的问题将得到解决（比如通过硅光子和磷化铟混合集成）。ASIC芯片和硅光子芯片将成为未来Tb/s相干光模块的核心元件，这两个元件的集成将是进一步降低每比特成本的关键技术。

三、数据中心光交换

数据中心采用大规模光纤互连，为数据中心的发展提供了有效的支撑，但未来超大型数据中心仍将面临布线复杂性和交换吞吐量两个方面的问题，光交换技术将是上述问题的有力解决方案之一。

光纤布线复杂性问题，主要原因是光纤数量多、布线复杂、维护困难，甚至密集线缆会影响机架的散热。从技术上讲，光纤连线问题也将影响到数据中心的扩展性和能耗。研究发现，数据中心电交换网络拓扑的基本构件和本质特征是规则的二分子网，具有波长路由能力的无源光栅器件(如AWGR)能天然地根据波长在输入、输出光纤间建立完全连线关系，完全符合二分子网的需求。因此，如果利用无源光子器件AWGR的功能，结合波分复用和相干收发，将来会有助于颠覆传统的光纤直连方式，解决连线复杂性的问题，大大降低光纤连线复杂度。

关于电交换的吞吐量受限问题，业界普遍认为在不显著增加功耗的前提下，大幅提升电子交换机吞吐量的空间越来越小。因此，未来需要从大象流与老鼠流并存的整体流量模型出发，引入光交换技术，基于光交换机和电交换机的互补关系，电交换机执行细粒度的包交换，光交换机执行粗粒度的光路交换。该交换方式将有助于优化交换机的数量、占地空、能耗等指标。

作者简介

诸葛群碧　上海交通大学副教授，加拿大麦吉尔大学兼任教授（Adjunct Professor），Ciena公司加拿大研发总部高级工程师，麦吉尔大学博士。获OFC最佳学生论文和IEEE Photonics Society Graduate Student Fellowships等。担任OFC TPC委员等。

胡卫生

胡卫生　上海交通大学教授，主要从事光交换网络与光接入网的研究。获国家自然科学基金杰出青年科学基金，国务院政府特殊津贴，百千万人才工程，全国优秀博士学位论文导师等。先后担任区域光纤通信网与新型光通信系统国家重点实验室主任，电子工程系党总支书记等。担任Optics Express等期刊编委，OFC等国际会议TPC委员等。参研成果获国家科技进步二等奖2项。

毛　谦

光纤通信未来50年
超宽带接入网发展趋势预测

毛　谦　武汉邮电科学研究院

摘　要：光纤通信经过50年的发展，已经成为全球最主要的传输手段。光接入网也已经普及到亿万家庭，成为网民上网不可或缺的方式。展望下一个50年，光接入网将会如何发展，本文在简要回顾光接入网发展的历程之后，探讨了客户今后对宽带接入网的需求的变化、光接入技术近期和中长期的发展趋势，展望了未来光接入网发展可能的方向。

关键词：光纤通信，光接入网，FTTH，PON，宽带

一、前言

自1966年高锟关于光纤的论文问世，光通信发展迄今已经超过50周年，截至2016年底，全球共敷设光纤约30亿芯千米，我国就占了13亿芯千米，几乎为全球的一半。光纤通信已经成为全球最主要的传输手段，总信息量的95%以上都是通过光纤传送的。在经历了城域网、骨干网的光纤化之后，接入网也在逐步光纤化，截至2016年底，全球共有3.82亿FTTH用户，我国为2.28亿，比全世界其他地区的总和还要多。光接入网已经普及到亿万家庭，成为家庭对外通信的不可或缺的方式。展望下一个50年，光接入网将会如何发展，是人们十分关注的问题。本文在第2、3章简要回顾光接入网和光接入技术发展的历程之后，在第4章探讨了客户今后对宽带接入网的需求变化、光接入技术近期和中长期的发展趋势，在第5章展望了未来光接入网发展可能的方向。

二、光接入网的发展历程

接入网光纤化，把光纤直接敷设到家庭，实现FTTH，是光通信人一直以来的愿望。光接入网的发展大致经历了3次发展机遇：第一次是在1996年，日本NTT利用光缆架空的方式推广FTTH，而且初具规模。我国在对日本考察学习后，也在国内推广，由当时的邮电部电信总局有线处主持成立了领导小组，负责推动这项工作，部署了全国各地的试点，但由于当时技术不十分成熟，需求也不迫切，事情就不了了之。第二次是在1999年，日本用BPON技术发展FTTH，我国接受了第一次的教训，采取了观望的

态度，但“863”项目依然安排了BPON课题的研究，最后终因ATM技术本身被淘汰而没有发展起来。第三次是2003年，日本掀起了推广EPON的高潮，发展很快，我国紧跟着进行宣传与试点，终于在2005年由烽火和武汉电信合作在武汉建成了全国第一个FTTH试验工程，之后FTTH以排山倒海之势，如火如荼在全国迅速发展。至2017年4月底，我国的FTTH用户已达到2.5亿户，覆盖家庭约9亿户。

三、光接入技术发展回顾

光接入包括了无源光网络（点对多点）技术（PON）和有源光网络（点对点）技术（例如光纤以太网）。在实际应用中，由于PON技术的诸多优势，在全球FTTH应用中，PON是主流，有源光接入的应用较少。

最早的PON是窄带PON，1996年国际电信联盟（ITU）发布的第一个PON的标准就是最高速率为2Mb/s（北美制式为1.544Mb/s）的窄带PON标准G.982[1]。接着转向当时比较热的ATM技术，于1998年ITU又发布了宽带PON，即BPON（亦可称为ATM-PON）标准G.983.1[2]。随着对接入速率要求的提升，ITU于2003年发布了千兆PON（GPON）的标准G.984.1[3]。这些标准都形成了自己的系列标准。由于互联网的发展和视频业务的普及，用户对接入速率提出了更高的要求，2010年ITU发布了万兆PON（10GPON，XGPON）的标准G.987.1[4]。为了解决更高带宽要求和更大覆盖范围的需要，ITU于2015年发布了40GPON（XGPON2）的标准G.989系列[5][6]。为适应上下行对称业务的发展，ITU于2016年发布了对称的10GPON（XGS-PON）标准G.9807.1[7]。

同一时期对PON技术进行研究的标准组织还有IEEE。2004年，IEEE发布了以太网PON（EPON）的标准IEEE802.3ah[8]，初期的EPON是基于100M以太网的，后来容量需求提高，就演进到基于GE的PON，所以又称为GEPON。2009年IEEE发布了基于10GE的PON（10GEPON）标准IEEE802.3av[9]。进一步IEEE于2015年成立了IEEE P802.3ca 下一代EPON(NGEPON)任务组，首先开发100GEPON的标准，预计2019年4月完成；由于IEEE已经于2014年成立了P802.3bs任务组开始研究400G以太网，因此在适当的时候也会启动对400GEPON的研究。

四、FSAN光接入标准发展路线图解读

另一个研究光接入网标准的组织是全业务网FSAN，它和ITU合作，对ITU的光接入标准进行前期研究，到一定成熟度之后再转到ITU去制定正式标准，所以FSAN和ITU的光接入网标准是属于一个体系的。FSAN于2016年11月发布了FSAN标准路线图2.0版[10]，如图1所示，详细描述了从2004年到2021+的标准开发路线。从该图中，我们可以看出，从2004年到2016年已经发布的标准来看，开始是GPON，然后是XG-PON，再到多波长NG-PON2，最后在2016年发布了XGS-PON的标准。从2017～2020年，一直沿着加大传输距离、提升带宽、加大峰值速率、增强灵活性和提高可用性的方向对NG-

PONG2和XGS-PON进行增强型的研究，开发出速率大于10G的NG-PONG2+和XGS-PON+。从2020年或2021年之后，可能会有颠覆性的技术出现，向未来的光接入系统发展，包括更新型的光分配网ODN。

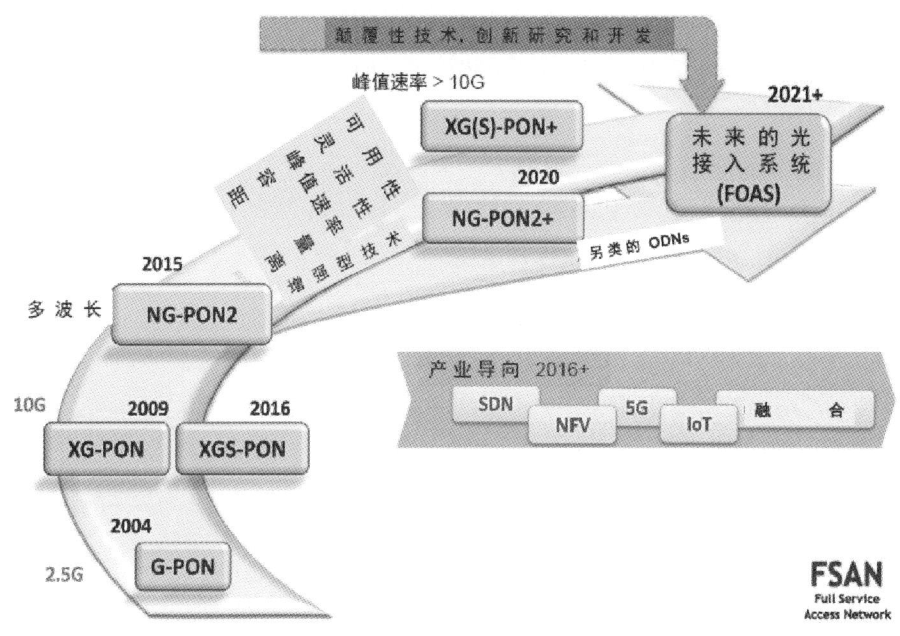

图1 FSAN标准路线图2.0

五、未来光接入网发展趋势预测

未来的光接入系统是什么样的？目前还无法具体描述。但可以从3个结合与4个融合的方向去推测：

第一个结合是无源光网络和有源光网络相结合。因为单个用户需要的接入速率提高到一定程度以后（例如大于10G），可能有源光网络比无源光网络提供更高速率更加方便、更容易升级以及成本更低；

第二个结合是光纤接入系统和Wifi或可见光通信相结合。光纤入户以后，室内的覆盖显然是采用无线的方式更方便。例如采用容量大覆盖广的Wifi，或者采用电力线传输的LED做光源的可见光通信可以实现家庭中无死角的覆盖。

第三个结合是光纤接入和无线接入相结合。对于深山老林、戈壁沙漠、湿地水洼等光纤光缆不易敷设的场景，不一定要拘泥于光纤接入，可以采用光纤接入和无线接入相结合的方式，将光纤光缆敷设到容易敷设，离用户最近的地点后转换为无线的方式进入用户，不失为更加灵活的方法。

第一个融合是窄带、宽带、超宽带光接入相融合。从节省原有投资、充分利用存量资产、便于升级换代的角度出发，未来的光接入设备应该是融合的设备，可以同时向不同需求的用户分别提供窄带、宽带和超宽带业务。

第二个融合是GPON和EPON相融合。实际上GPON和EPON的原理是相同的，虽然EPON及GPON有自己不同的特点，但是两者的拓扑结构及网络管理结构类似，可以设计下一代PON同时支持这两种标准，解决两种技术的兼容问题。同时兼容EPON及GPON的现有网络，能实现向10GEPON和10GGPON的平滑升级演进。EPON和GPON的技术对于网管是透明的，两者可以提供给上层统一的接口，以实现两种不同的PON技术在网管层面上的融合统一管理。

第三个融合是光接入与家庭网络相融合。随着智能家居、物联网以及移动通信的迅速发展把光纤接入的ONU与家庭网关相融合为一体，既方便又便于维护。把ONU、家庭网关、Wifi、FemtoCell、NB-IoT以及其他联网设施都融合为一个终端，可以降低成本、便于敷设安装开通、便于运行维护。

第四个融合是硬件和软件相融合。技术的发展，可以使硬件软化，软件也可以固化，软件和硬件的融合是必然的趋势。随着光接入网的SDN/NFV化，控制与转发的分离、接口的开放，光接入网的形态和光接入设备的形态都会发生很大的变化。OLT和ONU都可能白盒化，像计算机那样，在标准的硬件上安装不同的软件就可以实现不同的功能，而硬件和软件可以由不同的厂家提供。

六、结语

50年后的光接入网是什么样子，使用什么技术目前还很难准确想象。但正如FSAN的路线图所提出的那样，从距离、容量、速率、灵活性和可用性几个维度向前发展，是总的发展趋势。另外把网络分为骨干网、城域网和接入网是通信网的传统做法，50年以后整个通信网如何发展，和IT网如何融合，网络如何分层、分片、分域等，都还存在许多不定因素。光接入网将会随着整个通信网络的变化而变化，届时，仁者见仁，智者见智，会呈现一个崭新的面貌。

参考文献

[1] ITU-T Recommendation G.982 “OPTICAL ACCESS NETWORKS TO SUPPORT SERVICES UP TO THE ISDN PRIMARY RATE OR EQUIVALENT BIT RATES”. (Geneva, 1996)

[2] ITU-T RECOMMENDATION G.983.1 “BROADBAND OPTICAL ACCESS SYSTEMS BASED ON PASSIVE OPTICAL NETWORKS (PON)”. (Geneva，1998)

[3] ITU-T Recommendation G.984.1 “Gigabit-capable Passive Optical Networks (GPON): General characteristics”. (Geneva, 2003)

[4] ITU-T Recommendation ITU-T G.987.1 “10-Gigabit-capable passive optical networks (XG-PON): General requirements”. (Geneva, 2010)

[5] ITU-T Recommendation ITU-T G.989 “40-Gigabit-capable passive optical networks (NG-PON2): Definitions, abbreviations and acronyms”. (Geneva, 2015)

[6] ITU-T Recommendation ITU-T G.989 .1 “40-Gigabit-capable passive optical networks (NG-PON2): General requirements”. (Geneva, 2015)

[7] ITU-T Recommendation G.9807.1 “10-Gigabit-capable symmetric passive optical network (XGS-PON)”. (Geneva, 2016)

[8] IEEE Std 802.3ah “Media Access Control Parameters, Physical Layers, and Management Parameters for Subscriber Access Networks”.（2004）

[9] IEEE Std 802.3av “Physical Layer Specifications and Management Parameters for 10 Gb/s Passive Optical Networks”.(2009)

[10] FSAN “FSAN Roadmap”, http://www.fsan.org/roadmap/.

作者简介

毛　谦　光纤通信著名专家。原武汉邮电科学研究院副院长兼总工程师、教授级高级工程师、博导，现任武汉邮电科学研究院高级顾问、兼任国际电联ITU-TSG15中国专家组成员、信息产业部通信科技委委员、中国通信学会会士、中国通信学会常务理事/光通信委员会主任/学术委员会副主任、中国通信标准化协会专家咨询委员会委员/技术管理委员会委员/传送网与接入网技术工作委员会主席。

2006年起担任《光纤通信信息集锦》和《中国光纤通信年鉴》高级顾问。

中国光纤通信业界
2017～2018年成就展示篇

热烈庆祝长飞公司成立30周年不忘初心，再创新未来

2018年5月30日，长飞公司成立30周年庆典在长飞总部盛大召开。此次长飞公司30周年庆典，邀请了众多政府领导、合作伙伴、新老朋友前来，原信息产业部部长吴基传，原建设部副部长、武汉市市长赵宝江，原湖北省常务副省长周坚卫，中国工程院院士赵梓森，长飞公司大多数历任董事长、副董事长、总裁、副总裁都来到庆典现场，共同庆祝长飞公司30岁生日，分享长飞公司成立30周年的喜悦与精彩。30年来，长飞以敢闯敢干的勇气和自我革新的担当，实现了从行业随者到行业引领者的伟大跨越，以追求卓越的信念和砥砺奋进的精神，谱写了不平凡的雄伟篇章。站在崭新起点，长飞将继续昂首阔步、奋勇前行，与关心、支持和帮助长飞公司发展的社会各界朋友一道共创美好新未来。

长飞公司成立智能制造研究院

2018 年 5 月 30 日，值长飞公司成立 30 周年之际，长飞联合华中科技大学制造装备数字化国家工程研究中心、弗吉尼亚理工大学工业系统工程学院成立智能制造研究院，贯彻落实自主创新。新成立的智能制造研究院基于三方在光纤光缆制造技术、智能装备开发技术及大数据系统集成技术上的资源优势互补，着重研究智能制造在光纤光缆行业的创新性应用以及相关人才培养。

智能制造研究院将立足于光纤光缆行业，以具体研发项目为载体，实现核心工艺、设备的智能化和生产过程的全流程数字化、信息化、网络化、智能化，逐步实现生产和服务过程的自动化，打造数字化车间，有序构建完整的智能工厂体系。

长飞公司发布2017年度业绩，营收再创历史新高升27.8%，净利润大增78.0%

2018年3月13日，长飞公司在香港召开业绩发布会，发布了长飞公司及其附属公司截至2017年12月31日的年度合并业绩。2017年度，长飞公司营业收入再创新高，约为103.66亿元人民币，较2016年约81.12亿元人民币增长约27.8%。公司毛利约27.89亿元人民币，较2016年约16.83亿元人民币增长约65.8%。长飞公司息税前利润由2016年约9.06亿元人民币显著增长至2017年约15.25亿元人民币，增幅约为68.4%。本年度长飞公司净利润约为12.35亿元人民币，较2016年约6.94亿元人民币增长约78.0%。

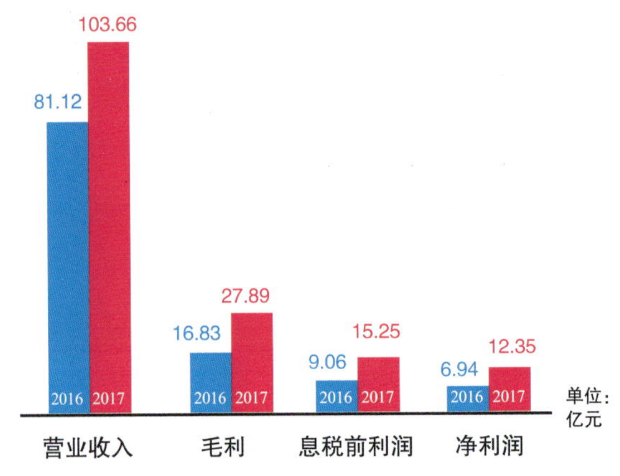

长飞公司荣膺第十七届"全国质量奖",成为行业第一家也是唯一一家获此殊荣的企业

2017年11月29日，由中国质量协会主办的全球卓越大会暨第十七届全国追求卓越大会在北京人民大会堂隆重举行，大会公布了第十七届"全国质量奖"获奖名单，长飞问鼎此奖项，成为中国光纤光缆行业首家荣获此奖项的企业，也是本届唯一一家获此殊荣的光通信企业。全国质量奖与美国波多里奇国家质量奖、欧洲质量奖、日本戴明奖一样，只授予取得卓越绩效的杰出企业，此次获奖是对长飞公司综合实力、管理水平、发展质量和品牌影响力的权威认可，也是对长飞公司全面推进卓越绩效管理成果的最高肯定。

烽火通信2012-2017年销售及利润情况

烽火通信科技股份有限公司是国内优秀的信息通信设备与网络解决方案提供商，国家科技部认定的国内光通信领域唯一的“863”计划成果产业化基地和创新型企业，曾承担从“六五”到“十二五”期间光通信领域绝大部分重大科研课题，累计取得了500多项具有自主知识产权的重大科研成果，多次荣获国家、科技部、邮电部科技进步奖。

16年的变革图强，使得烽火通信发展成为全球通信市场主流供应商，实现了从科研院所到世界知名企业的华丽转身。烽火通信的资产规模翻了10倍，销售规模实现了近20倍速的增长，年均复合增长率超过20%，连续7年在国资委科研院所综合绩效排名中位居前二，成为科研院所成功转制的先锋示范企业，为国有资产的保值增值作出了重大贡献。10余年的稳健发展，使得烽火通信的销售规模由5亿元扩展到近200亿元，目前已拥有华中、东北、华东、西北、华南、西南、南美、南亚、北非等产业基地，全系列产品已远销全球90多个国家和地区。

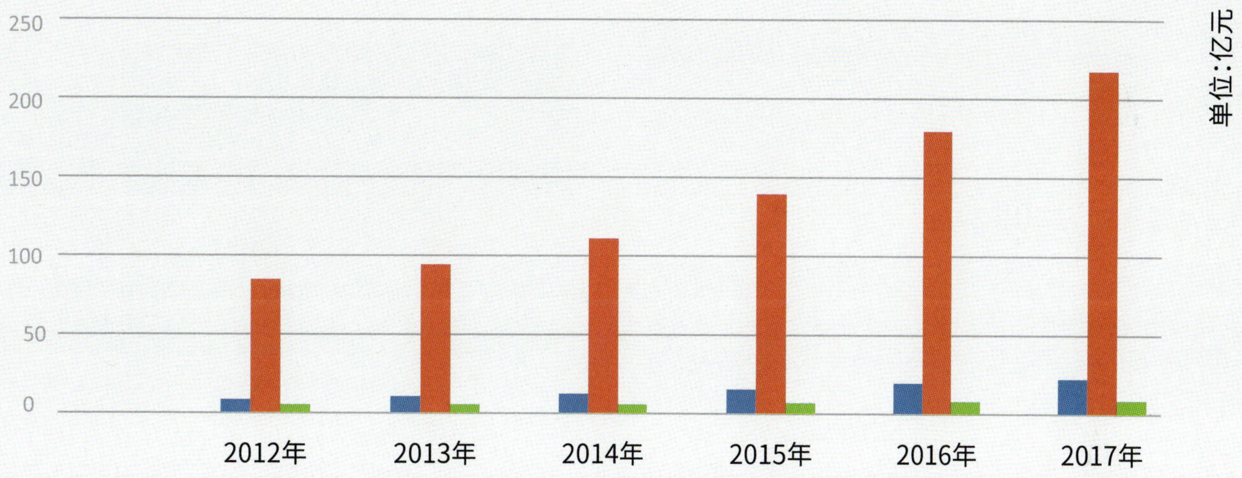

单位：亿元

	2012年	2013年	2014年	2015年	2016年	2017年
研发投入	7.96	10.02	11.76	14.68	18.6	21.39
销售收入	81.83	91.09	107.21	134.9	173.6	210.56
利润总额	4.97	5.19	5.4	6.57	7.6	8.25

研发投入 销售收入 利润总额

人员情况：平均年龄30岁，本科以上学历约占70%，其中硕士、博士占20%。

员工总人数（人）	13558						
其中：生产人员人数	3330	技术人员人数	5548	管理人员人数	769	销售人员人数	3911
生产人员占比	24.56%	技术人员占比	40.92%	管理人员占比	5.67%	销售人员占比	28.85%

2017年光纤光缆类新产品研制取得多项进展

一、成果

1.2017年烽火光缆产品出口销售额继续在国内光缆供应商中排名第一；

2.2017年烽火品牌光纤光缆均超过4000万芯；

3.获中国光学工程学会科技进步二等奖；

4.获中国通信学会标准奖励多项；

5.80/135保偏光子晶体光纤、超低损耗大有效面积单模光纤获专家鉴定为国际先进国内领先水平；

6.研制的OAM光纤支持OAM模式以0.34分贝/千米的低损耗传输，还实现了支持96个OAM模态传输的多环芯结构OAM光纤，为已报道国际最高水平 。

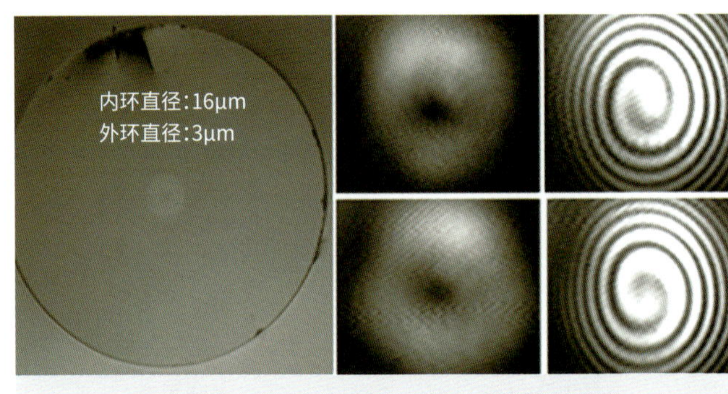

环形芯结构OAM光纤端面及±1阶OAM模式输出图样

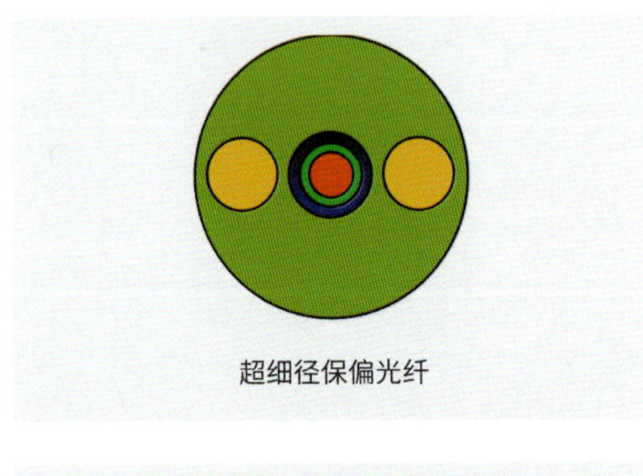
超细径保偏光纤

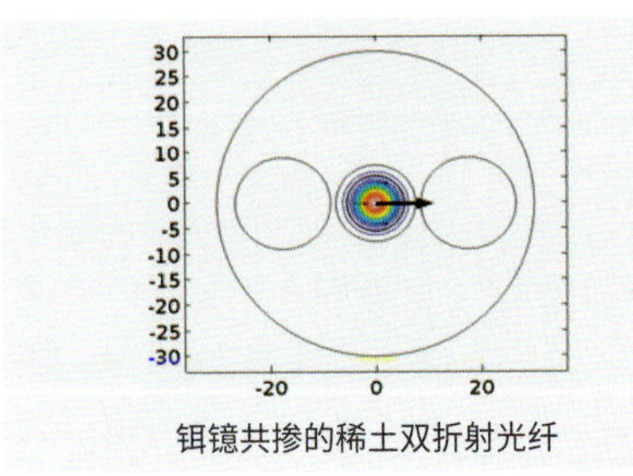

铒镱共掺的稀土双折射光纤

二、新产品

1.研制出新一代超低损耗光纤，已批量应用；

2.开发出新一代高性能的OM3、OM4光纤，媲美国际先进水平；

3.研制出具有国际领先水平的少模多芯光纤；

4.研制出135微米细径保偏光子晶体光纤，在天舟一号货运飞船实现成功应用；

5.研制出高性能的OAM光纤，首次实现10公里级以上长距离传输；

6.开发出10/130、20/130、30/250、20/400等系列双包层掺镱光纤和100/140、200/220、400/440、600/660、800/880等系列传能光纤，已在国内诸多光纤激光器企业取得了广泛的应用，打破了国外企业的市场垄断地位，实现了细分市场的领先应用；

7.研制出新型反共振光纤，损耗降低到10dB/km业内；

8.开发出新型OPGW，已成功批量应用于南方电网等多家企业。

光纤光缆类知识产权取得显著成效

一、专利

2017年申请专利52项，其中申请国际专利8项。

二、参与标准制定

主持及参与制定通信行业国家标准和行业标准41项，其中2016年以来的国标和行标列举如下：

序号	项目名称	项标准性质
1	掺稀土光纤特性第2部分：双包层掺铥光纤特性	国标
2	掺稀土光纤特性第3部分：双包层铒镱共掺光纤特性	国标
3	光纤用二次被覆材料第2部分：改性聚丙烯	国标修订
4	通信用单模光纤第1部分：非色散位移单模光纤特性	国标修订
5	通信用单模光纤第2部分：截止波长位移单模光纤特性	国标修订
6	通信用单模光纤第3部分：波长段扩展的非色散位移单模光纤特性	国标修订
7	通信用单模光纤第4部分：色散位移单模光纤特性	国标修订
8	通信用单模光纤第5部分：非零色散位移单模光纤特性	国标修订
9	通信用单模光纤第6部分：宽波长段光传输用非零色散单模光纤特性	国标修订
10	接入网用轻型非金属光缆第1部分：中心管式光缆	行标
11	接入网用轻型非金属光缆第2部分：束状式光缆	行标
12	接入网用轻型非金属光缆第3部分：层绞式光缆	行标
13	截止波长位移单模光纤特性	行标
14	深海光缆	行标修订
15	室内光缆系列第4部分：多芯光缆	行标修订
16	室内光缆系列第5部分：光纤带光缆	行标修订
17	室内光缆系列第7部分：隐形光缆及其组件	行标
18	数据中心综合布线用组件第1部分：预制成端多芯连接器光缆组件	行标
19	数字通信用100Ω平衡对绞跳线	行标
20	通信电缆光缆用阻水材料第3部分：阻水粉	行标
21	通信光缆安装性能试验方法第5部分：盘上微管通过试验	行标
22	通信光缆电缆用色母料第1部分：光纤二次被覆材料用色母料	行标
23	通信用气吹微型光缆及光纤单元第4部分：微型光缆	行标修订
24	通信用全干式室外光缆第1部分：层绞式	行标
25	通信用中心管填充式室外光缆	行标修订
26	移动通信用50Ω射频同轴适配器和转接器	行标

自主创新，烽火成功实现多项海底光缆通信系统海试

随着全球迈向数字化和智能化，数据流量呈爆发式增长，各国均大力投入海洋开发。海底光缆是国际信息化发展的主要载体，承载了互联网、语音、跨国公司专线等90%以上的国际通信业务。当前海洋通信领域由欧洲、美国、日本的企业主导，承担了全球80%的海缆市场建设，因技术壁垒，国内企业难以在国际上占据一席之地。

为了抢攀海洋通信这一光通信技术的金字塔，实现“海洋强国战略”，烽火建设全球最大规模海缆制造企业——烽火海洋网络设备有限公司（以下简称“烽火海洋”）。烽火海洋肩负使命扎根在珠海高栏港经济区，依托母公司强大的研发能力，致力于海洋通信系统以及海底观测网系统的开发，不断加大科研投入和自主创新。

- **总投资约20亿元，建设海洋网络产业**
- **已启动海洋网络新生产基地的投资建设**
  - 总投资约12亿元
  - 项目占地面积约13.5万平方米
  - 2018年具有年产能力为：海底光缆1万皮长公里
    中继器100个

2017年11月，烽火海洋网络设备有限公司在南海海域完成4400米深海、200米浅海共四套系统，7大类产品完成海试。

成功试海

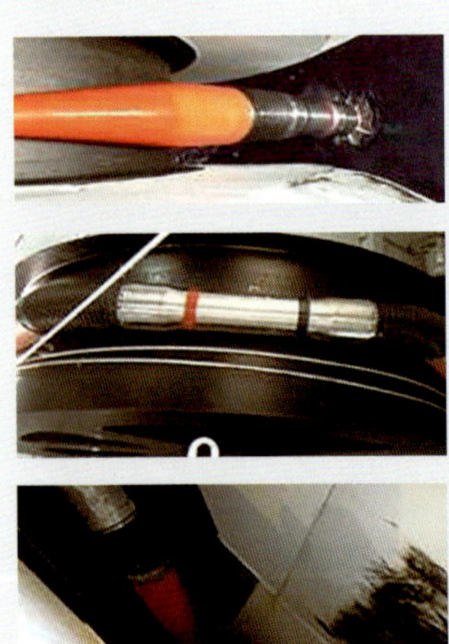

重要成果

2017年亨通光纤的3项新产品通过了江苏省经信委组织的省级新产品新技术鉴定，并拿到鉴定证书：

低损耗大有效面积单模光纤（LEA-110-G.654.E）
低损耗大有效面积单模光纤（LEA-130-G.654.E）
海陆通信低损耗高强度大盘长单模光纤（SL-G.652.D）

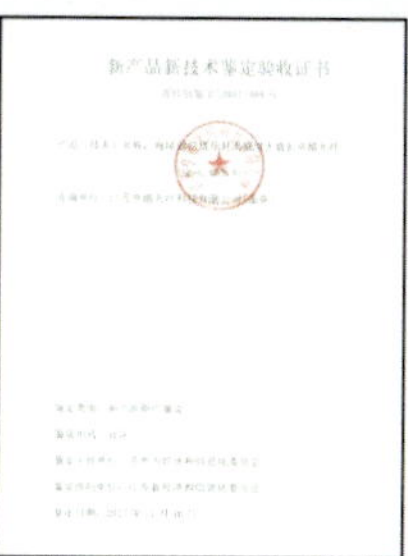

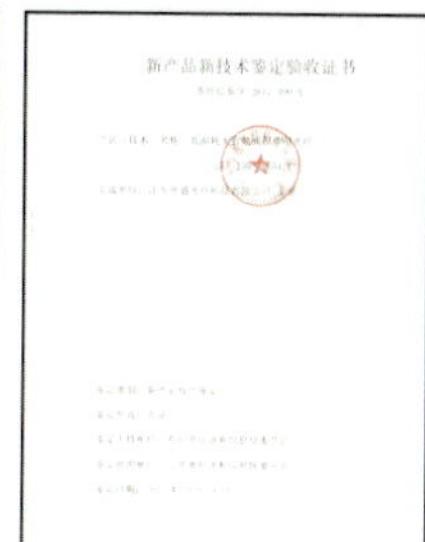

重要奖项

- 中国光学工程学会科技进步奖
- 中国电子学会科技进步奖
- 中国光学工程学会创新技术奖
- 江苏省通信学会科技进步奖
- 中国通信学会科技进步奖
- 苏州市优秀专利奖
- 苏州市质量奖
- 全球卓越绩效奖
- 江苏省民营科技企业
- 苏州市光电缆行业QC小组优秀成果奖
- 高新技术产品认证证书
- 知识产权管理体系认证证书
- 苏州名牌产品证书
- 计量合格确认单位
- 江苏省质量工具与统计技术应用成果奖证书
- 江苏省科学技术进步奖

中国电子学会科技进步奖一等奖

亨通光纤荣获江苏省高新技术企业认定

中国电子学会科学技术奖一等奖

江苏省通信学会科技进步一等奖

国际海试证书Hengtong sea trials certificate
海洋光纤UJ认证证书QTC022-K089 certificate

江苏省高新技术产品认定

201612 高新技术产品认定证书

20180314高新技术产品认定证书

高新技术产品认定证书

World Class

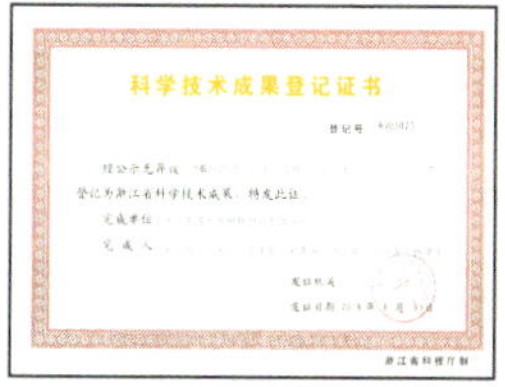
层绞式通信用室外光缆GYTS-12B1.3

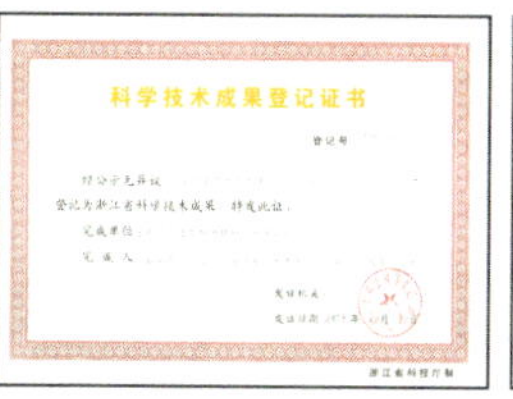
全介质自承式
光缆ADSS-AT24B1.3

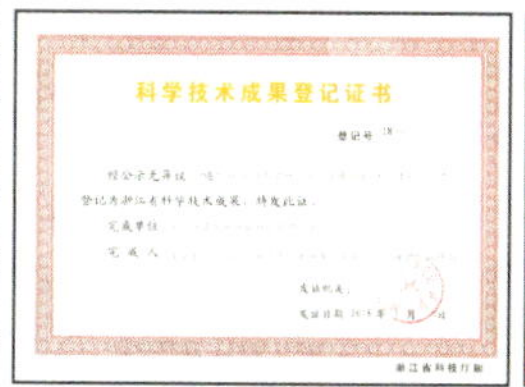
通信用“8”字形自承式
室外光缆GYXTC8ZY-6B1.3

亨通光纤荣获
2017苏州市质量奖

亨通海洋光网获
2017苏州市质量奖

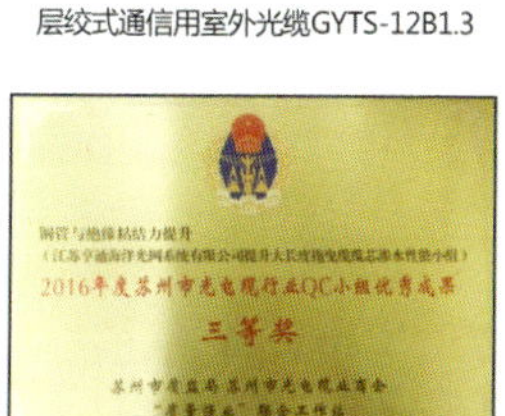
铜管与绝缘粘结力提升

大长度低损耗有中继型海底光缆
160581G2725N

大长度高强度双层铠装带馈电
无中继型海底光缆
160581G1371N

大长度深海轻型带馈电无中继
型海底光缆160581G1370N

重要项目

海底光缆系统海试

亨通海洋于2017年4月11日至2017年5月10日完成了海缆系统海试，试验中涵盖了HOUC-1 和HORC-1两个系列的缆型，集成了华为海洋（HMN）的R1 RPT、R2 RPT 及R2 BU，并由中英海底系统有限公司（SBSS）提供海缆施工服务。

- 海试涵盖缆型：HORC-1 LW,LWP,SAL,SA,DA；HOUC-1 SAL,SA,DA；
- 涵盖接头盒类型：UJ, UQJ, UJ loop box, UQJ loop box
- 光纤类型： G654，G652D，大有效面积超低损耗光纤

该次海试总共涵盖了 4 个系统：

- 5000m 有中继系统，地点：28°1'N 134°58′ E
- 4000m BU 系统，地点：28°15'N 133°12′ E
- 500m有中继犁埋，地点：28°33'N 130°43'E
- 500m无中继犁埋，地点：28°33'N 130°43'E

海试的成功，正面验证了：

1、亨通全系列海缆产品在浅海、深海不同水深的性能；
2、亨通海缆与中继器、BU、UJ/UQJ接头集成和系统的可靠性；
3、亨通海洋系统集成能力；
4、亨通海缆布放及回收的可靠性，包括铺设及埋设试验；
5、各类型光纤不同水深的性能。

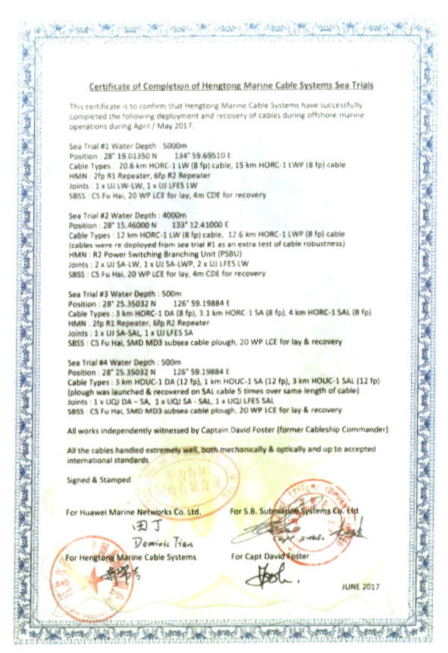

Certificate of Completion of Hengtong Marine Cable Systems Sea Trials

This certificate is to confirm that Hengtong Marine Cable Systems have successfully completed the following deployment and recovery of cables during offshore marine operations during April / May 2017.

Sea Trial #1 Water Depth : 5000m
Position : 28° 19.01350 N 134° 59.69510 E
Cable Types : 20.6 km HORC-1 LW (8 fp) cable, 15 km HORC-1 LWP (8 fp) cable
HMN : 2fp R1 Repeater, 6fp R2 Repeater
Joints : 1 x UJ LW-LW, 1 x UJ LFES LW
SBSS : CS Fu Hai, 20 WP LCE for lay, 4m CDE for recovery

Sea Trial #2 Water Depth : 4000m
Position : 28° 15.46000 N 133° 12.41000 E
Cable Types : 12 km HORC-1 LW (8 fp) cable, 12.6 km HORC-1 LWP (8 fp) cable
(cables were re deployed from sea trial #1 as an extra test of cable robustness)
HMN : R2 Power Switching Branching Unit (PSBU)
Joints : 2 x UJ SA-LW, 1 x UJ SA-LWP, 2 x UJ LFES LW
SBSS : CS Fu Hai, 20 WP LCE for lay, 4m CDE for recovery

Sea Trial #3 Water Depth : 500m
Position : 28° 25.35032 N 126° 59.19884 E
Cable Types : 3 km HORC-1 DA (8 fp), 3.1 km HORC-1 SA (8 fp), 4 km HORC-1 SAL (8 fp)
HMN : 2fp R1 Repeater, 6fp R2 Repeater
Joints : 1 x UJ SA-SAL, 1 x UJ LFES SA
SBSS : CS Fu Hai, SMD MD3 subsea cable plough, 20 WP LCE for lay & recovery

Sea Trial #4 Water Depth : 500m
Position : 28° 25.35032 N 126° 59.19884 E
Cable Types : 3 km HOUC-1 DA (12 fp), 1 km HOUC-1 SA (12 fp), 3 km HOUC-1 SAL (12 fp)
(plough was launched & recovered on SAL cable 5 times over same length of cable)
Joints : 1 x UQJ DA – SA, 1 x UQJ SA - SAL, 1 x UQJ LFES SAL
SBSS : CS Fu Hai, SMD MD3 subsea cable plough, 20 WP LCE for lay & recovery

All works independently witnessed by Captain David Foster (former Cableship Commander).

All the cables handled extremely well, both mechanically & optically and up to accepted international standards

Signed & Stamped

For Huawei Marine Networks Co. Ltd.
田丁
Dominic Tian

For S.B. Submarine Systems Co. Ltd

For Hengtong Marine Cable Systems

For Capt David Foster

JUNE 2017

宁苏量子干线项目

江苏省宁苏量子干线采用了量子保密通信行业成熟的解决方案——F-M相位编码技术、优质的新型光纤，与其他量子保密通信网络相比，主要有以下5大创新点：

1、采用新型光纤用于量子保密通信干线传输、链路损耗更低。
2、带宽资源丰裕、业务承载能力高，可商用能力强。
3、自主知识产权的F-M相位编码量子密钥分配方案具有超强的抗环境干扰能力
4、首个多城市、长距离相位编码量子保密通信干线
5、城际骨干节点采用双重备份，保障网络的高可靠性。

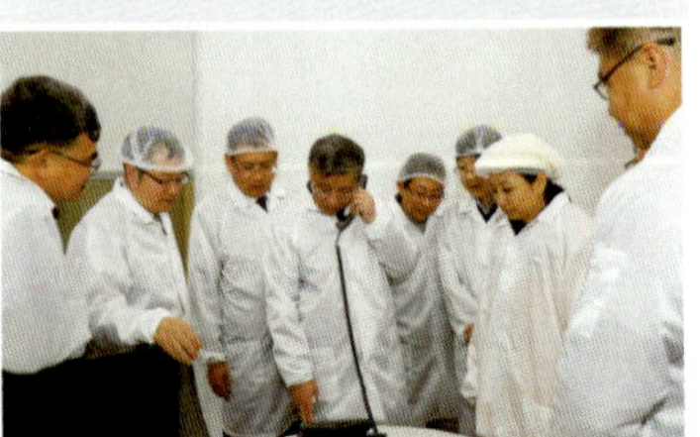

知识产权授权发明专利

专利名称	专利号
亨通海洋	
一种可移动式输缆装置	201410346491.5
一种不同铠装结构的海缆接头及其在线过渡工艺	201510887918.7
造管在线接续光纤制造大长度海底光缆光纤单元的方法	201510186539.5
叠式放铜带装置	2016108299311
一种不锈钢管光纤单元接头及其连接方法	201510269479.3
亨通光纤	
一种用于检测的光纤收集装置及方法	ZL201510640713.9
一种手持式塑料光纤端面处理装置以及处理方法	ZL201510789777.5
自动测量光纤盘具法兰偏移量和距离的装置	ZL201621044366.X
一种6米超长光纤预制棒及制造工艺	ZL201510278831.X
一种光纤自动裁剪装置	ZL201720333746.3
一种带自动对中、清洁功能的光纤冷却管	ZL201720508050.X
一种光纤退火延伸管	ZL201720532255.1
光纤预制棒挂棒位置调整装置	ZL201720432614.6
用于光纤固化系统的抽废气装置	ZL201720907910.7
光纤收集装置	ZL201720906658.8
光纤预制棒抽真空密封装置	ZL201720907935.7
光纤涂层清除装置	ZL201720907974.7
光纤涂料定量回收装置	ZL201720906672.8
光纤扭曲度测量装置	ZL201720907904.1
拉丝感应炉快速降温装置	ZL201720907401.4

知识产权授权发明专利

专利名称	专利号
浙江亨通	
中心管式全介质自承式光缆及其制造方法	201110339830.3
金属加强件具有发泡材料垫层的层绞式光缆	201220421033.X
一种层绞式光缆	201621128571.4
8字形自承式引入光缆	201621083984.5
阻燃耐火中心管式引入光缆	201621084040.X
大芯数双层绞光缆	201720783020.X
非金属加强型阻燃直埋光缆	201720784107.9
高阻水小8字光缆	201720789051.6
非金属引入光缆	201720941353.0
层绞式阻燃直埋光缆	201720784103.0
高抗电痕ADSS光缆	201720784104.5
一种光纤二次套塑水温控制装置	201310680475.5
一种不锈钢带绕包加强型铠装光缆及其制作方法	201310451963.9
一种超密集型中心束管式带状全介质光缆	201320209872.X
一种可自承架空及管道引入的室内外两用蝶形光缆	201420140799.X
一种全介质高密集型引入光纤光缆	201420141985.5
新型玄武岩纤维杆加强光缆	201320604788.8
一种超高强度大芯数多用途光纤光缆	201520269070.7
一种扁平式多芯综合布线光纤光缆及其对应的布线结构	201520269693.4
一种扁平形自承式引入光纤带光缆	201520867389.X
一种移动通信基站用微型射频拉远光缆	201320209568.5
一种超抗弯高清电视信号传输光缆	201320209224.4
一种舰船用信号传输光缆	201320209080.2
具有防鼠功能的加强型轻型光纤光缆	201520242120.2
一种微束管易分支型光缆	201420338185.2
铠装加强型防鼠光缆	201720938824.2

知识产权授权发明专利

专利名称	专利号
亨通光网	
中空石英塑料特种光纤	200810227172.7
一种光电分离的智能光纤活动连接器	201210421015.6
一种对光纤阵列或芯片进行角度测量的装置及方法	201310026563.3
光纤应变与光缆变形监测装置及监测方法	201310053562.8
光缆交接箱监测装置及其监测系统	201310205240.0
一种密集型FTTX光缆交接箱	201310259142.5
高可靠波分阵列光波导温度控制装置	201310264312.9
一种智能光纤配线装置、配线方法以及管理系统	201310413399.1
一种穿管式预制端圆形引入光缆装置及其制作方法	201310414746.2
一种光电复合缆用光电一体化分纤箱	201310414588.0
一种用于对单纤或芯片进行端面研磨的多孔径夹具	201310547282.2
一种IDC云计算网络机柜	201310578486.2
一种集中控制的智能ODN电子标签机盘管理电路	201310504923.6
一种曲线形有热AWG阵列波导光栅密集 波分复用器及其制作装置，制作方法和测试方法	201410196496.4
一种用于4G移动通信室外机柜的防盗装置	201410606521.1
一种USB接口有源光缆及其制作装置以及制作方法、测试方法	201510574170.5
一种适用于云计算多芯连接器的研磨夹具装置	201610347932.2
一种预制成端蝶形引入光缆及其制备和布线方法	201510567326.7
亨通光导	
烤灯、沉积装置、提高光纤预制棒疏松体密度的方法	ZL201410341367.X
一种制备低羟基石英套管的装置及方法	ZL201510734072.3
液体气化装置及其气化方法	ZL201610351479.2
低损耗光纤	ZL201720255324.9
光纤预制棒的喷灯	ZL201720400168.0
一种光纤预制棒	ZL201720553840.X

知识产权授权发明专利

专利名称	专利号
亨通光电	
光纤光缆用着色装置	2015101208783
超导涂层用$Y_XCe_{1-X}O_2/La_2Zr_2O_7$复合过渡层薄膜的制备方法	2015102511468
光纤光缆用着色复绕机	2015101214197
光纤光缆用的智能油膏涂覆装置	2015101547138
光纤光缆用生产自动智能排线控制系统	2015101549612
超导涂层用$Y_2Ce_2O_7$过渡层薄膜的制备方法	2014107369623
一种新型制导光缆及其制备方法	PCT/CN2016/104315
光纤均匀着色与固化装置	201620618077X
多头光纤着色涂覆系统	201620617901X
用于光纤光缆的智能油膏喷涂系统	2016207728029
光缆油膏喷涂装置	2016207727793
智能调节喷涂量的光纤光缆油膏喷涂系统	2016207725904
一种高等级阻燃耐火光缆	201620685063X
接入网用C型套全介质自承式光缆	2016208690828
一种光纤宏弯损耗检测装置	2016209003391
大芯数高性能光单元易分支光缆	2016209679898
一种室内外用全干式束管直敷式引入光缆	2016209766788
一种室内垂直布线光缆	2016206332518
一种智能钢丝放线架	2016206336631
一种玻纤预热装置	2016206409149
一种大芯数小缆径防蚁气吹微缆	2016209180610
一种全干式束管式光缆	2016208946779
光缆用松套管抗侧压测试装置	2016212430518
中心束管式光缆	2016211323241
一体式放线架及光缆生产系统	2017203201162

知识产权授权发明专利

专利名称	专利号
亨通光电	
用于光纤光缆的交互式智能渗水检测装置	2017204215586
一种易分离型隐形光缆	201720319911X
光纤光缆渗水检测系统	201720416062X
光纤光缆渗水检测用连接机构	2017204160634
用于光纤光缆渗水实验的连接及阻水装置	2017204161162
主动放线装置及光缆生产系统	2017203200653
一种微型光缆固定夹具	2017202155383
一种轻型铠装防生物抗剥光缆	2016212711314
一种FRP中心充油套管光缆	2017203201177

参与行标、国标制定的标准

标准名称	标准类别	标准号
亨通光导		
光纤预制棒烧结用石英炉芯管	团体标准	T/CEMIA 003-2017
光纤预制棒用高纯四氯化硅	团体标准	T/CEMIA 001-2017
特种光纤用三氯氧磷	团体标准	T/CEMIA 002-2017
亨通光电		
《通信光缆安装性能试验方法 第4部分：微管布放光缆》	行业标准	YD/T 3248.4-2017
《通信光缆安装性能试验方法 第3部分：微管管路验证》	行业标准	YD/T 3248.3-2017
《通信光缆安装性能试验方法 第2部分：微管耐内压》	行业标准	YD/T 3248.2-2017
《通信光缆安装性能试验方法 第1部分：微管净空》	行业标准	YD/T 3248.1-2017
《无线射频拉远单元（RRU）用线缆 第4部分：光电混合缆组件》	行业标准	YD/T 2289.4-2017
《数字通信用聚烯烃绝缘室外对绞对称电缆 第1部分：总则》	行业标准	YD/T 3296.1-2017
《通信用耐火光缆》	行业标准	YD/T 3297-2017
亨通光网		
智能光分配网络 光配线设施 第1部分：智能光配线架	行业标准	YD/T 2795.1-2015
智能光分配网络 光配线设施 第3部分：智能光缆分纤箱	行业标准	YD/T 2795.3-2015
光旁路保护装置	行业标准	YD/T 2971-2015
通信光缆交接箱	行业标准	YD/T 988-2015
通信用多模光纤 第1部分A1类多模光纤特性	国家标准	GB/T 12357.1-2015
智能光分配网络设施 第2部分：智能光缆交接箱	行业标准	YD/T2795.2-2016

参与行标、国标制定的标准

标准名称	标准类别	标准号
亨通光网		
光纤试验方法规范 第48部分： 传输特性和光学特性的测量 方法和试验程序—偏振模色散	国际标准	GB/T1572.48-2016
有线电视网络光纤到户（FTTH）系统技术规范	行业标准	GY/T 306.1-2017
智能光分配网络 光纤活动连接器	行业标准	YD/T 3250-2017
光纤试验方法规范 第44部分： 传输特性和光学特性的测量方法和试验程序 截止波长	国家标准	GB/T 15972.44-2017
亨通光纤		
截止波长位移单模光纤特性	行业标准	2016-1018T-YD
光纤束单元及其技术要求研究	行业标准	SR 211-2017
光纤预制棒烧结用石英炉芯管	团体标准	T/CEMIA 003—2017
光纤预制棒用四氯化硅	团体标准	T/CEMIA 001—2017
光纤预制棒用三氯氧磷	团体标准	T/CEMIA 002—2017
亨通海洋		
军用无中继海底光缆通信系统通用要求	国家军用标准	GJB 5864-2006
军用有中继海底光缆通信系统通用要求	国家军用标准	GJB 5931-2007
海缆铠装用镀锌或锌铝合金钢丝	国家标准	GB/T 32795-2016
军用轻型轻型浅海光缆详细规范	行业军用标准	FJ51428-2019
军用轻型海光缆接头盒详细规范	行业军用标准	SJ51659/2-2019
TSE-773浅海光缆接头盒详细规范	行业军用标准	SJ51659/3-2019

迈向高端

海洋观测网、感知环境、解密海洋

作为海洋智能立体观测产业及水环境感知网领跑者亨通致力于水下装备技术的开发，业务集水下观测网系统设计、软件开发、装备研发与制造及工程服务于一体。其海洋智能立体观测网由岸基站、主接驳盒、次接驳盒、仪器平台、锚系浮标/潜标以及海底光电复合缆组成，集海洋大规模远距离输能、通信、监控和授时等核心功能为一体。

1

广阔海域及江河湖泊的大范围、全天候、长期、连续、实时的高分辨率和高精度的综合立体观测

2

依托大数据、云计算等新一代技术提升海洋装备和工程智能化

3

广泛应用于科学研究、海洋预报、军事侦查、监测预警、水下救援、海洋资源和能源开发等领域

迈向高端

亨通硅光子模块项目

硅光子器件如今已被光通讯行业业界普遍认同为下一代通讯系统和数据互连系统的核心技术器件。亨通携手美国洛克利公司共同开发硅光子芯片集成100G高速光收发模块及有源光缆（AOC），产品包括：100G QSFP28硅光子AOC、100G QSFP28 PSM4硅光子模块、100G QSFP28 CWDM4硅光子模块。该项目将于2018年下半年开始投产，并于2019年实现量产。

1 100G-QSFP28硅光子AOC

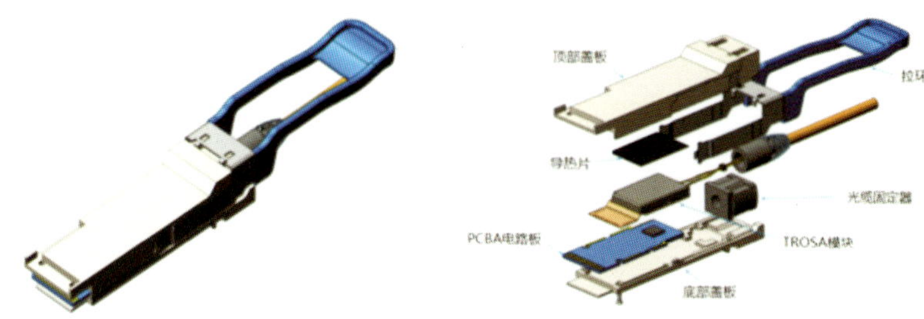

2 100G-QSFP28-PSM4硅光子模块

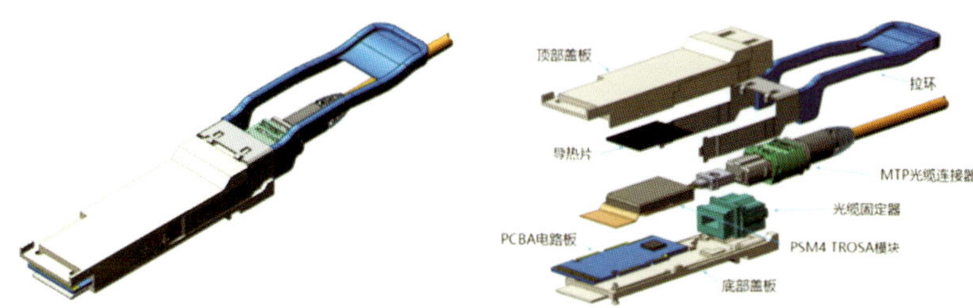

3 100G-QSFP28-CWDM4硅光子模块

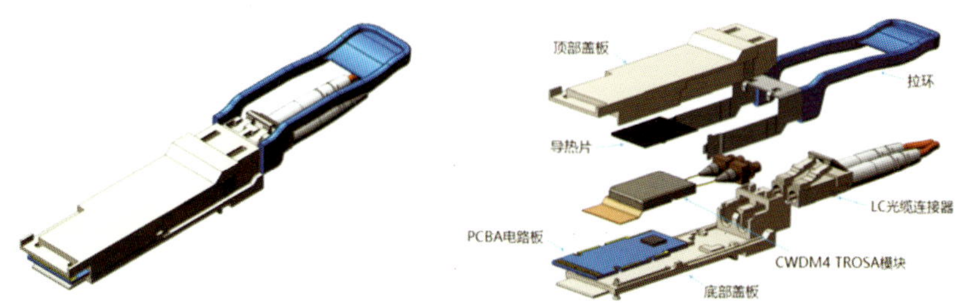

迈向高端

光纤传感

亨通基于在光纤光缆行业的优势，成立了光纤传感事业部，致力于光纤传感产品的研发、生产和销售，为通信、国防、医疗、水声、能源、智能电网等领域提供全面、可靠的光纤传感监测解决方案。

研发的产品有分布式光纤温度传感系统、布里渊温度应变分析仪、分布式光纤声音传感器、光纤光栅解调仪、分布式光纤周界安防系统、光纤水听器等，广泛应用于电力、安防、水利、城市管廊、轨道交通、石油化工等行业。DTS基于拉曼散射测量和光时域反射OTDR技术研制而成，可以探测得到光纤沿线的实时温度信息。

DTS基于拉曼散射测量和光时域反射OTDR技术研制而成，可以探测得到光纤沿线的实时温度信息。

分布式光纤拉曼温度传感系统HT-DTS-0410

DAS基于相干瑞利散射测量，采用单芯普通单模通信光缆作为传感器，光纤对声音（振动）敏感的特性，当外界振动作用于传感光纤上时，由于弹光效应，光纤的折射率、长度将产生微小变化，从而导致光纤内传输信号的相位变化，使得光强发生变化，可以实时获得光缆沿线任意一点周围的振动信息。

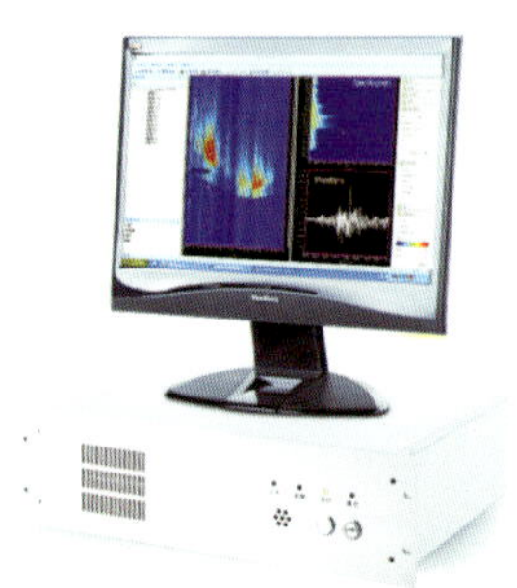

分布式光纤声音/振动传感器HT-DAS

BOTDA通过在光纤的两端分别注入脉冲光信号（泵浦激光）和连续光信号（探测激光），通过测量受激布里渊散射信号，对两激光的频率进行连续的调节，根据布里渊频移与温度、应变的关系，从而检测光纤周围的温度和应变变化。

光纤布里渊温度应变分析仪HT-BOTDA

一带一路

巴布新几内亚项目

2018年亨通海洋助力巴布亚新几内亚国家骨干网建设，满足巴新国内高速发展的移动互联网等新业务的发展需求。该项目全长5600km左右，将成为国内首个有中继海缆系统超5600km国际项目，将巴新沿海人口最密集的14个城市相连，同时连接印尼的查亚普拉，从而与全球海缆系统相连。系统设计容量为8Tbps，能满足巴新国内未来10年以上的带宽需求。该条海缆建成之后，将覆盖巴新国内55%以上的人口，同时为今年即将举行的APEC会议作通讯保障。

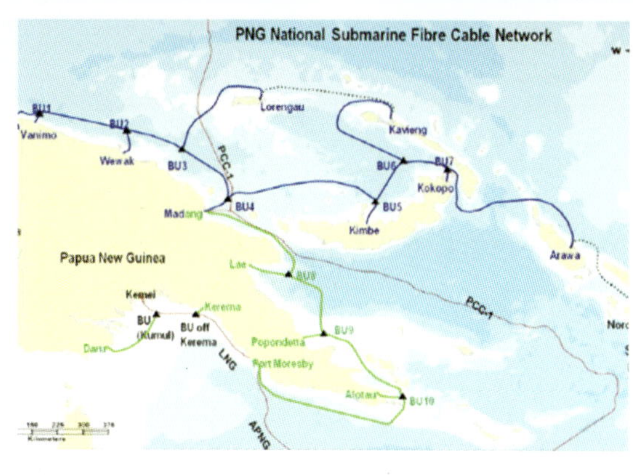

南美洲智利项目

2018年亨通海洋助力南美智利项目。智利项目全长2800公里，共设4个登陆点，设计容量16Tb/s，将使用先进的100G海陆共平台设备。预计建设周期约为2年并将于2019年底完成施工建设。该项目致力于提高区域居民、企业及政府连通性，助力智利全国教育、医疗、农业及旅游业信息互联互通，激发智利发展新动力。

科摩罗项目

2016年，亨通承接了科摩罗国际商业海缆通信工程，该项目由两段海缆构成，第一段是连接大科摩罗岛的Moroni-Chindini段（科摩罗所属岛屿），另一段是连接科摩罗与马约特的Anjouan-Mayotte段。

科摩罗项目的建成，不仅实现了科摩罗与东非乃至世界其他国家地区的互联互通，而且为科摩罗与马约特提供了可靠的第二条国际海缆通道，在提升双方国际带宽的同时，也大大提升了其国际出口网络安全水平。同时，随着科摩罗电信市场的迅速发展，为保障网络运行通畅，需要坚实的传输网络作为支撑，该系统建成后可充分满足科摩罗电信今后10~15年的业务发展需求，未来可支持100G及400G扩容。

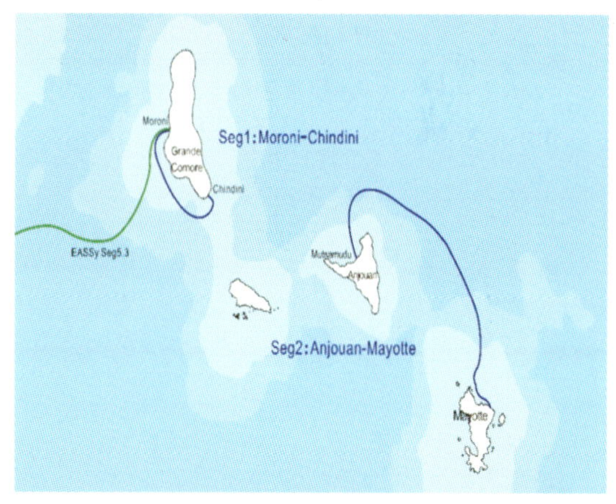

马尔代夫项目

2016年，亨通海洋承接马尔代夫项目。项目的建成，为马尔代夫4G网络提供骨干网支持，帮助实现马尔代夫六大岛屿之间的通信。同时，提升了马尔代夫ICT水平，帮助加快马尔代夫数字化建设进程。

重大项目

高温超导电缆项目

近年来，富通集团在二代钇系列高温超导电缆技术应用领域投入了大量的人力、物力和财力实施开发、试验，建设了全球领先的高温超导电缆制备工厂，并配置了全球顶级的超导电缆评测和研发、实验装备。

2017年3月，富通集团建成了二代钇系列高温超导电缆传输应用验证试验线并成功挂网运行，为我国能源战略作出了应有的贡献。

光通信全产业链项目

富通集团在浙江省嘉善县投资建设全球单体规模最大、竞争力第一的特大型光通信全产业链工厂。通过项目建设，在省域层面探索和实践实体制造业的改造升级，打造世界级先进制造业集群。

探索产业组织模式创新

◎纵向整合光纤通信产业的上、中、下游产业链，将目前独立的光纤预制棒工厂、光纤工厂、光缆工厂和原辅配套材料工厂合并为一个工厂，压缩中间环节和非生产性成本。

◎横向联合产业链配套企业，形成光纤预制棒、光纤和光缆以及原辅配套材料一体化的全产业链工厂。

探索生产制造组织模式创新

◎实现工序之间的无缝对接以及“零库存、零物流”。

◎导入“大数据、物联网、互联网+、人工智能”等新技术，将“制造技术、自动化技术和信息化技术”三者融合，形成以“机器自主者”为核心的智能制造。

探索市场（商务）模式创新

◎依托嘉兴综合保税区的优势，立足“一半在关内、一半在关外”，面向全球化竞争。

参与国标、行标标准制订情况

标准号	标准名称	标准类别
SJ/T 51428/9A-2016	层绞式光缆详细规范	行业标准
SJ 51428/3A-2016	中心管式光缆详细规范	行业标准
SJ 21055-2016	光纤传感器型号命名方法	行业标准
SJ 21056-2016	快速海底光缆接头盒规范	行业标准
SJ 51428/17-2016	GTJ-1B6+5T-1型机载拖曳光缆详细规范	行业标准
SJ 51428/23-2018	GX-3B6+3K-1型系留光缆详细规范	行业标准
SJ 51428/19-2018	GTJ-1B6+6T-1型机载拖曳光缆详细规范	行业标准
SJ 51428/20-2018	GTS-6B6+1T+2K-1型水下拖曳光缆详细规范	行业标准
SJ 51428/22-2018	GLF-6B6-1型全介质光缆详细规范	行业标准
GB/T12357.4-2016	通信用多模光纤 第4部分：A4类多模光纤特性	国家标准
T/CEMIA 002－2017	光纤预制棒用三氯氧磷	团体标准
T/CEMIA 001－2017	光纤预制棒用四氯化硅	团体标准
T/CEMIA 003－2017	光纤预制棒烧结用石英炉芯管	团体标准
LD/T 49.8-2016	电工电器 电线电缆制造 规格为2芯至144芯层绞式通信用室外光缆劳动定额	行业标准
GB/T 15972.44-2017	光纤试验方法规范 第44部分：传输特性和光学特性的测量方法和试验程序 截止波长	国家标准

知识产权授权专利

Part 1

专利名称	授权日期	专利号
一种光缆渗水检测装置	2017/9/26	201410333277.6
一种气相轴向沉积提升速度的控制装置、系统及方法	2017/1/11	201410282710.8
一种光缆用纤膏及微型光缆	2017/2/22	201410809521.1
光纤预制棒的冷却装置	2018/1/26	201510128453.7
一种线缆扎纱器	2017/2/8	201620466279.7
光纤的制造方法	2018/3/9	201610195244.9
光纤的制造工艺	2018/3/9	201610195958.X
光纤的加工工艺	2018/5/11	201610203467.5
预制尾纤的加工方法	2017/10/31	201610437402.7
预制尾纤生产工艺	2018/1/9	201610445106.1
预制尾纤的加工工艺	2017/10/31	201610446042.7
一种光纤预制棒延伸设备及吸风罩	2017/4/26	201620754502.8
一种柔性刮油模、一种组合式刮油模和一种油膏填充装置	2017/2/22	201620743842.0
一种垂直度测量装置	2018/5/4	201610534134.0
纵延设备三爪卡盘夹具新型设计	2018/4/4	201610794344.3
一种线缆绞合装置	2017/4/19	201621001264.X
一种光纤预制棒的包装装置	2017/1/25	201620838647.6
一种线缆	2017/3/22	201620953114.2
一种芯棒的储放装置	2017/5/31	201621089820.3
用于光纤宏弯损耗测试的绕纤装置	2018/1/9	201720338541.4
一种光纤预制棒的熔接工具	2017/7/18	201621261280.2
一种吸具及拉丝生产线	2017/7/18	201621262079.6
一种套管加工工具	2017/7/18	201621261945.X
一种拉丝炉	2017/7/18	201621268721.1
芯棒存放架	2017/8/25	201720012240.2
一种光纤预制棒观察装置	2017/7/18	201621435352.0
一种光纤强度在线筛选装置	2017/12/15	201621432272.X

知识产权授权专利

Part 2

专利名称	授权日期	专利号
光缆束管盘的运输装置	2017/8/15	201621440767.7
制造光纤预制棒的燃烧器	2017/8/29	201621439426.8
光电复合感温光缆	2017/11/24	201720254358.6
一种光纤处理装置	2018/4/20	201720313107.0
光纤预制棒分段及端面切斜口装置	2017/12/29	201720376248.7
光纤盘提升装置	2018/1/9	201720379042.X
光缆生产用缓冲装置	2018/1/9	201720420752.2
光纤盘提升装置	2017/12/15	201720509959.7
出发棒表面静电去除装置	2017/12/26	201720509786.9
光纤搓扭装置	2018/3/23	201720826658.7
VAD反应容器内负压值的控制系统	2017/7/18	201621269181.9
光缆制造用刮油模及刮油装置	2018/5/11	201720943624.6
一种用于收纳卷筒标签的装置	2018/4/20	201720972321.7
一种拉丝机及拉丝炉	2018/5/1	201720979590.6
光纤生产用紫外固化灯固定机构	2018/3/23	201720998718.3
盘具装卸系统	2018/5/11	201721211152.1
放线架及束管生产线	2018/2/28	201721197565.9
一种冷却装置	2018/4/17	201721069027.1
废气处理系统及光纤合成机	2018/4/17	201721202884.4
一种用于分切的保温筒装置	2018/1/12	201720601257.1
一种VAD喷灯与反应釜连接装置及光纤预制棒生产设备	2018/4/10	201721038236.X
一种用于提取圆锥形吊挂产品的夹具	2017/12/1	201720508161.0
一种光纤出发棒固定装置	2018/1/12	201720603184.X
一种预制棒清洗装置	2018/1/12	201720603631.1
一种用于光纤湿热试验的放置装置	2018/1/12	201720603202.4
一种光纤母棒运输装置	2018/1/12	201720600078.6
一种光纤切割机	2018/6/6	201721293724.5

重要成果

中国专利优秀奖证书

国家知识产权局
STATE INTELLECTUAL PROPERTY OFFICE OF THE PEOPLE'S REPUBLIC OF CHINA

中国专利优秀奖

名　称　一种制造光纤预制件的方法及装置

专利号　ZL 03114747.X

发明人　羊荣金　曹松峰　吴兴坤　儿玉喜直　山本岳彦

中华人民共和国国家知识产权局局长

北京 2016 年 12 月

中华人民共和国国家知识产权局
STATE INTELLECTUAL PROPERTY OFFICE OF THE PEOPLE'S REPUBLIC OF CHINA

大有效面积超低损耗单模光纤

科学技术成果登记证书

登记号：16001504

经公示无异议，“大有效面积超低损耗单模光纤”登记为浙江省科学技术成果，特发此证。

完成单位：杭州富通通信技术股份有限公司

完 成 人：张立永、杨军勇、冯高锋、马静、刘利、林志伟、沈杰、朱晓波、孙剑、陈坚盾

发证机关：

发证日期：2016年12月13日

浙江省科技厅制

科学技术成果鉴定证书

大有效面积超低损耗G.654光纤陆用光缆

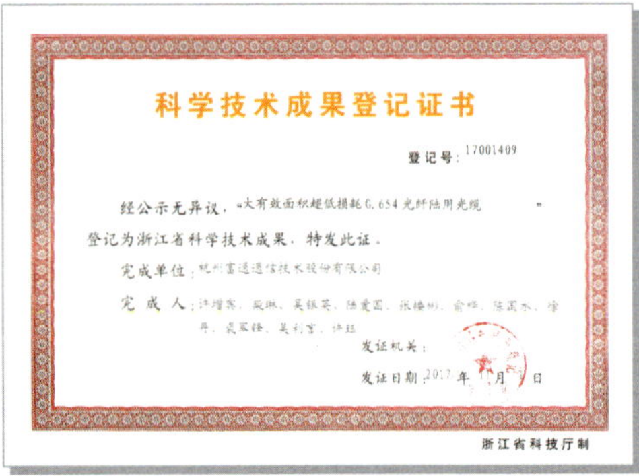

科学技术成果登记证书

登记号：17001409

经公示无异议，“大有效面积超低损耗G.654光纤陆用光缆”登记为浙江省科学技术成果，特发此证。

完成单位：杭州富通通信技术股份有限公司

完 成 人：[illegible]

发证机关：

发证日期：2017年11月[illegible]日

浙江省科技厅制

科学技术成果鉴定证书

重要成果

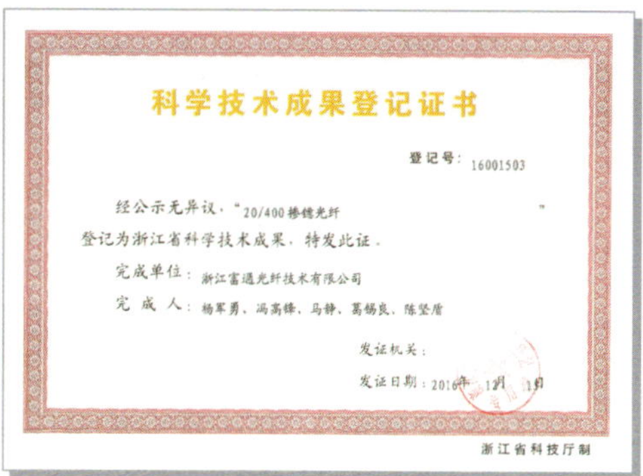

科学技术成果登记证书

登记号：16001503

经公示无异议，“20/400掺镱光纤”

登记为浙江省科学技术成果，特发此证。

完成单位：浙江富通光纤技术有限公司

完 成 人：杨军勇、冯高锋、马静、葛锡良、陈坚盾

发证机关：

发证日期：2016年12月

浙江省科技厅制

科学技术成果鉴定证书

国家科学技术委员会

防虫害专用管道气吹微型光缆

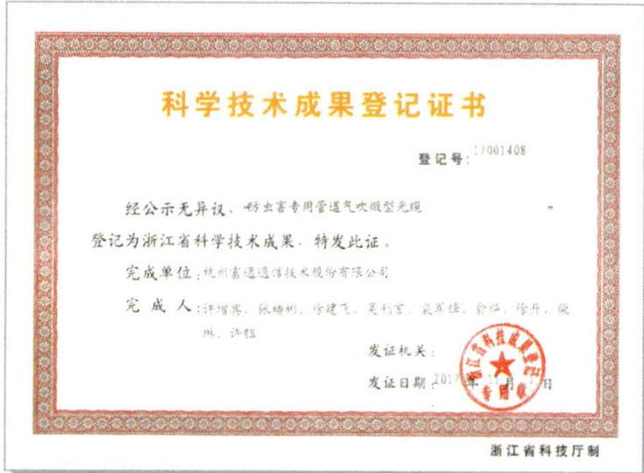

科学技术成果登记证书

登记号：17001408

经公示无异议，“防虫害专用管道气吹微型光缆”

登记为浙江省科学技术成果，特发此证。

完成单位：杭州富通通信技术股份有限公司

完 成 人：

发证机关：

发证日期：2017年11月

浙江省科技厅制

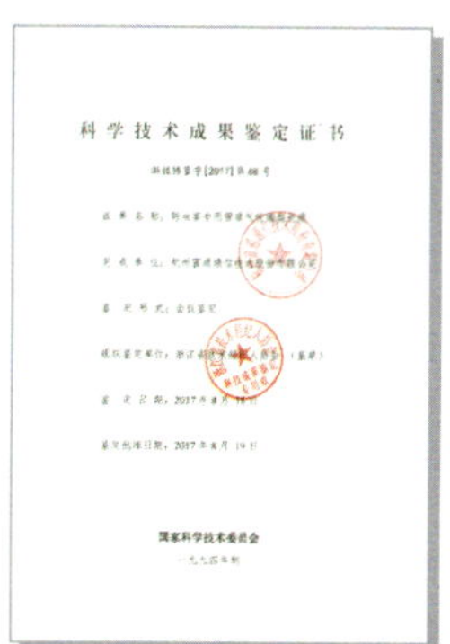

科学技术成果鉴定证书

国家科学技术委员会

高端住宅用隐形管道光缆

科学技术成果登记证书

登记号：17001410

经公示无异议，“高端住宅用隐形管道光缆”

登记为浙江省科学技术成果，特发此证。

完成单位：杭州富通通信技术股份有限公司

完 成 人：

发证机关：

发证日期：2017年 月 日

浙江省科技厅制

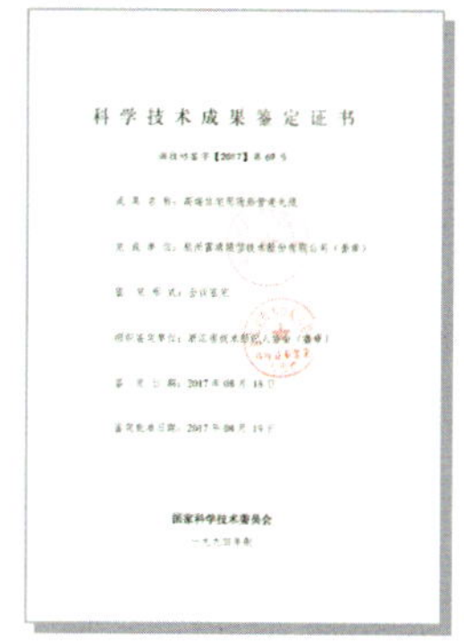

科学技术成果鉴定证书

国家科学技术委员会

轻型防雷光缆

科学技术成果登记证书

登记号：17001407

经公示无异议，“轻型防雷光缆”

登记为浙江省科学技术成果，特发此证。

完成单位：杭州富通通信技术股份有限公司

完 成 人：

发证机关：

发证日期：2017年11月 日

浙江省科技厅制

科学技术成果鉴定证书

国家科学技术委员会

中天科技成就展示

起步于
1992年
起家于光纤通信

70⁺家
拥有70多家子公司

15000⁺名
一万五千多名员工

开发出
1200⁺
自主知识产权的国家级新产品与专利

中天科技起步于1992年，起家于光纤通信，得益于改革开放，现已形成通信、电网、新能源、海洋系统和精工装备等多元产业格局。被授予国家创新型试点企业、中国企业500强和金牌上市公司。2017年实现销售收入446.5亿元。

中天科技拥有70多个子公司，15000多名员工，布局为北京总部、南通新部、如东本部，设有58个海外办事处，运营印度、巴西、印尼和摩洛哥工厂，产品出口140多个国家和地区，逐步将ZTT打造为全球知名品牌。

中天科技相继建立中天科技研究院、上海中天科创中心、博士后科研工作站等科研平台，吸引了一批顶级人才加盟中天。承担8项国家863、重点研发计划项目，参与制修订230多项国家及行业标准，获得1200多个自主知识产权的专利授权。

中天科技专注实业、创新发展受到党和国家领导人的关注，中央和省市领导同志先后调研考察，对中天给予肯定和勉励。

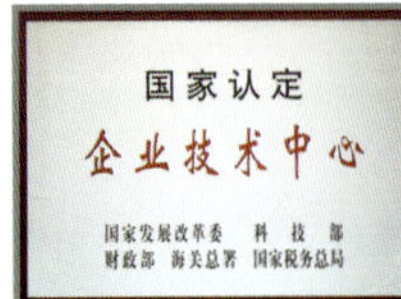

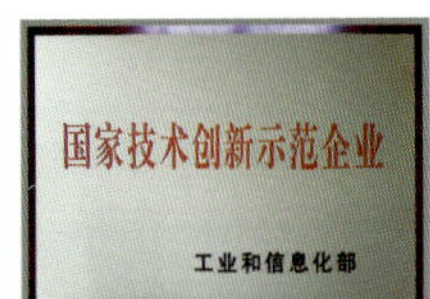

国家重点研发计划 | National key research and development plan

2017国家重点研发计划“全海深ROV非金属铠装脐带缆关键技术和试验”项目在中天启动

2017年10月，中天科技承担的十三五期间第4个国家重点研发计划——2017年国家重点研发计划“全海深ROV非金属铠装脐带缆关键技术和试验”项目启动会在江苏南通顺利召开。

作为国家重点研发计划“深海关键技术与装备”重点专项2017年（第二批）项目之一，“全海深ROV非金属铠装脐带缆关键技术和试验”项目旨在突破我国研制深海通用配套技术的瓶颈，为我国研制全海深ROV系统所需的大容量通信、电力传输和超高承载负荷的脐带缆提供自主技术支撑配套。

全海深潜水器研制及深海前沿关键技术是“深海关键技术与装备”重点专项的主要攻关方向，全海深ROV脐带缆关键技术更是难啃的“硬骨头”。本项目的启动，标志着为贯彻落实党中央“建设海洋强国”的重要部署，攻克并掌握全海深无人潜水器（ROV）非金属铠装脐带缆关键技术，完成关键系统的研制、集成，为实现万米下潜，占领深海技术制高点，为我国深海关键技术领跑全球的目标迈出了坚实的一步。

目前，传统ROV采用金属铠装脐带缆，因受其强度/重量比限制，最大使用深度通常在6000米以内，更大深度ROV使用的脐带缆必须采用非金属铠装技术，是一项国际技术难题，仅日本做过开发，是制约我国全海深ROV系统研发的瓶颈之一。我国全海深ROV脐带缆的研究尚属空白，因此开展全海深ROV脐带缆关键技术研究成为当务之急。

自十一五期间开始，中天海缆就参与到国家海洋通用关键技术的研发当中，十二五期间又顺利完成“深海ROV、拖体等设备用铠装缆”课题项目，中天海缆作为项目牵头单位将严格按照科技部文件精神，统筹协调各参与单位研究进度，顺利完成国家重点研发计划项目。

创新系列产品 | Innovation series products

- 我国第一根世界最大容量±525kV柔直电缆在中天研制成功，标志着中国超高压直流电缆技术与欧洲、日本等发达国家处于同一先进水平。
- 自主研制的“超强抗弯曲光纤预制棒及光纤”两项新品为“宽带中国”提供强有力支撑。
- 研发的“全干式微型室内外两用光缆”“轻型抗老化蝶形光缆”“增强型ADSS光缆”和“全介质干式阻水管道架空光缆”满足全球不同场景应用需求，成为光缆“定制”专家。
- 中天耐极寒（−70℃）、低损耗OPGW为电力通信向北极等极寒地区延伸提供了新的技术解决方案。
- 中天科技LTE-M系统专用漏泄同轴电缆助力城轨无线通信系统跨入新时代。
- FTTA智能节能基站电源系统和以太网无源光纤接入用户端设备（EPON ONU）两项新产品顺利通过鉴定,将产生良好的经济和社会效益。

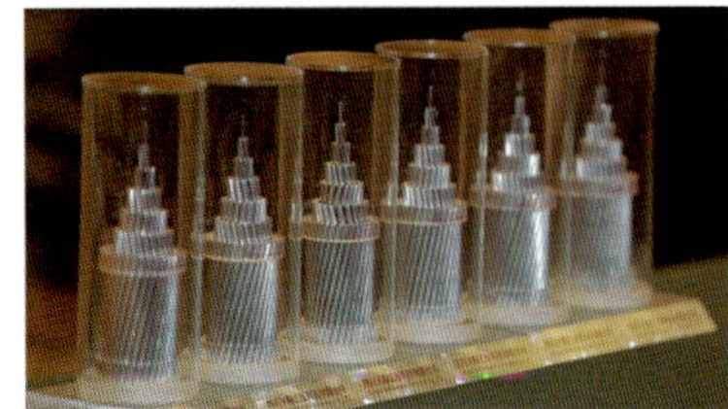

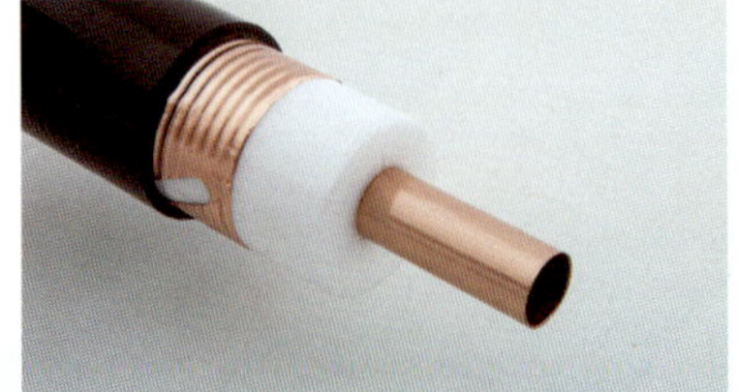

中天科技竞争软实力 | ZTT Competitive soft power

2017—2018年上半年中天科技拥有授权专利共计434项。

授权发明专利133件

授权实用新型专利289件

授权外观专利12件

截至目前，中天科技牵头或参与制定标准共224项，其中国际标准4项、国家标准59项、行业标准138项、团体和企业标准43项。

2017—2018年上半年已发布的标准26项，部分列表如下：

序号	标准编号	标准名称	参与人员
1	DL/T 1613-2016	光纤复合架空相线（OPPC）	谢书鸿
2	DL/T 1601-2016	光纤复合架空相线施工、验收及运行规范	谢书鸿
3	DL 1623-2016	智能变电站预制光缆技术规范	孙建华
4	TB/T 3440-2016	铁路通信漏泄同轴电缆吊具	王平安、徐宗铭
5	YD/T 3249-2017	无线射频拉远单元用光纤活动连接器	孙建华、姚秋飞
6	GB/T 34016-2017	防鼠和防蚁电线电缆通则	葛永新
7	GB/T 33594-2017	电动汽车传导充电系统用电缆	徐鹏飞
8	GB/T 33606-2017	额定电压6kV(Um=7.2kV)到35kV(Um=40.5kV)风力发电机用耐扭曲软电缆	解向前
9	GB/T 1179-2017	圆线同心绞架空导线	尤伟任
10	GB/T 17048-2017	架空绞线用硬铝线	尤伟任
11	T/CEMIA001-2017	光纤预制棒四氯化硅	沈一春、陈娅丽
12	T/CEMIA002-2017	特种光纤用三氯氧磷	蒋新力、陈娅丽
13	T/CEMIA003-2017	光纤预制棒烧结用石英炉芯管	沈一春、吴椿烽

砥砺奋进中的“江阴爱科森”

江阴爱科森博顿聚合体有限公司是一家光通信材料专业制造商，主要生产光纤二次被覆PBT专用材料，中高密度聚乙烯光缆护套料，是江苏省高新技术企业。

产品结构

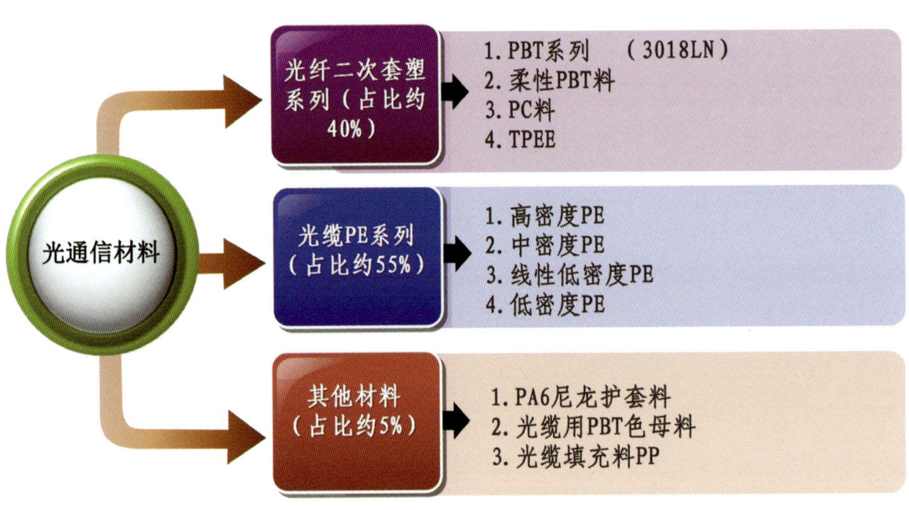

市场业绩-销售增长

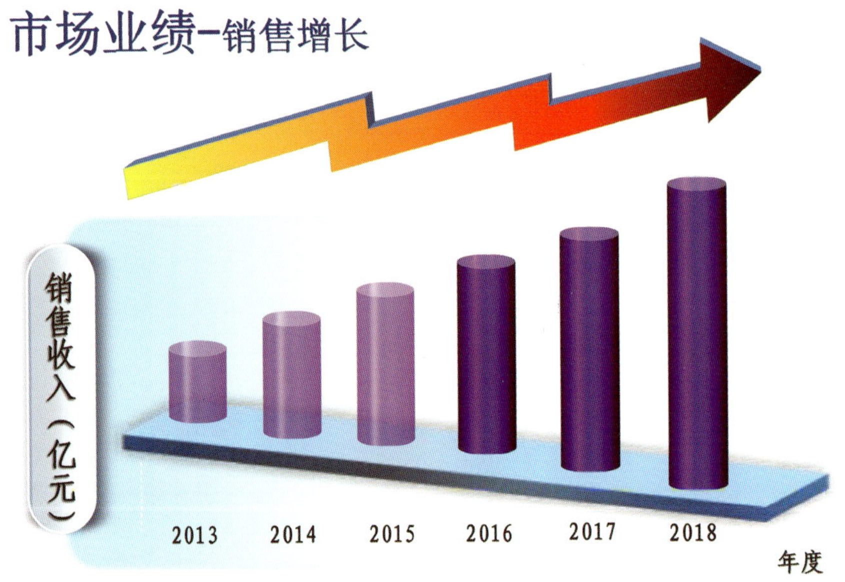

市场业绩-客户分布

公司荣誉

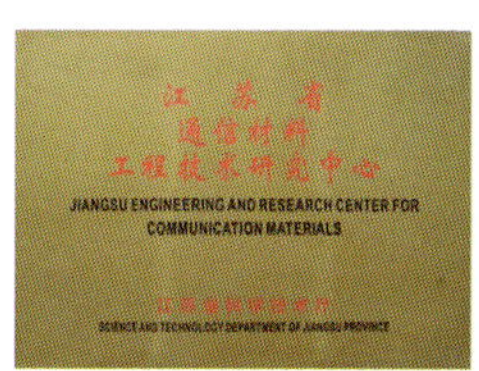

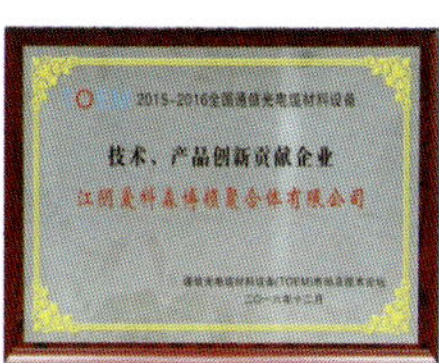

科技创新

- 拥有硕士等学历的技术人员共32人，占员工总数的25%；
- 与上海交通大学合作成立了高分子材料研发中心；
- 2011年4月21日，取得了光缆带缆专用PBT材料及制造方法的发明专利；改型聚丙烯松套管料专利等共6项发明专利；32项实用新型专利（包括8项正在申请）；
- 光缆带缆PBT专用料等 3 项取得了高新技术产品认定证书；
- 2017年3月，江苏省认定企业技术中心；
- 每年公司在行业刊物上发表多篇论文和研发成果。

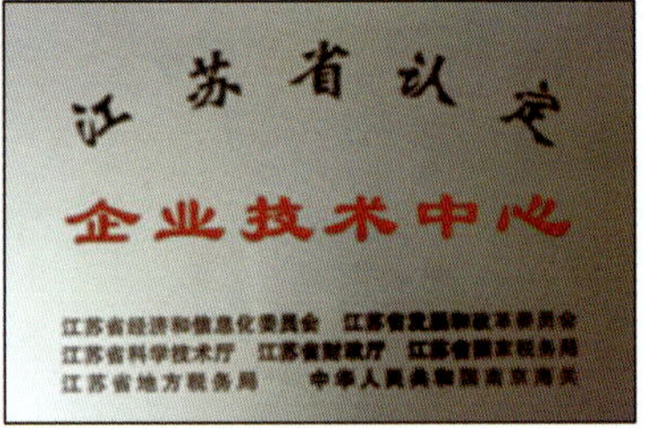

科技创新-发明专利

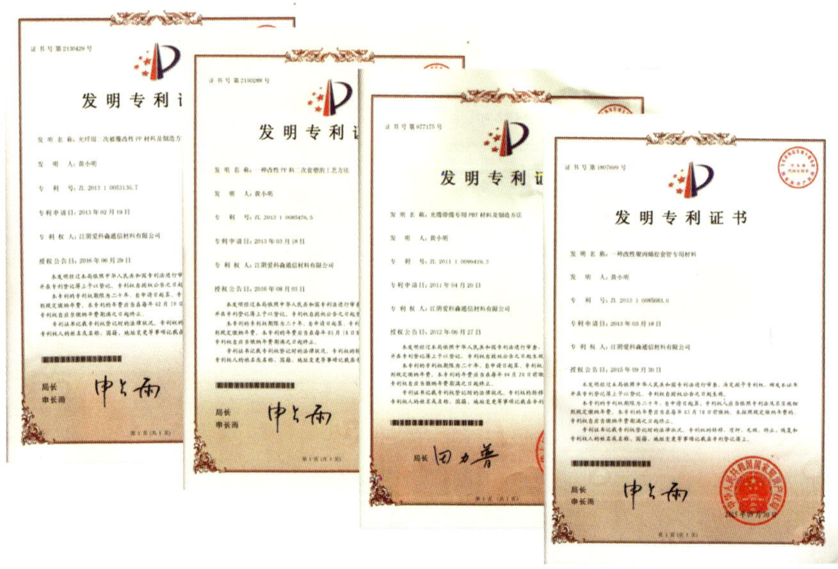

未来发展规划-发展思路

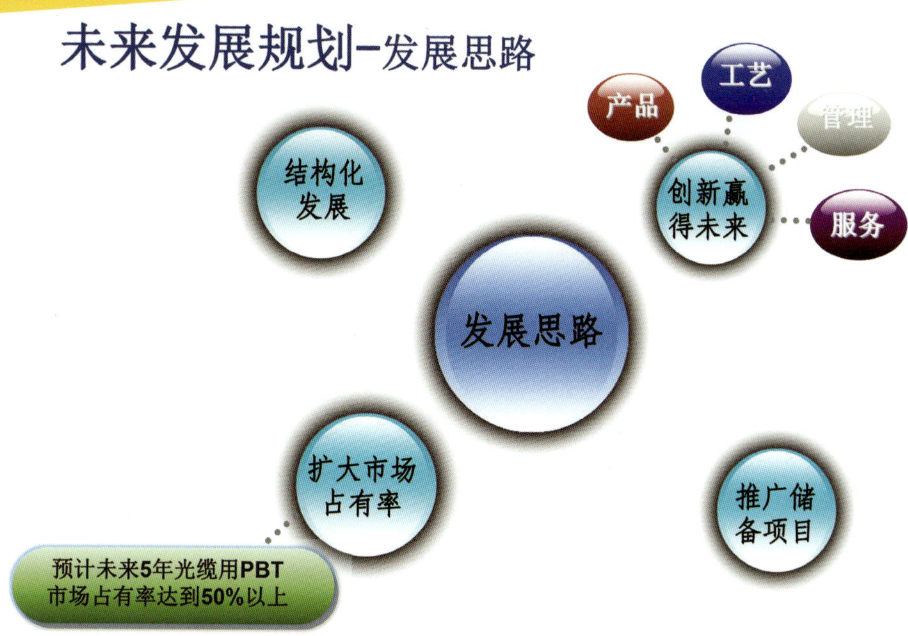

未来发展规划-结构化发展

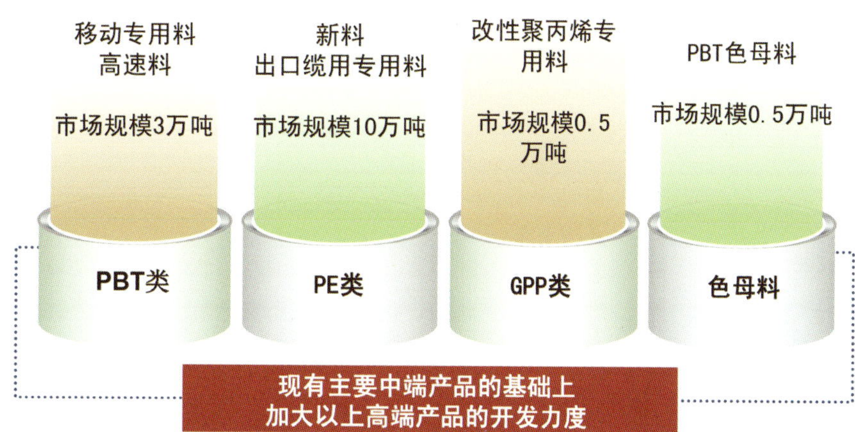

未来发展规划-推广储备项目

▶ 热塑性聚酯弹性体TPEE，具有橡胶的弹性和工程塑料的强度，广泛应用于汽车工业，电子电气行业，工业部件和体育用品等领域，具有良好发展前景，计划进行立项和开发，预计国内市场规模37万吨。

▶ 开发PBT树脂光缆行业之外的市场，用于纺丝（市场年需求20万吨）和工程改性（市场年需求36万吨）等行业。

中国光纤光缆十强企业——江苏法尔胜

江苏法尔胜光通信科技有限公司是我国最早对光纤预制棒和特种光纤核心技术进行科技攻关的著名企业，拥有棒、纤、缆完备的产业链，在光棒生产、装备研发方面具有完全的自主知识产权，是中国光纤光缆十强企业。

江苏法尔胜自主创新的能力在业界具有相当大的影响力，近年来先后承担国家和地方的重大科技攻关项目有11项。

江苏法尔胜光通信科技有限公司承担的部分国家、省部级项目

项目名称	项目类型
大芯径能量光纤及医用弥散器件研究和应用	国家863计划
桥梁用智能型缆索研究及产业化	国家科技支撑计划
先进光纤传感材料与器件关键技术应用——桥隧安全监测示范系统	国家十三五重点研发计划“战略性先进电子材料”重点专项
千瓦级准连续全固态激光材料与器件关键技术——高功率大梯度端帽熔接和光束整形技术	国家十三五重点研发计划“战略性先进电子材料”重点专项
基于先进光纤感知器件和传感网的矿山环境安全监测系统开发与应用	江苏省科技支撑计划
高性能大功率光纤激光器用能量光纤的研发	江苏省科技支撑计划
面向航空航天和军工武器用高精度传感保偏光纤及其装备研发及产业化	江苏省科技成果转化资金
万瓦级大模场有源光纤制备技术研究	江苏省重点研发计划（重点项目）
高性能大功率光纤激光器用光纤合束器的研究	江苏省重点研发计划（竞争项目）

江苏法尔胜光通信科技有限公司的部分授权专利

专利名称	授权号
多喷灯的疏松体光纤预制棒OVD沉积制备装置	ZL201510301381.1
多喷灯制备疏松体光纤预制棒的方法	ZL201510301274.9
一种降低光纤PMD值的装置	ZL201410823234.6
一种光纤拉丝用炉顶气封装置	ZL201410823576.8
移动式芯棒圆跳动测径车	ZL201621460252.3
改进型光纤拉丝送棒装置	ZL201621460139.5
光纤拉丝用电动夹棒夹具	ZL201621460204.4
大尺寸光纤预制棒烧结用挂装结构	ZL201621460202.5
光纤扎纱旋转装置	ZL201621056652.8
多束管平行加强光缆	ZL201621056653.2
平滑钢带一体化工装	ZL201621186032.6
应力通道优化、应力施加增强型细径熊猫保偏光纤	ZL201621075801.5
一种应力渐变型细径熊猫保偏光纤	ZL201510139897.0
振动和通信结合的两用光缆以及应用该光缆的监测系统	ZL201620522155.6
一种用于隧道侧壁水准仪安装的水平安装支架	ZL201621040866.6
一种水下作业应力传感器保护罩	ZL201621041374.9
一种高功率传能光缆尾端固定装置	ZL201621144353.X
应力通道优化、应力施加增强型细径熊猫保偏光纤	ZL201621075801.5
一种对称孔结构应力型保偏光纤预制棒	ZL201621363493.6
一种制作传能光缆的组装注胶一体化装置	ZL201720651420.5
一种用于光缆生产的在线烘干装置	ZL201720742436.7
一体式挤塑模具	ZL201720742441.8
一种应变感测光缆的固定装置	ZL201721008976.9
一种保偏光纤预制棒	ZL201721008939.8
一种可现场直接安装光缆的连接器	ZL201721008937.9
应变感测光缆与施工面的连接结构	ZL201721008991.3
一种用于传感监测的弱光栅阵列的光缆结构	ZL201721009026.8
一种基于三芯光纤的模式复用器/解复用器	ZL201721009282.7

深圳市特发信息股份有限公司，成立于1988年，是国内最早开拓并专注于光纤光缆、配线网络设备及通信设备研发、生产的国有控股国家级高新技术企业之一。

2000年在深交所上市， 股票代码，000070。

2017年获得奖项：

1. 2017年中国光通信最具综合竞争力企业10强
2. 2017年中国光纤光缆最具竞争力企业10强
3. 2017年中国光传输与网络接入设备最具竞争力企业10强
4. 国家级高新技术企业
5. 深圳知名品牌
6. 广东省诚信示范企业（2007~2016连续10年）

2016年获得奖项：

1. 2016年中国光通信最具综合竞争力企业10强
2. 2016年中国光纤光缆最具竞争力企业10强
3. 2016年中国光传输与网络接入设备最具竞争力企业10强

特发信息已在全球多个国家和地区构建了完备的销售与服务体系，产品广泛应用于电信运营商、有线电视、电力、石油、矿山、交通、航空、军队、以及消费类和工业电子等领域，已成为各大电信运营商、电力公司、网络集成商等（中国移动、中国电信、中国联通、国家电网、南方电网、广电网络、中国铁塔、中国铁路、华为、中兴）的合格供应商和合作伙伴。

经过近30年的 “深耕细作 ” “特发信息”品牌已成为国内光纤光缆产品研发和生产领域的知名品牌，得到来自客户和社会的一致认可。先后获得:

“中国光纤光缆30年最具影响力企业”
“中国光纤光缆最具竞争力10强”
“中国电子元件百强企业”
“广东省企业500强”
“广东省制造业百强企业”
“广东省著名商标”
“广东省名牌产品”
“广东诚信示范企业”
“广东省自主创新标杆企业”
“广东省自主创新品牌”
“广东省优秀自主品牌”
“深圳市百强企业”
“深圳市知识产权优势企业”
首批“ 深圳市自主创新行业龙头企业”

软实力展示

2017年发明专利及科研项目：

1. 一种含填充绳的层绞式光缆及制作方法；用于无尘拉拔铝包钢的压力模具；
2. 一种改善晶振谐振频率的方法；
3. 基于FPGA调试正交调制电路及其调试EVM的方法；基于FPGA的高速eMMC列阵控制器；
4. 一种多层光纤带模具；
5. 一种楔形耐张金具；
6. 一种光纤拉丝塔预制棒夹持装置
7. 多通道高速同步采集及正交调制系统
8. 一种FRP耐火防鼠光缆结构
9. 一种防断纱保护装置

参与国标、行标制订：

我公司参与制定的已通过的国际标准、国家或行业标准共计**30项**，其中，国家标准**5项**，行业标准**25项**

1	层绞式光缆详细规范	SJ51428/9A-2016	国家电子行业标准
2	中心管式光缆详细规范	SJ51428/3A-2016	国家电子行业标准
3	GX-3B6+3K-1型系留光缆详细规范	SJ51428/23-2018	国家电子行业标准
4	军用光缆填充膏规范	GJB 2454B-2011	工程建设国家标准
5	光纤用紫外光固化涂料规范	GJB 2148A-2011	工程建设国家标准
6	室内光缆系列 第一部分：总则	YD/T 1258.1-2003	通信行业标准
7	室内光缆系列 第二部分：单芯光缆	YD/T 1258.2-2003	通信行业标准
8	室内光缆系列 第三部分：双芯光缆	YD/T 1258.3-2003	通信行业标准
9	室内光缆系列 第四部分 多芯光缆	YD/T 1258.4-2005	通信行业标准
10	室内光缆系列 第五部分 光纤带光缆	YD/T 1258.5-2005	通信行业标准
11	室内光缆系列 第六部分：塑料光缆	YD/T 1258.6-2006	通信行业标准
12	电缆光缆用防蚁护套材料特性 第一部分：聚酰胺	YD/T 1020.1-2004	通信行业标准
13	电缆光缆用防蚁护套材料特性 第二部分：聚稀烃共聚物	YD/T 1020.2-2004	通信行业标准
14	接入网用蝶形引入光缆	YD/T 1997-2009	通信行业标准
15	接入网用光纤带光缆 第1部分：骨架式	YD/T 981.1-2009	通信行业标准
16	室内光缆系列 第2部分：终端光缆组件用单芯和双芯光缆	YD/T 1258.2-2009	通信行业标准
17	微型自承式通信用室外光缆	YD/T 1999-2009	通信行业标准
18	室内光缆系列 第3部分：房屋布线用单芯和双芯光缆	YD/T 1258.3-2009	通信行业标准
19	中心管式通信用室外光缆	YD/T 769-2010	通信行业标准
20	光缆线路性能测量方法 第4部分：链路色散	YD/T 1588.4-2010	通信行业标准
21	无线射频拉远单元（RRU）用线缆 第1部分：光缆	YD/T 2289.1-2011	通信行业标准
22	光缆型号命名方法	YD/T 908-2011	通信行业标准
23	光缆用非金属加强件的特性 第3部分：芳纶增强塑料杆	YD/T 1181.3-2011	通信行业标准
24	无线射频拉远单元(RRU)用线缆 第3部分：光电混合缆	YD/T 2289.3-2013	通信行业标准
25	接入网用弯曲损耗不敏感单模光纤特性	YD/T 1954-2013	通信行业标准
26	通信用引入光缆 第1部分：蝶形光缆	YD/T 1997.1-2014	通信行业标准
27	室内光缆 第1部分：总则	YD/T 1258.1-2015	通信行业标准
28	通信光缆交接箱	YD/T 988-2015	通信行业标准
29	弯曲损耗不敏感多模光纤特性	YD/T 2965-2015	通信行业标准
30	接入网用弯曲损耗不敏感单模光纤测量方法	YD/T 2964-2015	通信行业标准

大圣塑料光纤

不忘初心 砥砺前行 再创辉煌

江西大圣塑料光纤有限公司凭借自开创以来所保持的良好信誉度，与国内外广大用户建立了密切、友好的合作关系。特别是公司生产的通讯级塑料光纤不但打破日本长期垄断中国塑料光纤的局势，并已成功打入了以德国、瑞士、美国为主的欧美市场，以埃及、印度等为主的亚非市场。公司现正大力拓展塑料光纤FTTH、局域网、工业控制、军事国防、安防监控、消费电子、机载设备、电力抄表、汽车制造业、照明装饰、发光织物等方面的普及应用。在当今节能、减排、环保的国际化大趋势下，江西大圣发挥了自身积极的作用，所生产的产品也同样不断地创新和发展。

江西大圣始终致力于“成为中国塑料光纤领跑者”的企业愿景，继续实施“技术领先、市场领先、品牌领先、管理领先”的发展战略，为客户提供优质的产品和完善的服务，进一步做大、做强塑料光纤产业，为我国通信事业的不断发展作出新的贡献。

工信部科技成果鉴定委员会成员

资质和荣誉

高新技术企业
证书
企业名称：江西大圣塑料光纤有限公司
证书编号：GR201636000002
发证时间：2016年11月15日
有效期：三年
批准机关：

省级企业技术中心
江西省工信委 江西省财政厅
江西省国税局 江西省地税局

荣誉证书
江西大圣塑料光纤有限公司：
你单位D-1000通信用塑料光纤经专家评审被认定为二〇一四年度江西省优秀新产品壹等奖。
此证
二〇一五年三月

质量管理体系认证证书
江西大圣塑料光纤有限公司
塑料光纤和通信用塑料光缆的生产
注册地址：江西省井冈山市新城区工业园笔架山路
经营地址：江西省井冈山市新城区工业园笔架山路6号
BCC
IAF

TOEM
江西大圣塑料光纤有限公司
荣获2008-2017年度
发展贡献企业
通信光电缆材料设备（TOEM）市场及技术论坛
二零一七年十二月

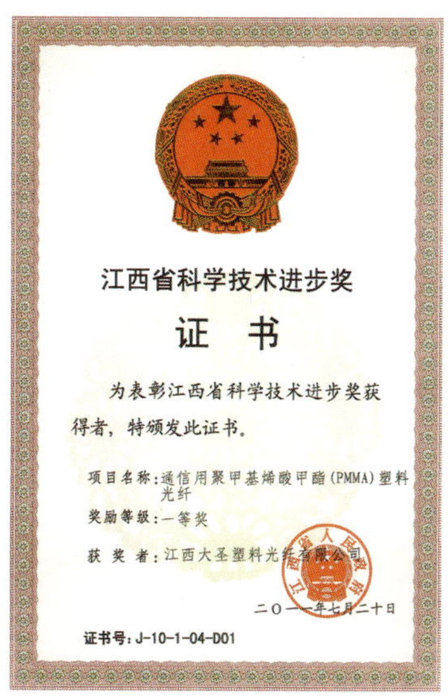
江西省科学技术进步奖
证 书
为表彰江西省科学技术进步奖获得者，特颁发此证书。
项目名称：通信用聚甲基烯酸甲酯（PMMA）塑料光纤
奖励等级：一等奖
获奖者：江西大圣塑料光纤有限公司
二〇一一年七月二十日
证书号：J-10-1-04-D01

上海网讯新材料科技股份有限公司主要从事通信电缆光缆用金属塑料复合带的研发、生产和销售。根据行业协会统计，公司的金属塑料复合带产品国内平均市场占有率约为20%，排名行业第一。公司自2004年建立、实施并保持质量管理体系和环境管理体系，并且通过ISO9001、ISO14001体系认证。

行业标准的制定者

★ 中国通信行业标准YD/T723《通信电缆光缆用金属塑料复合带》的修（制）订单位；

★ 主导产品“EGE钢塑复合带”被国家科技部、商务部、质检总局、环保总局评为“国家重点新产品”。

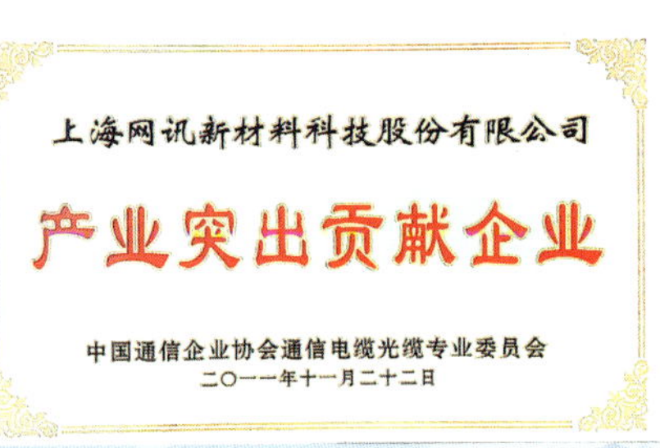

部分资质及荣誉

★ 上海市著名商标

★ 上海名牌

★ 上海市科技小巨人企业

★ 高新技术企业

★ 民营科技发展贡献奖

★ 国家重点新产品

★ 上海市重点新产品

网讯科技竞争软实力——部分知识产权

专利名称	申请号/专利号	专利类型	目前状态
亚光平滑型铝塑复合带的制作方法	200510022735.5	发明	已授权
复合材料金属基材的预处理装置及方法	200710046639.3	发明	已授权
一种电热油辊系统	200710047089.7	发明	已授权
一种机械膨胀及利用其吊运卷材件的方法	200810041798.9	发明	已授权
亚光平滑型金属塑料复合带	200810060711.2	发明	已授权
一种金属塑料复合带生产装置	201610008036.3	发明	已授权
三层流延共济双面金属塑料复合带生产装置	201610008052.2	发明	已授权
一种金属塑料复合带生产中的冷却方法及设备	201510867235.5	发明	进入实审
一种放卷自动搭头装置	201510962981.2	发明	进入实审
一种自动移载码垛机器人	201510893701.7	发明	进入实审
一种带材加热烘箱	201510979131.3	发明	进入实审
一种高性能自动化分切机	201610008037.8	发明	进入实审
一种低成本且防水的钢塑复合带	201810276416.4	发明	受理中
一种新型铝塑复合带	201810287937.X	发明	受理中

世纪之光
COPTICOMM

链接世界 畅想未来

塑料光纤全产业链产品与解决方案提供商和服务商

重庆世纪之光科技实业有限公司，成立于2014年8月，注册资金4.05亿元，在长寿区拥有国内最大、占地307亩的塑料光纤产业基地。公司主要从事塑料光纤材料、光纤光缆、光模块、光电设备等全产业链产品的研发、生产和销售。

公司掌握的中国科学院理化技术研究所和爱尔兰Firecomms的新材料、塑料光纤光缆及光电转换芯片多项核心技术，提供涵盖通信网络电力信号传输、大照明、消费电子、工业互联网、电动汽车、医疗传感、数据中心、物联网、人工智能等领域的各种新一代塑料光纤通信产品及解决方案。

作为全国塑料光纤行业龙头企业，我们将“链接世界，畅想未来”作为公司的经营思想和品牌承诺，致力于打造体系更先进、产品更完整、服务更完善的光通信产业基地，力争成为国际、国内先进的塑料光纤全产业链产品和解决方案提供商和服务商，推动千亿级塑料光纤产业的发展。

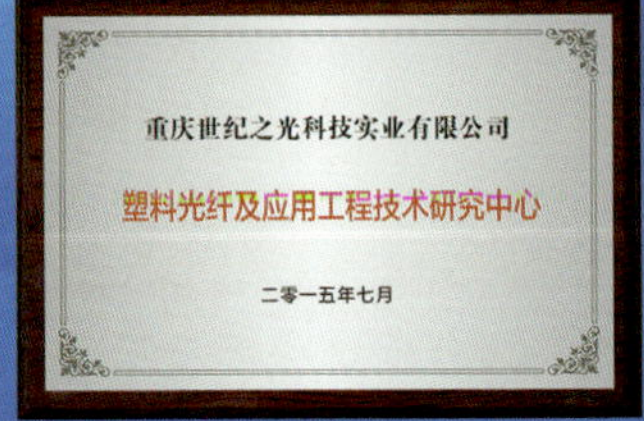

120项自主知识产权

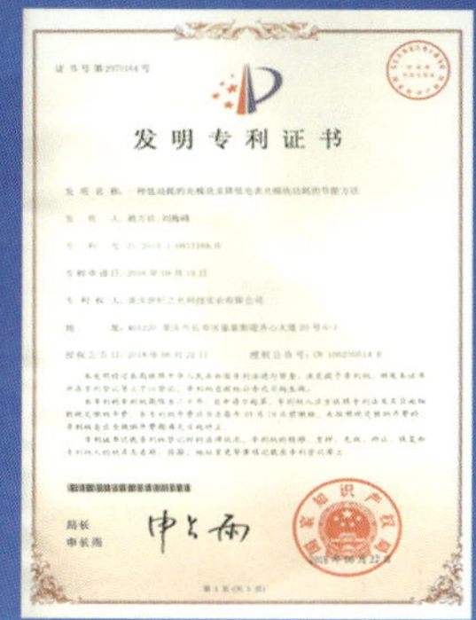
发明专利证书

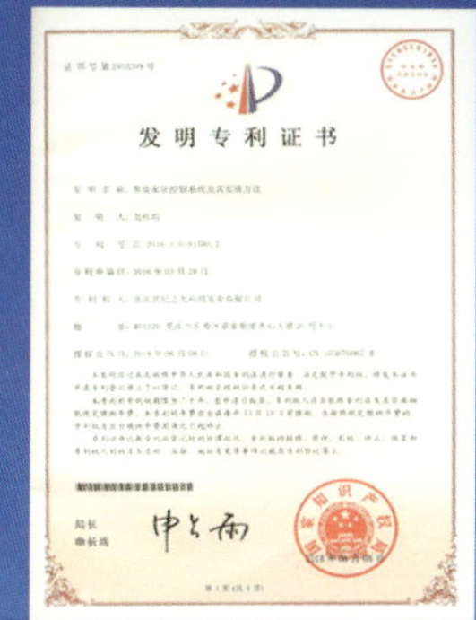
发明专利证书

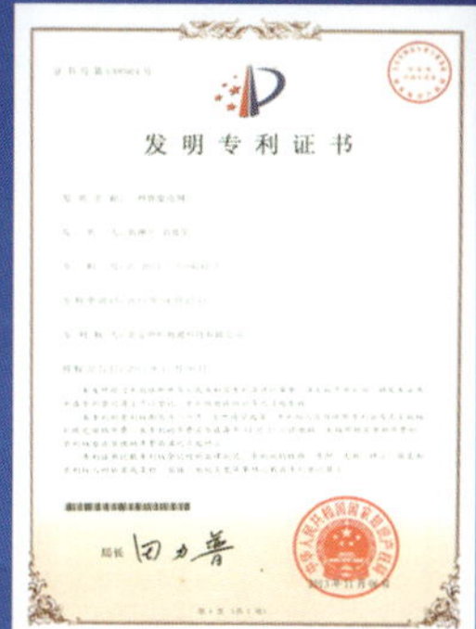
发明专利证书

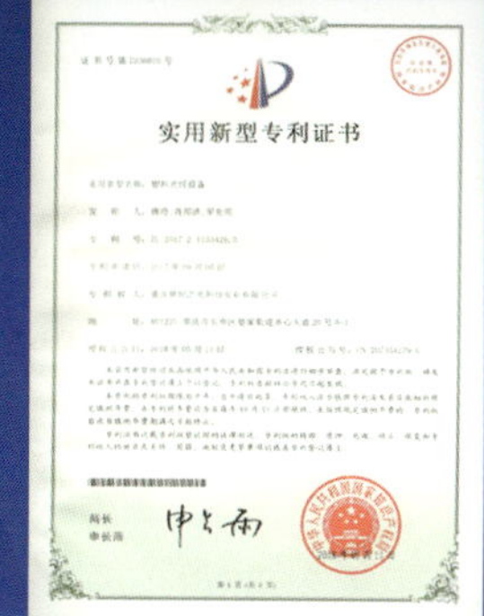
实用新型专利证书

实用新型专利证书

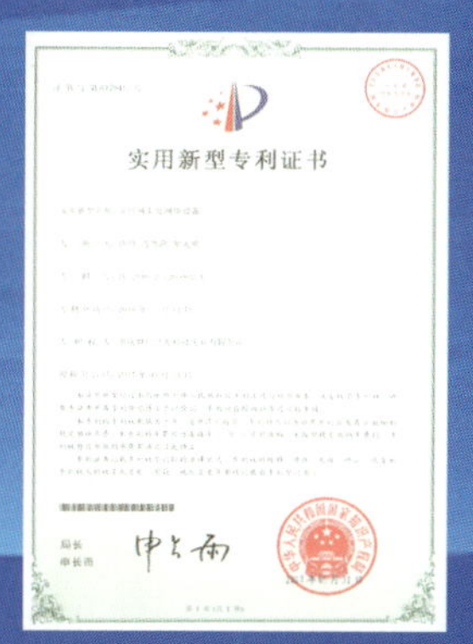
实用新型专利证书

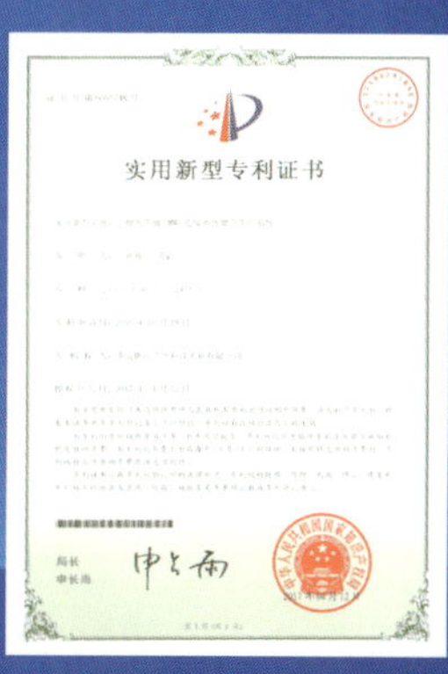
实用新型专利证书

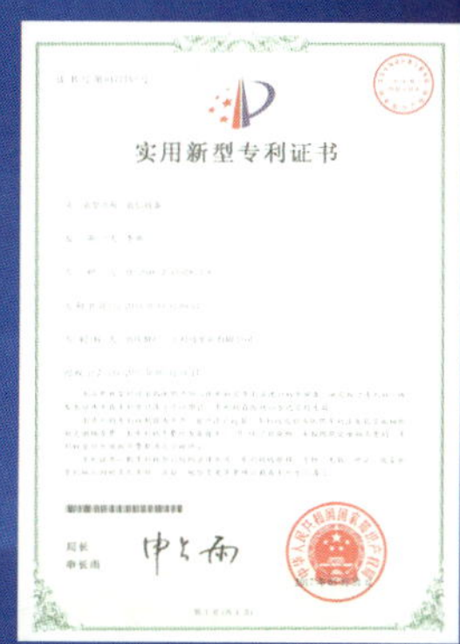
实用新型专利证书

中华人民共和国国家版权局
计算机软件著作权登记证书

中华人民共和国国家版权局
计算机软件著作权登记证书

中华人民共和国国家版权局
计算机软件著作权登记证书

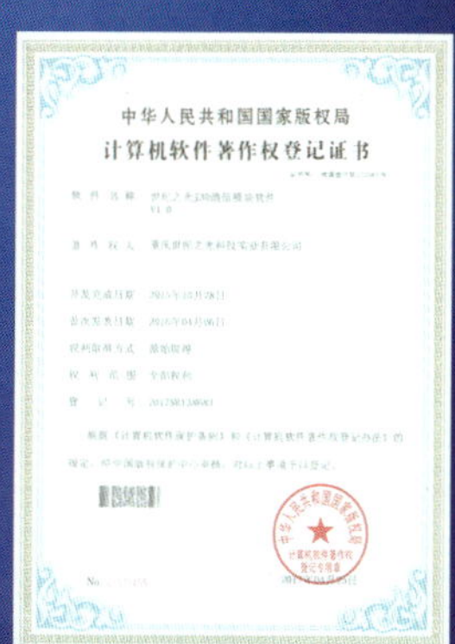
中华人民共和国国家版权局
计算机软件著作权登记证书

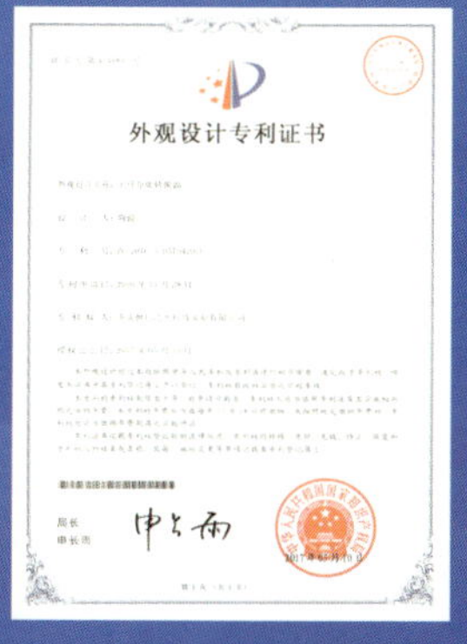
外观设计专利证书

外观设计专利证书

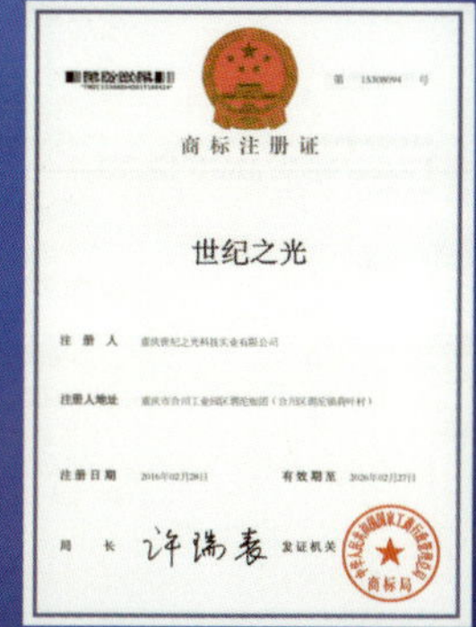
商标注册证
世纪之光

商标注册证
copticomm

长飞·鑫茂
Tianjin YOFC XMKJ Optical Communication Co., Ltd.

天津长飞鑫茂的发展

天津长飞鑫茂光通信有限公司（以下简称公司）成立于2009年6月，前身为天津鑫茂科技股份有限公司（原天大天财）光通信事业部。公司坐落于天津滨海高新技术产业开发区内，专业从事符合ITU-T系列标准通讯用光纤的生产与相关研发工作。

公司拥有经自主研发设计的具备世界先进水平的拉丝生产基地，光纤年生产能力超过2500万芯千米，居于国内同行业的前列。产品种类齐全，涵盖了包括G652、G655、G657系列单模光纤和GI50um与GI62.5um多模光纤在内的多个品种。公司掌握目前国际最为先进的光纤制备工艺技术，具备较强的技术开发与应用能力，先后承担国家电子信息产业振兴及技术改造项目，天津市科技支撑项目以及天津滨海高新区自主创新重大项目在内的各类科技攻关与创新项目。公司一贯秉承技术优先、人才优先的企业经营理念，通过不断地创新实践，现已成为我国信息通讯领域重要的供应商之一，产品被大规模应用于国家一级二级主干线，是中国北方规模最大、技术含量最高的光纤生产企业。能够为我国“互联网+” 战略与“宽带中国”战略提供坚实的基础支撑。

“不断学习，不断改进，不断完善；用高标准的工作，高品质的产品，高水平的服务，满足顾客的需求“是我们始终的坚持与追求。公司将充分利用品牌、市场、技术方面的优势，结合公司所处滨海高新技术产业区地域、政策以及人才方面的优势，在光通信领域继往开来，不断深化和完善产业结构，为推动中国和全球光纤的普遍使用，让每个人都能享受光纤带来的自由与快乐而不断努力。

单位地址：天津滨海高新技术产业开发区榕苑路10号
邮编：300384
电话：022-58288551（销售部）

发展成就显著

奥星光通信设备有限公司是广东省电信实业集团公司、长飞光纤光缆有限公司、立达环球香港有限公司共同投资兴办的高新科技中外合资企业。是广东光通信网络建设历年来的光缆主要供货厂家，是广东省电信干线网、接入网及本地网所需的各种系列光缆的主要供货厂家之一。公司专业生产各种系列通信光缆。

主要产品

层绞式光缆GYTA、GYTS、GYTY53 、GYTA53、GYFTY、GYTA54等从4～288芯及金属铠装层绞式光缆GYTA33、GYTA53+33的等从4～144芯；

中心束管式光缆GYXTW、GYXTS、GYXTY等从2～12芯；

带状光缆GYDXTW、GYDTA、GYDTS、GYDFTY等从4～1728芯；

蝶形引入光缆GJXH、GJXV、GJXFH等从1～2芯及光纤带蝶形引入光缆GJXDH、GJYXDCH等从4～8芯；

同时还提供多模与单模混合和有铜芯线对的综合光缆等特殊要求的光缆。

产品可广泛应用于电信通信网络（包括电信、移动、联通、网通、铁通等）、广播电视CATV网络；计算机联网及数据、图象传输系统；军事、电力等专用通信传输系统；FTTH入户引入。产品性能、技术指标符合国家标准和国际ITU-T标准。

公司简况

奥星公司自1992年创立以来，立足于高技术、高质量、高效率的发展方向，先后从奥地利、芬兰、美国、瑞士、日本、英国和加拿大等国家引进当今世界先进的生产设备及检验设备。公司目前注册资金1.7个亿，厂房面积约2.9万平方米。拥有光纤着色机13台、光纤并带机3台，7条光纤二次被覆生产线，10条光缆生产线。形成了年生产规模套塑光纤700万纤芯千米，通信光缆21万皮长千米的规模。其中，公司光纤带光缆以其大芯数、高密度、低成本、易熔接施工的优点迅速占领市场，成为行业知名产品。

奥星公司建立了完善的产品质量检测系统、客户货品档案系统，成立工程售后服务中心，全面实施电脑化管理。从而为广大用户提供高品质的通信光缆和良好的售后服务。

公司产品严格按国际ITU-T（原CCITT）有关建议和国家标准进行生产，从材料选用、工艺流程到质量检验，都按ISO9001：2000体系规定的程序，实施严格的控制。公司建立符合国际标准的质量管理及质量保证体系。目前，奥星公司已

- 通过泰尔认证中心ISO9001：2000质量保证体系认证。
- 通过广州赛宝认证中心ISO 14001环境管理体系认证。
- 通过广州赛宝认证中心职业健康安全管理体系认证。
- 通过邮电通信产品质检中心进网检测和通信设备进网质量认定证书和部级鉴定。
- 取得泰尔认证中心（TLC）颁发的产品认证证书(G.655光纤；G.652光纤)。
- 取得广电总局广播电视器材入网设备器材认定证书。

取得中国人民解放军总参谋部国防通信网设备器材进网许可证。

发展中的浙江联飞

浙江联飞光纤光缆有限公司（简称联飞光纤）是立足推动浙江杭州临安电线电缆行业转型升级，于2016年3月19日开始施工建设的光纤光缆制造企业，2016年12月28日拉出了第一根光纤，2017年3月18日举行了全面投产仪式，创造了当年开工当年投产，一年内全面生产的高速度。

联飞光纤主要生产、销售低水峰非零色散位移单模光纤（G.652.D）和超强弯曲不敏感单模光纤（G.657.A1）。规划光纤拉丝产能1500万芯千米，分二期实施，第一期是600万芯千米，二期新增900万芯千米。二期预计2018年初开始施工，预计2020年建成投产。

联飞光纤1500万芯千米光纤产能全部达产后，将是“长飞”全球布局的重要组成部分，也将成为浙江省重要的光纤生产企业，成为全球和中国市场重要的光纤供应商之一。

公司地址：浙江省临安市青山湖科技城市地街
电　话：0571-61069955（办公室）

前进中的浙江汉维

浙江汉维通信器材有限公司是从事通信光缆、特种光电缆、和细分网络应用综合解决方案的高新技术企业

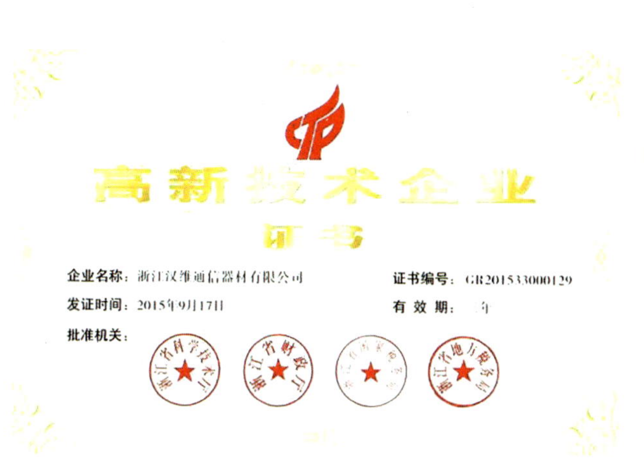

高新技术企业

证书

企业名称：浙江汉维通信器材有限公司　　证书编号：GR201533000129

发证时间：2015年9月17日　　有效期：三年

批准机关：浙江省科学技术厅　浙江省财政厅　浙江省国家税务局　浙江省地方税务局

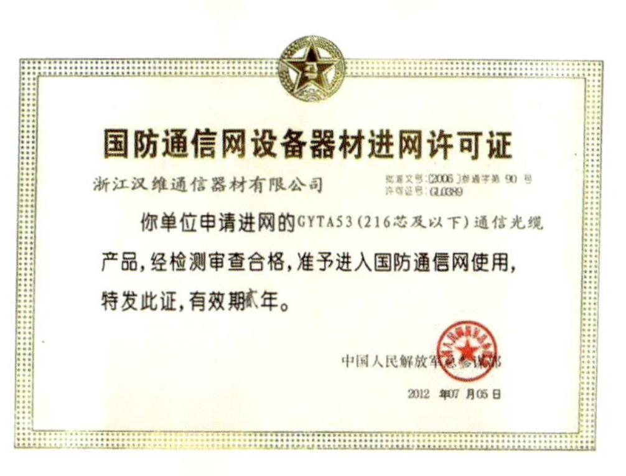

国防通信网设备器材进网许可证

浙江汉维通信器材有限公司

批准文号：[2006]参通字第90号
许可证号：GL0389

你单位申请进网的GYTA53(216芯及以下)通信光缆产品，经检测审查合格，准予进入国防通信网使用，特发此证，有效期贰年。

中国人民解放军总参谋部

2012年07月05日

证书编号：0301848312397R0M　TLC

产品认证证书

Certificate for Product Certification

申请单位名称及地址

浙江汉维通信器材有限公司

浙江省湖州市长兴县雉城镇经济技术开发区内　313100

生产单位名称及地址

浙江汉维通信器材有限公司

浙江省湖州市长兴县长兴经济技术开发区1346号

获证产品

GYTA53（覆盖GYTA、GYTS、GYTY53、GYTY）层绞式通信用室外光缆

（G.652，288芯及以下）

认证依据产品标准

YD/T901-2009*

上述产品满足 室内外光缆产品认证实施规则的要求，认证模式型式试验+初次工厂检查+获证后监督

特此证明

本次颁证日期：2018年09月29日

证书有效期至：2021年09月28日

首次颁证日期：2018年09月29日

（本证书有效性可从www.cnca.gov.cn或www.tlc.com.cn网站查询）

*注：有关产品符合标准的细节见证书附件

泰尔认证中心（盖章）
TL Certification Centre

中心主任（签字）
Director

CNAS　中国认可　产品　PRODUCT　CNAS C030-P

中国·北京·新街口外大街28号　100088　　http://www.tlc.com.cn/

国家火炬计划

产业化示范项目证书

项目名称：纤维增强光电复合电缆

承担单位：浙江汉维通信器材有限公司

项目编号：2015GH010103

批准机关：中华人民共和国科学技术部

颁证机关：科学技术部火炬高技术产业开发中心

颁证日期：二〇一五年十二月

浙江汉维的竞争软实力——授权发明专利

专利名称	授权号	专利类型	目前状态
带分隔架的电缆	201610734291.6	发明	已授权
一种耐火电缆绝缘材料制备方法	201410333044.6	发明	已授权
一种耐压抗开裂耐火电缆绝缘材料	201410332479.9	发明	已授权
一种耐高温阻燃耐磨光缆	201310198827.3	发明	已授权
水库用光电综合缆	201210371009.4	发明	已授权
自承式光纤复合低压电缆	201210370995.1	发明	已授权
......	......	......	......

创新的系列产品

一种多芯蝶形引入光缆	网络宽带用多功能光电复合缆
基于接入网用多芯室内通信光缆	综合布线用带状光电综合缆
一种新型中心管式光缆	防鼠蚁抗压数据电缆
自承式易分离”8“字型室内光缆	一种“8”字形室内蝶形光缆
自承式光纤复合低压电缆	一种新型多芯接入网用蝶形引入光缆
一种环保型防鼠阻水防火屏蔽电线	环保型阻水阻燃耐弯曲电线
水库用光电综合缆新型聚氯乙烯护套软电缆	一种新型防鼠阻水防火屏蔽电缆
室外阻水型数字通信电缆	环保型矿用自承式通信电缆
多芯MGTSV型矿用通信光缆	矿用自承式光电复合缆
金属加强件接入网用蝶形引入光缆	全干式光电复合缆
MGXTSV型煤矿用通信光缆	全介质矿用阻燃光缆
ADSS全介质自承式光缆	光纤复合低压电缆
光纤复合低压电缆	......

砥砺奋进中的湖北森沃

湖北森沃光电科技有限公司是一家专业研发、生产高品质通信用塑料光纤裸纤、光纤线缆、通信用元器件、跳线配套设备及光纤应用产品的创新科技企业。产品广泛用于：光纤照明、工业用塑料光纤、光纤连接器及光纤连接线、MOST汽车光纤连接器、光纤传感器连接线、舰船飞机等军用特种光缆订制，公司已申请国家级高新技术企业。

竞争的软实力——部分发明专利和实用新型专利

专　利　名　称	专 利 类 别	专　利　号
一种光纤传感器	实用新型	CN201721112392.6
一种塑料光纤挤出机	实用新型	CN201621300032.4
一种塑料光纤生产用辅料挤出机	实用新型	CN201621303904.2
一次成型的塑料光纤挤出模具	实用新型	CN201621299154.6
一种重叠包覆双芯塑料光纤的生产方法	发明专利	2016103754160
一种塑料光纤生产拉丝机	发明专利	2016110804003
一种塑料光纤生产拉丝机	实用新型	2016212994224
一种多组光纤并列打点装置	实用新型	2015201754190
一种光纤拉直装置	实用新型	2015201759550

创新型系列产品

市场标准及非标定制塑料光纤

塑料光缆

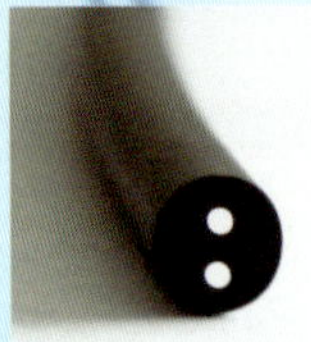

塑料光纤跳线

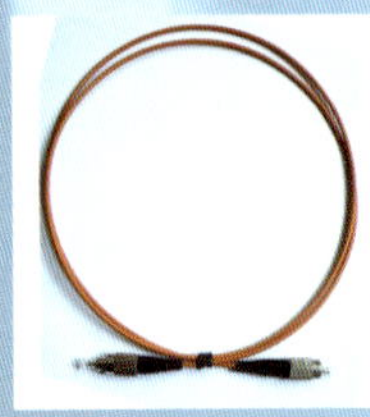

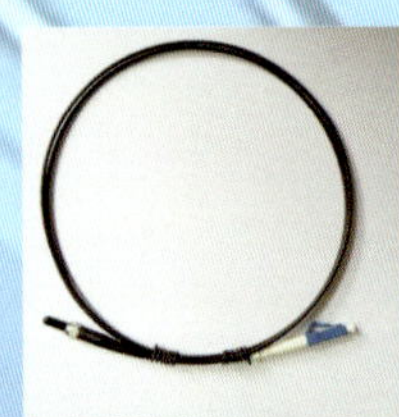

塑料光纤跳线收发器

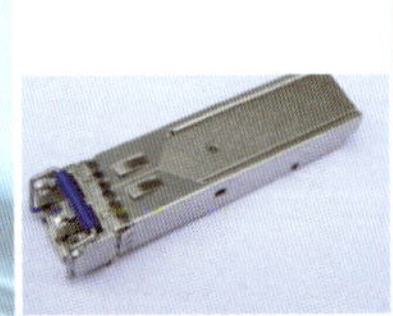

塑料光纤传感器

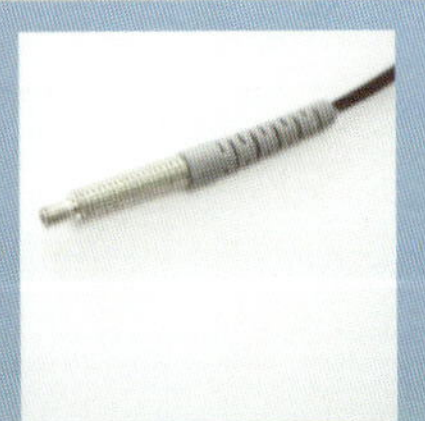

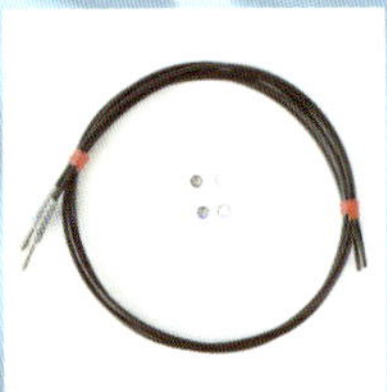

《中国光纤通信年鉴》编委会名单

烽火通信科技股份有限公司　　编委会主任单位

长飞光纤光缆股份有限公司

江苏亨通光电股份有限公司

富通集团有限公司

中天科技股份有限公司

深圳市特发信息股份有限公司　　编委会单位

江阴爱科森博顿聚合体有限公司

江苏法尔胜光通信科技有限公司

上海网讯新材料科技股份有限公司

江西大圣塑料光纤有限公司

重庆世纪之光科技实业有限公司

天津长飞鑫茂光通信有限公司

奥星光通信设备有限公司

浙江联飞光纤光缆有限公司

浙江汉维通信器材有限公司

湖北森沃光电科技有限公司

编委会单位

上海交通大学

浙江大学

吉林大学

华东师范大学

复旦大学

上海大学

电子科技大学

北京邮电大学

太原理工大学

中科院半导体研究所

中科院微系统与信息技术研究所

中科院上海光学精密机械研究所

中科院西安光学精密机械研究所

中科院长春光学精密机械与物理研究所

上海市浦东新区光电子行业协会